U0022271

增訂三版

Cost Accounting

成本會計（上）

費鴻泰　王怡心　著

三民書局

國家圖書館出版品預行編目資料

成本會計／費鴻泰,王怡心著.－－增訂三版四刷.－
－臺北市: 三民, 2010
冊; 公分
參考書目: 面
含索引
ISBN 978-957-14-3680-7 (上冊: 平裝)
ISBN 978-957-14-3681-4 (下冊: 平裝)
1. 成本會計

495.71 91017755

 成本會計(上)

著作人 費鴻泰 王怡心
發行人 劉振強
著作財產權人 三民書局股份有限公司
臺北市復興北路386號
發行所 三民書局股份有限公司
地址／臺北市復興北路386號
電話／(02)25006600
郵撥／0009998-5
印刷所 三民書局股份有限公司
門市部 復北店／臺北市復興北路386號
重南店／臺北市重慶南路一段61號
初版一刷 1997年4月
增訂三版一刷 2002年10月
增訂三版四刷 2010年10月
編 號 S 492600
行政院新聞局登記證局版臺業字第〇二〇〇號

ISBN 978-957-14-3680-7 (上冊：平裝)

增訂三版序

從多年的教學及研究經驗中，發現國內欠缺著具本土性且能與實務界配合的教科書。因此，學生不易瞭解實務界的現況，實務界更難明瞭學術界的新知。這種會計教育之學習無法與產業需求配合的現象，促使我們撰寫一本能將會計理論與我國實務相結合之教科書的念頭。從第一版的成本會計問市，受到良好的回響，促使我們不斷地蒐集資料，作為再版的參考。

隨著科技的進步和國際性競爭的壓力，促使企業經營團隊不得不重新評估其營運方式、會計作業、資訊系統。為提供管理者各種決策所需的訊息，會計人員必須要重新設計會計資訊系統，以因應經營環境變遷的資訊需求。尤其是電子商務的盛行，使企業經營方式產生很大的衝擊，傳統的帳務處理方式，幾乎完全由電腦作業代工。如此一來，會計人員的專業能力演變成必須善用資訊科技來處理營運資訊，包括財務面與非財務面的資料。

為因應時代變遷所需，成本會計的教材有大幅度的修改，朝向會計、資訊、管理三方面整合型的應用，本次改版的重點，主要是加入新的成本會計理論和方法，包括企業資源規劃、供應鏈管理、顧客關係管理、平衡計分卡、內部控制與內部稽核等。特別是在相關的章節，引用我們所研發出來的 ERP 整合系統，來說明企業 e 化環境下電子表單的範例。藉此，讓讀者充份瞭解成本會計理論如何應用在企業資訊系統，以提高會計人員在組織所扮演的角色，期望能從財務報表編製者，轉型為營運資訊提供者。

為了以企業真實例子說明成本會計觀念的實施，並採用類似實務個案方式來敘述會計方法的應用。本書將每個企業的成本會計應用實例，以實務焦點的方式安排於適當的章節之中。這種理論與實務相結合的編排方式，不僅可增加讀者的學習興趣，同時亦有助於學習效果。這是一本能與實務界密切配合的成本會計學教科書，不僅可適用於一般大專院校會計系或其他商學相關科系，同時亦可作為企業界財務主管及會計人員在職訓練的教材。

要感謝多年來教導我們的師長，亦要感謝本書的研究助理群——許詩朋、費聿瑛、高佩瑜等，使本書能順利完成。此外，十分感謝我們的父母與三個可愛的孩子，給予我們無限的支持與鼓勵。匆匆付梓，若有疏漏，祈多包涵。懇請諸位先進不吝指正，並請將您的寶貴意見告知，以作為我們日後改寫的參考。

費鴻泰　王怡心

於國立臺北大學商學院

9.20.2002.

trenddw@mail.ntpu.edu.tw

序

自 1991 年 8 月返臺，我們不僅於研究所及大學部教授與成本或管理會計相關的課程，同時也從事與產業相關的研究。數年來，對電子資訊業、汽車業、食品加工業、紡織業、塑膠業、機械業、銀行業、物流業及非營利事業等均曾作過深入的研究。從數年的教學及研究經驗中發現，國內欠缺一本具本土性且能與實務界配合的教科書。因此，學生無法瞭解實務界的現況；實務界無法明瞭學術界的新知。這種會計教育之供給無法與產業需求配合的現象，促使我們撰寫一本能將會計理論與我國實務相結合之教科書的念頭。

1993 年 8 月，我們將理念付諸實行，王怡心完成了第一本教科書《管理會計》。近年來，由於《管理會計》一書受到教育界及實務界的熱烈迴響，再加上國外漸漸有成本會計教科書將實務界之真實個案放入課文中的趨勢，引發本書的撰寫動機。

為了能以企業之真實例子說明成本會計觀念的實施，並採用類似之實務個案方式來敘述會計方法的應用，我們尋找了二十餘家公司配合本書的撰寫，這些公司均是國內著名的大型企業。本書將每個企業的成本會計方法應用實例，以實務焦點的方式安排於適當的章節之中。這種理論與實務相結合的編排方式，不僅可增加讀者的學習興趣，同時亦有助於學習效果。

從本書的撰寫方式來看，可知這是一本能與實務界密切配合的成本會計學教科書。本書不僅可適用於一般大專院校會計系或其他商學相關科系成本會計學課程的教科書，同時亦可作為企業界財務主管及會計人員在職訓練的教材。

我們對許多人所給予之協助一直深受其惠，本書的完成，首先要感謝多年來教導我們的師長及配合本書撰寫的企業，同時亦要感謝本書的研究助理群，使本書能順利完成。此外，十分感謝我們的父母與三個可愛的孩子，給予我們無限的支持與鼓勵。匆匆付梓，若有疏漏，祈多包涵。懇請諸位先進不吝指正，並請將您的寶貴意見告知，以作為我們日後改寫的參考。

費鴻泰　王怡心

於國立中興大學會研所

4.1997.

成本會計(上)/目次

第 3 章　製造業的成本計算

第 4 章　成本的估計與分攤

第 5 章　分批成本制度

第 6 章 分步成本制度

第 7 章 聯副產品成本

第 8 章　全部成本法與變動成本法

第 9 章　成本——數量——利潤分析

第 10 章　品質成本

第 11 章　企業 e 化對成本會計的衝擊

第 12 章　作業基礎成本管理制度

第1章

成本會計的基本概論

學習目標

- 瞭解成本會計的意義與功能
- 分析成本會計、管理會計與財務會計的關係
- 認識管理控制系統
- 明白製造環境的變遷
- 介紹企業資源規劃系統

前言

任何組織營運如果要有效率，管理者需要擁有正確、客觀的資訊，才能應付每日決策所需要的資訊。會計資料是企業交易行為的書面記錄，由此可看出企業營運發展的軌跡。因此，現代的會計人需要懂得掌握和分析歷史資料，作為擬定未來發展策略的基礎。由於會計資訊是企業的語言，管理者可藉著會計人員所提供的財務報表和比率分析，來瞭解公司的財務狀況和營運績效。傳統上，成本會計的重點在於計算產品成本，以提供財務報表上存貨和銷貨成本科目的餘額。

在早期，成本會計的功用僅為財務會計的一部分，與管理會計的相關性不高。自從1980年代起，資訊工業的蓬勃發展，促使製造環境產生很大的變革，產品生產方式由勞力密集改變為資本密集。進入二十一世紀後，工業革命走向科技革命，使得公司在成長過程中，為求永續成功的經營成果，營運改善方式從產品改良、製程改善到企業流程再造，變更的幅度愈來愈大。在高科技的產業，企業有更多的變革，例如虛擬企業的觀念，讓員工可以在不同場所工作，彼此透過網際網路傳送訊息，大家可以完成相同任務目標，也就是達到所謂的企業經營無國界。企業內各部門的溝通，以及企業與供應商、顧客之間的訊息交換，從傳統的紙表書面資料交換，到無紙化的電子商務交易行為。

尤其是自動化設備的增購，使得產品成本結構與從前大為不同，管理者需要更多的資訊，以瞭解營運狀況，所需資訊的範圍不僅只是財務方面，對於品質和生產力控制方面的資訊需求也日益增加。因此，現代會計人員的角色扮演不再僅是財務報表的編製者，已逐漸涉及管理的決策過程，成為營運資訊的分析師。

為使讀者明白成本會計的過去、現在與未來的發展，本章首先敘述成本會計的基本定義和功用，再分析其與管理會計和財務會計的相關性。接著，說明管理控制系統的內容，使讀者瞭解會計系統與管理系統的關係。然後，本章比較過去和現在的製造環境，使讀者知道其演變的程序。最後，介紹企業資源規劃系統，來說明成本會計系統未來發展的方向。

1.1　成本會計的意義與功能

成本會計可用來決定製程、計畫、或產品的成本，其衡量的方法可採用直接衡量主觀性判斷、或客觀性分攤等方法。各種方法的選用，依實際情況而定。在本書以下的章節中，將分別介紹各種方法的意義與應用。基本上，成本會計系統的重點， 在於追蹤組織內各種從投入到產出過程中所發生的一切成本資料。在這整個成本彙總與分析的程序中，資料蒐集的方式仍採用傳統的簿記，藉著交易所產生的原始憑證來登錄日記帳，再過帳至分類帳，最後編製財務報表，這個整合程序也就是讀者在修會計學課程時所學習到的會計循環。

隨著時代的進步，成本會計在公司所扮演的角色，由過去較單純的成本計算功能，轉變成多元化的多重功能，如圖 1–1 所示。在這競爭激烈的時期，管理階層希望隨時得到適時相關的資訊，企業內部營運可隨時作適度地的調整，以因應市場的需求。在現代的成本會計系統內，管理者需要得到相關成本資訊，來從事於企業的策略規劃，再依公司的政策作產品和製程的研發與設計，接著蒐集與製造、配送、銷售過程所產生的相關成本資料，提供管理者作各階段決策所需的資訊；同時對市場情況予以分析，瞭解消費者對公司產品或服務的意見反應，以作為日後營運改進的參考。值得注意的是，為追求精確的會計資訊，其所需投入的代價是相當昂貴的；並且，過度地追求精確的會計資訊也有可能會產生**資訊超載** (Information Overload) 的問題。因此，必須在會計資訊的獲取成本、有用性與資訊超載之間，作適當的取捨。

成本會計資訊系統
1. 策略規劃
2. 產品服務的研發與設計
3. 製程的研發與設計
4. 製造
5. 配送
6. 銷售
7. 售後服務

圖 1–1　現代成本會計資訊系統功能

要提高企業的核心能力，在每一個決策過程中，管理者需要相關、適時的資訊，以充分瞭解市場的需求趨勢，才能擬訂營運策略來因應市場改變。事實上，公司的會計人員不像過去盡作單調且重複性高的一般性帳務處理，需要隨時注意管理者決策的變化，提供適時和相關的資訊。換言之，現代的成本會計資訊系統，需要提供下列三種報告：

⑴內部經常性報告：係屬與日常營運的規劃和控制有關的資料。

⑵偶發性報告：非經常性發生的報告，主要是隨著管理者作特殊決策所需，例如為特殊訂單的接受或拒絕決策而特別編製的報告。

⑶對外的財務報告：係指為編製給投資者、債權人和政府單位的財務報告所需的資料。

成本會計系統需提供各種不同的資訊，以因應各種需求，所以資料準備工作可說是相當複雜。因此，公司的會計人員在設計成本會計系統時，需作全方位的考量，對企業內部作業流程要有一定程度的瞭解，並且熟悉電腦設備和資訊系統，盡力設計出「一次輸入，多重使用」的會計和管理資訊系統，才能發揮事半功倍的效果。

1.2　成本會計、管理會計與財務會計的關係

縱觀成本會計的發展史，成本會計系統在二十世紀以前，主要是提供管理者在內部營運決策所需的資訊。但是在 1929 年美國股市發生崩盤，促使一般社會大眾逐漸重視已由會計師簽證過的財務報表， 並且藉此為投資決策的參考。為符合當時的需求，成本會計系統的重心主要在於強調產品成本與存貨的計價，以及公正妥當的財務報表表達，此現象持續很長一段期間，直到 1980 年代才有所改變。隨著科技的進步和交易的複雜，現代的管理者希望成本會計系統所提供的資訊，可同時滿足組織內營運規劃、績效評估、風險控管和決策過程之資訊需求。

成本會計所涵蓋的範圍與管理會計範疇相比較，相似點可說是兩者皆為蒐集組織內部營運活動資料，再予以分析和整理，以提供營運活動規劃、執行、控制時所需的參考資料之過程。至於相異點的部分，可以圖 1–2 管理會計的特性來輔助說明。就管理會計的目標、責任範圍、主要活動和重要程序四方面，成本會計的功能主要著重於其中的重要程序部分，如前述的相同點；至於其他三方面，管理會計所涉及的較成本會計為廣，所參與的決策較多。

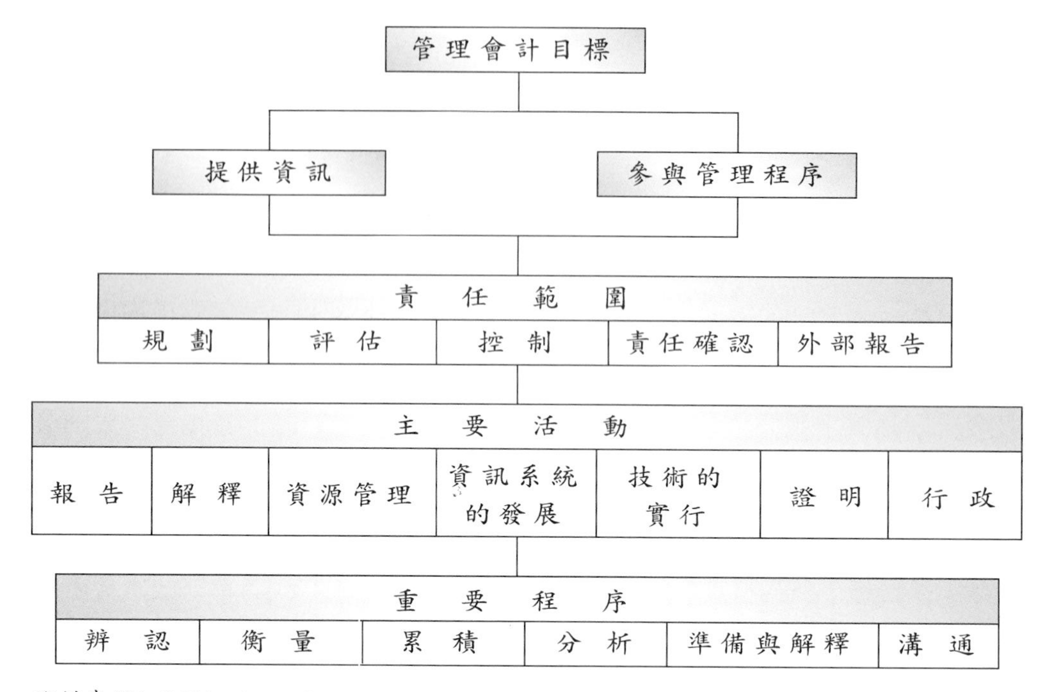

資料來源："Objectives of Management Accounting," *Statements on Management Accounting Number 1B*, Montvale, NJ: National Association of Accountants, June 17, 1982, pp. 8 – 9

圖 1–2　管理會計的特性

由前段說明可得知，管理會計主要功能在於提供組織內部管理者決策訊息。相對地，財務會計的主要功能則為提供財務報表供外界人士使用，至於報表編製方式是依照**一般公認會計準則** (Generally Accepted Accounting Principles, GAAP)；編製報表單位以公司整體為原則，主要的財務報表係指損益表、資產負債表和現金流量表，公司必須定期提出報表，以說明其營運成果與財務狀況。

一個好的**會計資訊系統** (Accounting Information System) 應具有各類交易資料的蒐集、整理與分析程序，以滿足內部和外部報表使用者的需求。圖 1–3 說明在會計系統內，管理會計、成本會計和財務會計三者之間的關係，成本會計的功用在於累積和整理成本資料，提供管理會計與財務會計在產品成本計算方面所需的資訊。對內報告而言，成本會計系統所提供的產品成本資訊，可作為管理者在成本控制和訂價決策的參考。對外財務報表而言，成本會計系統可

提供資產負債表上「存貨」科目和損益表上「銷貨成本」科目的財務資料。

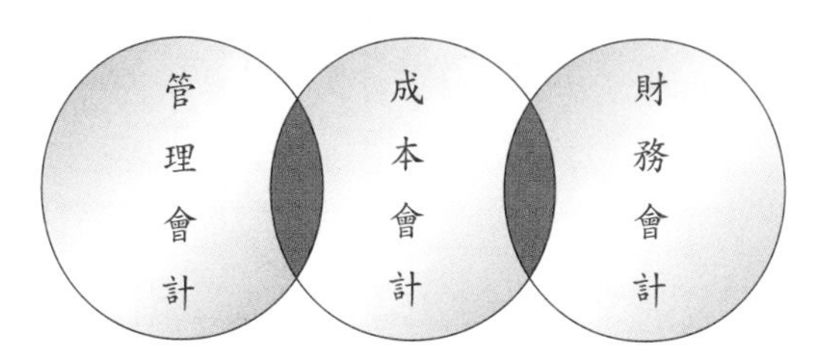

圖 1–3　管理會計、成本會計與財務會計三者之間的關係

網際網路的普及化及競爭趨勢走向全球化，因資訊系統的導入程度提高，促使企業營運的作業流程逐漸轉為虛擬化，傳統的會計工作被電腦化處理所取代，尤其公司導入企業資源規劃系統後，多數會計資訊在交易發生的同時會將資料自動輸入系統，亦即傳票製作到財務報表編製的全部會計循環作業皆由電腦代勞。現在大多數公司的會計處理模式，只有在一開始編製傳票時，有輸入資料的動作，其他部分都屬於處理程序，直到財務報表的產生。所以傳票的輸入程序，對後端各個步驟的影響是非常重要的，要避免電腦產生「垃圾進垃圾出」的結果。會計系統的設計要考慮內部和外部使用者之需求，以因應需求而提供不同的資訊。因此，現代成本會計人員的工作性質要具有彈性和挑戰性，資料提供方面要顧及公司整體與所屬單位，例如提供公司整體的獲利分析，同時也提供公司內各部門的利潤分析。自從財務報表由電腦系統產生後，會計人員不再只是財務報表的編製者，需轉變為財務報表的使用者。會計人員的新角色扮演為經營資訊提供者，所以需要參考現在與過去的財務報表、同業競爭資訊、市場經濟發展趨勢等等，才能提出分析性報告，以減少決策者分析財務報表的時間。因此，除了原有的會計專業知識以外，會計人尚需加強稅法、企業管理及資訊科技等專門知識，未來才能在電子商務交易盛行時代，保有一席之地。

1.3 管理控制系統

任何組織的績效要維持一定水準，需要一套管理控制系統，定期可將營運結果與預期目標相比較，同時找出差異之處，再採用因應之道來改善績效。

1.3.1 規劃和控制

把企業所訂定的目標轉變成有系統的計畫或策略，作為未來營運的領導方針，即所謂**規劃** (Planning)。計畫的形式可隨各組織而不同，也會隨著期間長短而不同，一般企業訂定長期、中期、短期計畫，理想上是將短期計畫配合公司長期發展計畫來擬訂，並且隨時注意環境的變遷，將計畫作必要性的修正，以促進企業目標的達成。例如，東尼公司的長期計畫是取得國內市場產品佔有率 30%，則該公司的短期計畫需擬定各種資源預算和訂價政策，希望藉著營運效率的提升來增加市場競爭能力。

管理程序 (Management Process) 所涵蓋的三個要項分別為規劃、執行和控制；成本控制所被重視的一面，目前係針對各種不同作業活動成本，不再只是針對不同部門或產品的成本。控制成本之責任應指派給專人，此人同時亦應負責規劃營運活動和編製預算，並且此項責任應僅限於可控制成本的部分。藉著過去經驗與科學研究所累積之資訊，會計人員可設定直接原料、直接人工、及製造費用之預計成本。具有這些成本資料後，企業可採用標準成本制度，作為與實際成本之間差異報告的比較基礎。

內部會計系統 (Internal Accounting System) 其主要內容為成本會計和管理會計兩個系統，從原始憑證開始蒐集和衡量交易行為的價值，作為資料的來源，再經過帳程序，將日記帳的金額登載到分類帳和總帳；然後再依管理者的需求，將實際結果與預算相比較，以準備績效評估報告。在圖 1–4 上，可看出預算編列係屬規劃工作，在營運作業執行的過程中，隨時把交易資料記錄下來，再過帳到各個會計科目，最後內部會計系統所提出的績效評估報告，可作為組織控制工作的依據。同時，當期績效衡量的結果，可作為下一期規劃工作的參考。

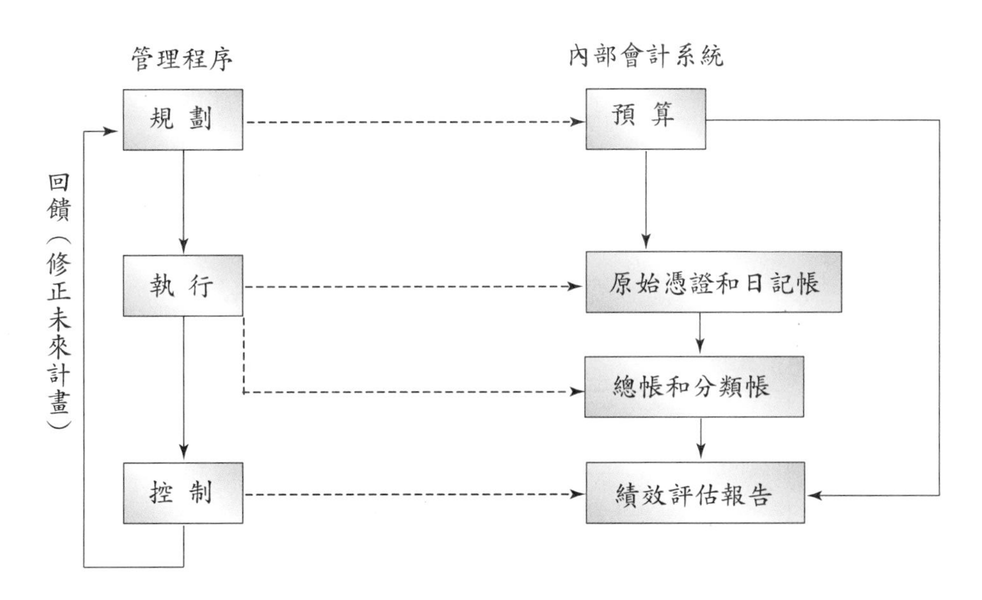

圖 1–4　管理程序和內部會計系統的相關性

1.3.2　直線與幕僚

在組織圖上，職位可區分為**直線** (Line) 和**幕僚** (Staff) 二大類。所謂直線人員係指其職務與達成組織基本任務有關的人員，例如對製造廠商而言，製造產品是主要任務，所以生產部門的主管即為直線人員。相對地，幕僚人員係指工作內容偏向於支援性質，與組織基本目標的達成較不具直接關係，例如人事經理、採購主管和會計部門人員皆為幕僚人員。

與會計、財務相關的主管職位為**會計長** (Controller) 和**財務長** (Treasurer)，二者皆屬於幕僚人員。會計長的主要任務是負責提供滿足外界人士所需的財務報表和管理階層所需的財務報告和營運資料。至於財務長的工作重點在於現金收支、授信政策、理財規劃和財務投資等項目。

1.4 製造環境的變遷

現代的企業主管要充分瞭解製造環境的變遷，因為每天所面臨的決策環境會影響管理者的資訊需求，尤其在科技進步的時代，管理者愈需要掌握環境變化的趨勢。本節彙總十一項來說明現今製造環境與過去的差異。請讀者參考表1–1。

表 1–1 製造環境的變遷

	過 去	現 在
設廠位置	接近投入因素	接近消費市場
工資率	低	高
主要投入因素	人力	機器
市場競爭	國內性	國際性
產品種類	單純化	多樣化
存貨管理	經濟訂購量	及時系統
製造方式	固定化	彈性化
品質管理	產品檢驗	全面品質管理
產品發展	生產者導向	消費者導向
環保意識	薄弱	強烈
資訊科訊	應用程度低	應用程度高

新廠興建的投資決策，在過去所考量的主要因素為土地便宜、人力低廉且充足，以及距離原料產地較近等。自 1990 年代以後，企業經營者的營運重點為在最短的期間內，提供消費者物美價廉的產品或服務。因此，新廠的建廠地點轉變成越來越接近消費市場，藉此易於瞭解市場需求，希望在最短的時間內提供各種滿足消費者需求的產品。

隨著生活水準的提昇，工會組織的增加，一般工資率逐年上升。尤其服務

業 (Service Industry) 在近年來蓬勃興起，造成不少就業人口離開製造業，產生勞力短缺的嚴重現象。我國政府雖引進外勞來協助企業，但仍供不應求，促使工資率呈現上漲的趨勢。

由於人力市場的供需失調，且工資率持續上漲，有不少企業改變生產方式，將過去**勞力密集** (Labor Intensive) 的方式改為現在**資本密集** (Capital Intensive) 的方式。如此，一方面可避免人力不足所可能引起生產中斷的問題；另一方面，可藉著機器生產的穩定特性，來提升產品品質和降低不良率。隨著科技的進步，電腦運用到生產事業的程度愈來愈多，例如**電腦輔助設計** (Computer Aided Design, CAD) 和**電腦輔助製造** (Computer Aided Manufacturing, CAM)，甚至採用**電腦整合製造** (Computer Integrated Manufacturing, CIM)，由機器取代人力來完成製造程序，使生產自動化的層次提高；相對地，間接成本也大幅增加。

交通的進步和電訊的發達，促使人類彼此間的距離拉近許多，企業所面臨的競爭對手在過去僅有國內廠商，現在還要面臨國際市場的挑戰，尤其我國加入**世界貿易組織** (World Trade Organization, WTO) 之後。企業經營者需要隨時瞭解其他國家生產類似產品廠商的動態，例如美國和日本的汽車製造商，彼此都不時地研究競爭者的發展情形，企圖將新產品提前上市，尤其日本廠商一旦新車出廠，都以最快的速度將產品運送到美國汽車市場。在這種國際競爭激烈環境下，管理者需要適時、正確的會計資訊，作為降低成本和提高利潤的參考。同時，消費者的產品選擇範圍較往昔為廣，面臨多樣化的商品，消費者對產品的忠誠度下降，自然會不時地更換新產品，使產品的**生命週期** (Life Cycle) 比以前縮短。因此，製造廠商需要不斷地研發新產品，使產品多樣化，以保持市場的佔有率。為降低失敗的風險，在新產品正式量產以前，經營者需要以**成本效益** (Cost-benefit) 的觀點，來分析每種產品的獲利情況，因為產品多樣化會使間接成本增加。

存貨在過去被當做資產來處理，但在現代卻認為積壓存貨反而是一種損失，且造成資金和空間的浪費。早期被廣泛使用的**經濟訂購量模式** (Economic Order Quantity, EOQ) 逐漸被**及時系統** (Just-In-Time, JIT) 所取代。在及時系統下，廠商接到顧客訂單才開始製造產品，所以及時系統是一種**需求帶動生產** (Demand Pull) 的生產策略，可降低存貨庫存量並有助於**品質管制** (Quality Control)。在及時系統下，成本資訊能隨時更新，產品成本的計算應更為正確。

在傳統的環境下，廠商的產品線較單純，生產方式較為固定，所以無法及時反應市場的需求。為要克服此問題，製造設備改為**彈性製造系統** (Flexible Manufacturing System, FMS)，藉著電腦和機器人的運用，目的在很短時間內來改變製程。如同日本 Nissan 公司採用彈性製造系統，其特點為該系統實施策略的重點可以用**五個「任何」** (Five Anys') 來表示：「任何東西、任何數量、任何地點、任何時間、任何人員。」理論上，工廠彈性製造程度愈高，所需投入於**研究發展** (Research Development) 和**自動化設備** (Automatic Equipment) 的資金就愈多。在彈性製造系統環境下，會計資料需要經過電腦化處理，成本資訊有必要與物流同步進行，也就促成**企業資源規劃系統** (Enterprise Resource Planning, ERP) 的崛起。

所謂品質，係指產品與規格相符的程度。在過去品質與成本的相關性較不受重視，產品檢驗只是在製程的最後階段才實施。在消費者權益抬頭的時代，品質水準會影響企業形象，所以在產品製造方面，經營者面臨高品質高成本和低品質低成本的抉擇。在這兩個極端之間，經營者要有決策準則，不宜因品質差、成本低而破壞企業形象；但也不宜品質要求太高而增加產品成本，使產品競爭力薄弱。在新製造環境下，有些廠商採用**全面品質管理** (Total Quality Management, TQM) 方式。

公司改變品質管理的方法、尋求改善所有程序及活動的品質，也演變成為良好管理企業的目標。同時，全面品質管理已經變成一項經營企業的理念及方法，適用於公司所有的功能性層面及所有人員。事實上，產品一詞不僅只包括有形的商品，也包括了無形的服務；然而「顧客」一詞，不僅是指購買公司產品的人，也包括使用公司內部經營活動產出物的單位。在品質改進的過程中，最高管理階層必須扮演積極領導的角色；最高管理當局的承諾、熱忱及參與，並提供方向及激勵所有各階層員工一齊工作，以改進產品品質必要的條件。惟有讓員工瞭解品質改善對公司的重要性，才會積極參與相關工作，如此一來全面品質管理實施才會成功。在全面品質管理的架構下，從原料採購、產品製造、一直到成品包裝的過程中，都會在適當的地方設立檢查點，甚至採用線上監控方式，來保持產品品質水準，期望能達到**零缺點** (Zero Defect) 的境界。在現代的成本管理系統下，品質成本的衡量與報告成為熱門的探討主題之一。

在過去交通和資訊不發達的時代，市場產品以國內性為主，製造廠商主導產品的發展即所謂的**生產者導向** (Producer-oriented)。但是在國際市場競爭激烈的現代，製造廠商投入不少時間和金錢來探試消費者的嗜好，以作為產品發展的基礎，即所謂的**消費者導向** (Consumer-oriented)。一般而言，產品品質好、樣式新穎、持久耐用、價錢公道是目前消費者的需求特性。因此，製造廠商需致力於開發迎合消費者喜好的產品，並且同時注意到控制品質和成本，以增加企業的核心能力。

隨著生活水準的提高，一般國家的環保意識抬頭，從近幾年來居民圍廠的例子，可明確得知企業不得不重視環境保護問題。在一般的產品製造過程中，多少會產生廢棄物、廢氣、污水等，為要求製造商或販賣商對自身所產生的廢棄物負責，政府公佈「廢棄物清理法」來規範。此外，政府也公佈一些環保相關法規，要求廠商對廢氣、污水的處理，必須符合政府所規定的排放標準。凡此種種的規定，使得廠商一定要購買環保設備，否則將面臨受罰的局面。因此，環保成本的支出成為一項不可避免且逐年增加的成本。

1.5　企業資源規劃系統

科技的進步、資訊的發達、交通的便利，使廠商所面臨的壓力日益增加，企業經營者需致力於提供高品質、低價位的產品或勞務。因此，經營者需要較詳細的成本資訊，以供日常營運決策參考之用；換言之，傳統以歷史成本為基礎的成本會計系統已不合時宜，取而代之的是近年來所倡導的**成本管理系統** (Cost Management System)，該系統可說是一種營運的規劃和控制系統，所

包含的特性如下:

⑴衡量組織內主要活動所耗用資源的成本。

⑵辨識和消除**無附加價值成本** (Non-value-added Costs),且不影響產品的品質和價值。

⑶評估組織內主要作業的**效率** (Efficiency) 和**效果** (Effectiveness)。

⑷找出可改善組織未來績效的新作業。

在成本管理系統下,所強調的重點是**作業** (Activity),因此也稱為**作業會計** (Activity Accounting)。早在 1973 年美國奇異電氣公司 (General Electric Co.) 首先使用**作業分析法** (Activity Analysis),使管理者充分瞭解每項產品製造所經過的每一項作業績效,有助於成本的計算和績效的衡量。接著 1980 年代中期,美國學者大力倡導**作業基礎成本法** (Activity-Based-Costing, ABC),強調產品成本的計算,首先必須累積組織內主要作業所耗用的資源成本,藉著客觀、合理的分攤基礎,將成本分配到各項產品上。此外,將作業基礎成本法與管理相結合,即所謂的**作業基礎管理法** (Activity-Based-Management, ABM),藉此刪除一些無附加價值的活動,進而降低成本支出。

傳統的會計制度功能在於企業交易行為完成後作事後登帳,只能作資料的彙總,但無法提供有關企業內各個單位或產品適時的績效考核資訊,更不可能對未來經營決策提出有用資訊。在過去不完全競爭的時代,會計資訊落後對企業生存影響不大;然而,在現今競爭激烈的時代,會計制度成為提供經營者即時有效營運資訊的指導綱領。因此,有些歐美企業將策略與成本管理作結合,也就是所謂的**策略性成本管理** (Strategic Cost Management),以提高企業競爭力。此外,為提高公司的企業價值,**價值鏈** (Value Chain) 的觀念因應而起,重點是善用會計資訊分析來創造一些增加企業附加價值的活動,範圍可包括從原料採購、產品製造、商品銷售到售後服務的全部過程。

應用資訊科技來提升會計資訊的品質,成為新世紀企業管理的新課題。為有效控管營運資訊, 孤島型的資訊系統已經無法提供經營者正確且即時的資訊;相對地,管理階層需要對公司營運有全盤的瞭解。因此公司內研發、生產、銷售、人事、財務各部門資訊需要作整合性處理,形成管理決策資料庫,這也就是目前歐美先進國家的世界級公司採用企業資源規劃系統的背景。

從 1990 年代開始，企業資源規劃系統主要運用在後勤單位，目的為有效管理公司資源和客觀衡量經營績效。接著該系統擴展到前台的銷售單位，使產銷方面資訊能互通。至於新世紀的改變，是將資訊控管系統的範疇擴大到顧客與供應商兩方面，以便於隨時掌握市場情報，提升企業競爭力。新世紀企業經營目標，不宜只停留在成本控制方面，應該著重於價值提升才有意義。由於會計資訊係屬客觀性高的資訊，是經營決策過程必須參考的資訊。因此，新世紀會計制度有必要包括績效考核、內部控制、資訊系統等要件，才能迎合時代的潮流。

任何公司的經營者或管理階層要想即時掌握營運成果資訊，需要有健全的會計制度、內部控制與內部稽核、企業資源規劃系統三項。唯有讓公司的主管和員工對各項制度和系統能充份瞭解其使用方法和預期效益，如此經營決策品質自然提升。當公司營運資訊 e 化到一定的程度後，會計人員的角色扮演會有很大的改變，由傳統的傳票和財務報表編製者，轉型為業務和財務稽核者。由於在這轉變的過程中，會計人員的改變幅度最大，對某些個性保守的會計人，很難接受新觀念的挑戰，所以經營者要拿捏導入新的會計資訊系統後對現有會計人員的衝擊，以免造成人員異動使得會計處理事務工作無法適時完成。

本章彙總

為達成組織的既定目標，管理者需要各種資訊，作為規劃、執行、控制過程中各種決策之參考。成本會計在公司所扮演的角色，由過去較單純的成本計算功能，轉變為現代的多重功能，尤其是新成本會計系統將會計系統與研發、製造、銷售等功能相結合，以整合營運相關資訊。就成本會計的範圍而言，成本會計可說是與管理會計和財務會計有交集之處。對內部管理者，成本會計系統提供產品成本資訊，作為成本控制和訂價決策的參考。對外界的財務報表使用者，成本會計系統提供存貨和銷貨成本兩科目的金額資料。任何單位的績效要好，管理者需要將管理程序與會計系統相結合，藉著資料的分析，可隨時掌握營運的狀況。

隨著科技的進步和交通的發達，世界各國的廠商不斷地應用新技術來製造新產品，使消費者享有多樣化的產品選擇，因而造成產品的生命週期縮短。為使企業能在競爭激烈的環境下成長，經營者不得不致力於推出物美價廉的產品。然而，在擬訂任何新的營運計畫之前，企業管理者必需瞭解製造環境的變遷，由過去到現在的改變情況，分析出變動的趨勢，並且仔細評估自己的企業是否具有因應之道，以符合時代的潮流。

面對這種種的改變，企業管理者已體會出傳統成本會計系統已無法提供即時、正確的營運資訊。因此，美國學者大力倡導成本管理系統強調會計人員應重視作業活動，瞭解每一項成本發生的原因，還需要累積組織內主要作業所耗用的資源成本資料，再藉著合理的分攤基礎，將成本分配到各項產品上。為促使成本資料與實體物流作同步的處理，公司可善用企業資源規劃系統來將各單位營運資料作整合，以提高管理者的決策品質。

名詞解釋

- 作業基礎成本法 (Activity-Based-Costing, ABC)
  強調產品成本的計算，首先必須累積組織內主要作業所耗用的資源成本，藉著客觀、合理的分攤基礎，將成本分配到各項產品上。
- 作業基礎管理法 (Activity-Based-Management, ABM)
  將作業基礎成本法與管理相結合，藉此刪除一些無附加價值的活動，進而降低成本支出。
- 會計資訊系統 (Accounting Information System)
  包括各類交易資料的蒐集，整理與分析程序，以滿足內部和外部報表使用者的需求。
- 作業會計 (Activity Accounting)
  在成本管理系統下，強調的重點是作業，亦稱之為作業會計。
- 消費者導向 (Consumer-oriented)
  係指製造廠商以消費者的嗜好，作為產品發展的基礎，以迎合市場需求。
- 會計長 (Controller)
  負責提供滿足外界人士所需的財務報表和管理階層所需的財務報告和營運資料。

• 成本管理系統 (Cost Management System)

是一種營運的規劃和控制系統，所包含的特性如下：

1. 衡量組織耗用資源的成本。
2. 辨識和消除無附加價值成本。
3. 評估作業的效率和效果。
4. 改善組織未來績效。

• 企業資源規劃系統 (Enterprise Resource Planning, ERP)

將成本資訊與實體物流同步進行，使得跨部門的營運資訊容易整合，以即時提供相關訊息。

• 五個「任何」(Five Anys')

即指「任何東西、任何數量、任何地點、任何時間、任何人員」。

• 內部會計系統 (Internal Accounting System)

係指成本會計和管理會計。

• 直線 (Line)

係指職務與達成組織基本任務有關的人員。

• 管理程序 (Management Process)

包括規劃、執行和控制三個主要因素。

• 規劃 (Planning)

係指將企業所訂定的目標轉變成有系統的計畫或策略，作為未來營運的領導方針。

• 生產者導向 (Producer-oriented)

係指由製造廠商主導產品的發展，而且產品市場以國內為主，較不考慮市場的需求。

• 幕僚 (Staff)

係指工作內容偏向於支援性質，與組織基本目標的達成較不具直接關係。

• 策略性成本管理 (Strategic Cost Management)

將策略與成本管理作結合，以提高企業競爭力。

- 財務長 (Treasurer)

  其工作重點在於現金收支、授信政策、理財規劃和財務投資等項目。

- 價值鏈 (Value Chain)

  重點是善用會計資訊分析來創造一些增加企業附加價值的活動，範圍可包括從原料採購、產品製造、商品銷售到售後服務的全部過程。

作業

一、選擇題

(　) 1.1　下列何者非現代成本會計系統的特點？ (A)提供策略規劃參考的有關資訊 (B)單純的成本計算 (C)用來決定製程、計畫或產品單位成本的方法 (D)提供適時且與決策有關的資訊。

(　) 1.2　把企業所訂定的目標，轉變成有系統的策略，作為未來營運決策的領導方針，稱之為 (A)執行 (B)預算 (C)規劃 (D)控制。

(　) 1.3　下列何者非管理程序所涵蓋的要項？ (A)執行 (B)預算 (C)規劃 (D)控制。

(　) 1.4　下列何者可作為組織控制工作的依據？ (A)預算規劃 (B)日記帳 (C)分類帳 (D)績效評估報告。

(　) 1.5　下列何者非幕僚人員？ (A)廠長 (B)人事部經理 (C)會計長 (D)採購人員。

(　) 1.6　傳統製造環境的特性為 (A)存貨管理方式為經濟訂購量法 (B)消費者導向 (C)國際性的競爭市場 (D)環保意識強烈。

(　) 1.7　下列何者非新製造環境的特性？ (A)自動化層次提升 (B)研究發展成本提高 (C)產品生命週期縮短 (D)工資率降低。

(　) 1.8　下列何者非及時系統的特性？ (A)需求帶動生產 (B)有助於品質管制 (C)生產方式固定 (D)存貨庫存量降低。

(　) 1.9　可藉著電腦和機器人的運用，在很短的時間內就可改變製程的系統稱之為 (A)電腦輔助設計系統 (B)電腦輔助製造系統 (C)彈性製造系統 (D)電腦數值控制器。

(　) 1.10　在全面品質管理系統之下，檢驗點最好設置於 (A)採購點 (B)製造開始點 (C)完工時 (D)生產線上的各個監視站。

二、問答題

1.11 何謂成本會計的意義?

1.12 現代成本會計資訊系統包含的要素為何?

1.13 現代成本會計資訊系統需完成的三項功能為何?

1.14 將成本會計與管理會計相比較，請說明兩者相似之處。

1.15 請說明成本會計與管理會計、財務會計的關係。

1.16 公司在訂定長期、中期、短期計畫時，其考慮的重點為何?

1.17 何謂直線人員與幕僚人員?

1.18 採用資本密集的自動化生產方式，可產生哪些效益?

1.19 何謂彈性製造系統?

1.20 何謂全面品質管理?

第2章

成本的分類

學習目標

- 瞭解成本的基本觀念
- 明確區分成本的分類
- 認識行業特性的差異
- 熟悉不同行業的損益表編製

前 言

任何產品或勞務的提供，都需要耗用原料、人工、製造費用等資源，所以要衡量產品或勞務的單位價值時，必需先計算單位成本。然而，在成本計算之前，要有明確的成本定義。由於不同的實務需求情況，成本定義的方式也不同，所以成本分類的方式有數種。依據一般公認會計準則的要求，資產價值一律以歷史成本入帳；保險公司對於火災後資產的理賠部分，以重置成本的觀念來評估所應賠償資產的價值。因此，會計人員在提供成本資訊以前，需要瞭解各項成本類型，有助於產品或勞務的成本計算。本章的重點，在於說明成本的分類方式和各行業損益表的編製。

2.1 成本的基本觀念

在介紹成本的分類方式之前，必須對成本先有基本的認識，有人將**成本** (Cost) 與**費用** (Expense) 視為同義詞，這種觀念並不正確。所謂成本係指為獲取貨品或勞務而發生的支出，其支付的價值可以貨幣來衡量。所謂費用係指在營運過程中所消耗之成本，亦即有相對效益產生的已耗用成本，也可稱為**有效益成本** (Utility Cost)，例如銷貨成本和銷管費用。此外，**損失** (Loss) 的定義也在此釐清，損失係指已耗用的成本，而無相對之效益產生者，亦稱為**無效益成本** (Lost Cost)，例如火災或意外停工所造成的損失。上述三者的關係可以圖 2–1 表示，其中成本未耗用部分，具有未來經濟效益者，將它視為資產並列於資產負債表中。至於成本已耗用部分，且無未來經濟效益者，則於損益表中列為費用或損失。

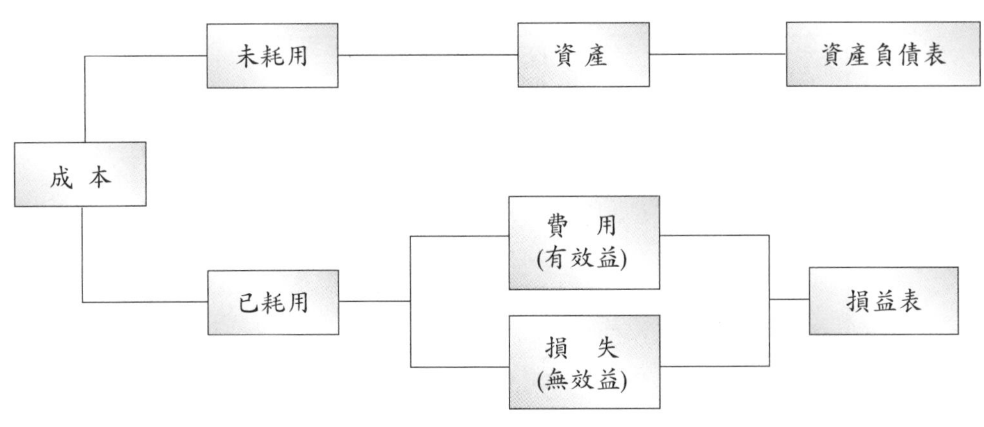

圖 2–1　成本、費用與損失間的關係

2.2　成本的分類

成本的分類方式，可依據不同的目的或需求而改變，管理者可依其需要，來選擇有助於規劃與控制的分類方式。本節在此介紹五種成本分類的方式：(1)成本習性；(2)發生的時間；(3)單位的歸屬；(4)主管的權限；(5)與產品的相關性，這五種成本分類方式列示於表 2–1。每一種分類的方式並非完全互斥，並且一項成本科目，可同時分別隸屬於幾種不同的成本類型。也就是說，依決策者的需求而定，例如原料成本屬於變動成本，也同時屬於產品成本。在正式介紹成本分類之前，先說明成本標的和成本動因的觀念。**成本標的 (Cost Object)** 是一個單位，其可能是產品、部門、主管、計畫、訂單等，可用來累積成本資料的單位；有時成本標的的不同，會影響成本的分類方式。

表 2–1　成本的分類

分類方式	項　目
成本習性	‧變動成本（總金額是變動的） ‧固定成本（總金額不變）

	‧混合成本（部分變動，部分固定） ‧階梯式成本（總金額呈階梯式變動）
發生的時間	‧歷史成本（過去） ‧重置成本（現在） ‧預算成本（未來）
單位的歸屬	‧直接成本（可直接歸屬） ‧間接成本（不可直接歸屬）
主管的權限	‧可控制成本（單位主管可控制） ‧不可控制成本（單位主管無法控制）
與產品的相關性	‧產品成本（存貨） 直接原料成本 直接人工成本 製造費用 ‧期間成本（費用）

所謂**成本動因** (Cost Driver)，是指使成本發生變動的因素，亦即某一因素改變，則總成本隨之變動。例如，生產數量的改變則原料成本即會變動。只要成本科目與相關成本標的之間有合理的關係存在，則可決定成本動因，例如生產量、銷售量、原料耗用量等。

2.2.1 成本習性

依成本習性來作為分類標準時，成本可分為**變動成本** (Variable Cost) 和**固定成本** (Fixed Cost)。若將時間範圍拉長，則每一種成本都可視為變動成本，因此要使用成本習性作為分類基礎時，時間的範圍必須確定，同時也應設定作業活動的範圍。這種所設定的作業活動範圍稱為**攸關範圍** (Relevant Range)，亦即某一作業活動在一定的範圍內，成本與成本動因之間保持一定關係。在攸關範圍內，總成本與作業活動水準呈線性關係（如圖 2–2），才能明確區分出變動成本和固定成本。

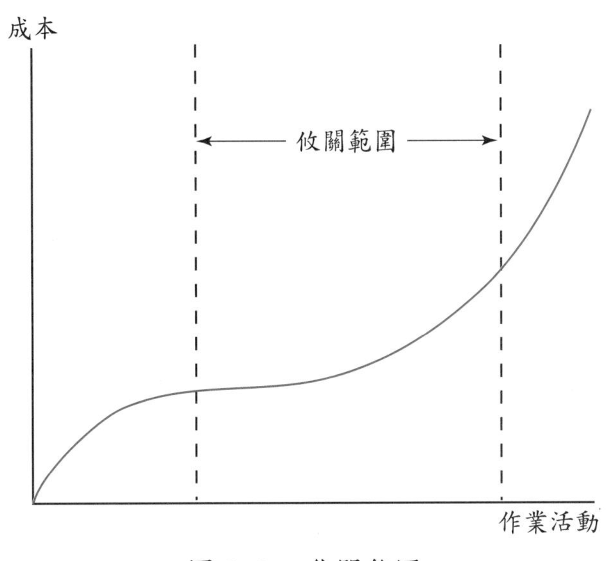

圖 2–2　攸關範圍

變動成本是指總成本隨成本動因的變動而呈一定比例變動的成本，例如原料成本、銷售佣金、按件計酬或按時計酬的員工薪資。固定成本是指不論作業水準如何變動，其總數仍維持固定的成本，例如監工薪資、管理顧問費、保險費等。在此必須注意的是，前述固定與變動的區別，是指總成本的習性而言，並非單位成本的觀念。因為變動成本的總額會隨作業水準而變動，但其單位成本是固定不變；相對的，固定成本的總成本固定而其單位成本與作業水準呈反向變動關係，即作業水準增加則單位固定成本下降，作業水準減少則單位固定成本上升，這四種關係的變化如表 2–2。

表 2–2　變動成本與固定成本

成本習性 / 成本項目	變動成本	固定成本
總成本	變動	不變
單位成本	不變	變動

為使讀者對攸關範圍的內容更為瞭解，以東尼專業烘焙公司為例，說明變動成本、固定成本在攸關範圍內的變化。東尼公司每天為烘焙出美味可口的各

式糕點，必須向外採購各種原料，其中以麵粉為主要原料。麵粉供應商的銷售政策是給予數量折扣，亦即購買量 5,000 公斤以內，每公斤 $15；購買量為 5,000 至 25,000 公斤，每公斤 $10；購買量為 25,000 公斤以上，每公斤 $8。以目前的需求狀況，東尼公司每日的麵粉需求量為 5,000 至 25,000 公斤之間，則總變動成本與麵粉購買量的關係如圖 2–3 a., b. 上的總變動成本部分，在攸關範圍內（5,000 至 25,000 公斤）每公斤麵粉價格為 $10。購買成本隨數量呈一定比例的增加，例如 5,000 公斤麵粉的購買成本為 $50,000；10,000 公斤麵粉的購買成本為 $100,000。

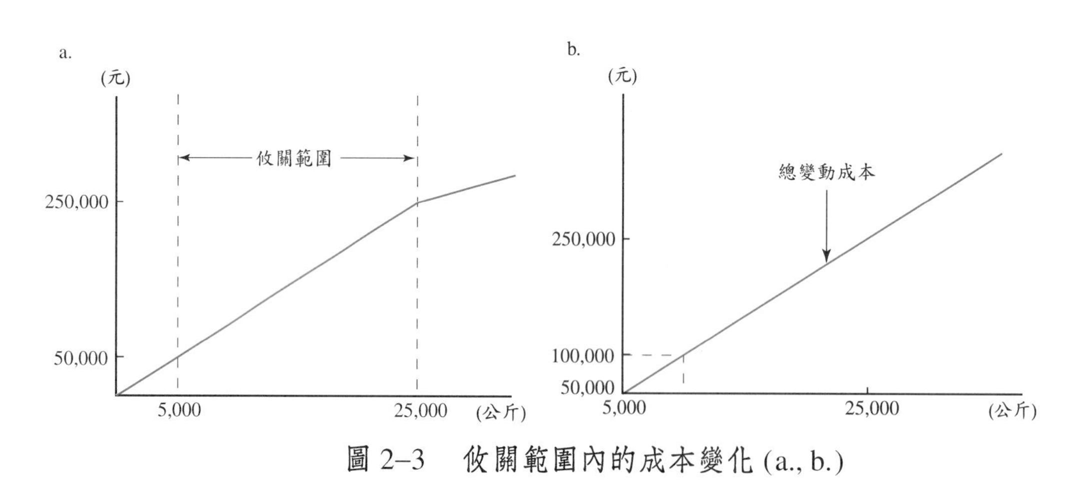

圖 2–3　攸關範圍內的成本變化 (a., b.)

製造精美糕點的主要技術是烤箱溫度的控制，以東尼公司目前的每日需求量而言，需要使用烤箱 5 至 10 小時。就控制烤箱人員的薪資來說，5 小時以下的監控費用為 $10,000，5 至 10 小時的監控費用為 $60,000，10 小時以上的監控費用為 $90,000。由於東尼公司每日烤箱使用時間為 5 至 10 小時，所以在攸關範圍內，總固定成本為 $60,000，如圖 2–3 c., d. 所示，不會隨著使用時間改變而有所變動，例如烤箱使用時間為 8 小時，總固定成本仍為 $60,000。

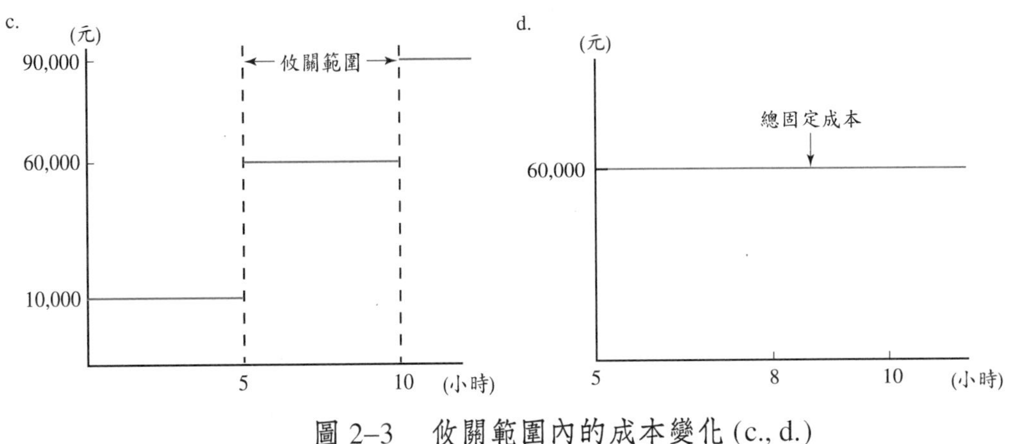

圖 2–3　攸關範圍內的成本變化 (c., d.)

就單位成本的分析方面，在攸關範圍內如圖 2–3e., f.，單位變動成本會保持一定，不會隨作業活動的改變而有所增減，例如東尼公司的麵粉購買成本，每公斤為 \$10，不隨購買量而改變。單位固定成本則不然，會隨著作業活動的增加而下降，例如東尼公司監控費用，當麵粉使用量為 5,000 公斤時，每公斤的監控費用為 \$12，當麵粉使用量為 10,000 公斤時，每公斤的監控費用為 \$6。

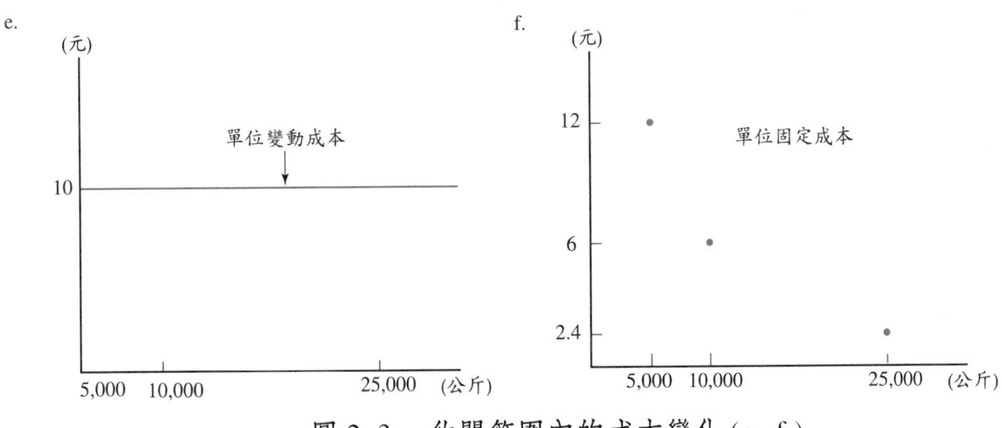

圖 2–3　攸關範圍內的成本變化 (e., f.)

變動成本與固定成本的分類，有時會受到管理者決策的影響。例如員工薪資計算作業，如果公司資訊人員自行計算，則資料處理費可視為固定成本，如果公司將此作業委託給外面的資訊公司，採用按件計酬方式，則資料處理費視為變動成本。為追求利潤最大化，管理者需作整體考量，有時對同一成本項目，會因決策不同而成為不同的成本類型。

混合成本 (Mixed Cost)，又可稱為**半變動成本 (Semi-variable Cost)**，為同時具有固定及變動性質的成本，包括水電費、瓦斯費等。以水電費為例，水電費的計算方式是基本費（固定成本），加上度數乘以單位費率（變動成本），如圖 2–4 所示，基本費為每月 $800，每度成本 $1，假定一個月使用 5,000 度，則電費為 $5,800 [= $800 + ($1 × 5,000)]； 使用 8,000 度， 則電費為 $8,800 [= $800 + ($1 × 8,000)]。

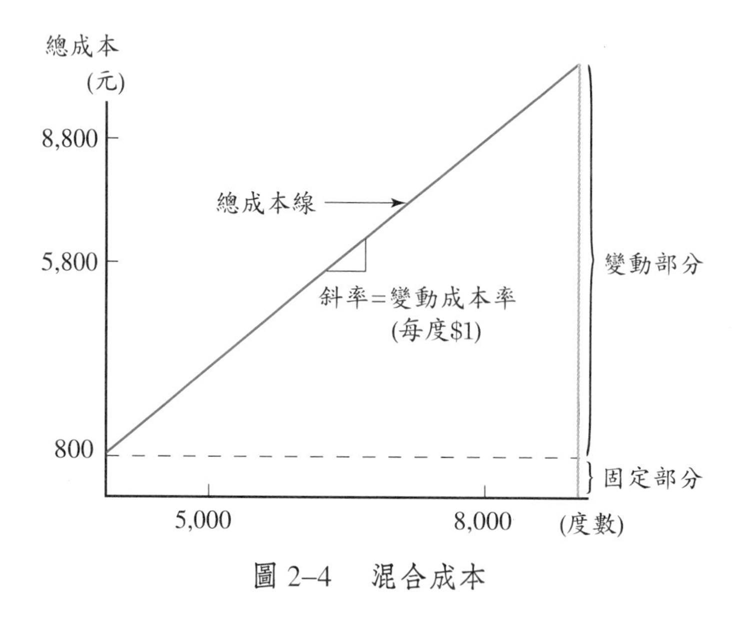

圖 2–4　混合成本

另一種具有固定及變動雙重性質的成本，稱為**階梯式成本 (Step Cost)**。階梯式成本在某一作業活動範圍內是固定的，而在另一作業活動範圍可能跳至另一層次。如圖 2–5，在產量 0 至 10 單位間成本為 $100；若產量為 10 至 20 單位，則成本跳升至 $200，階梯式成本亦可分成階梯式變動成本及階梯式固定成本。

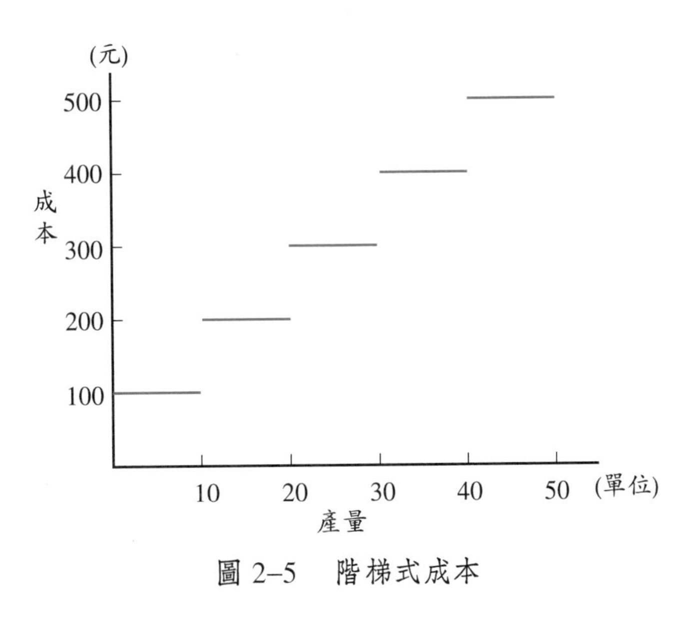

圖 2–5　階梯式成本

當圖 2–5 的每 10 單位寬度縮小為每 1 單位，則產量的稍微變動將使成本隨之改變。因此，在階梯式的成本習性中，若其階梯的範圍狹窄，稱之為**階梯式變動成本 (Step Variable Cost)**，如圖 2–6。

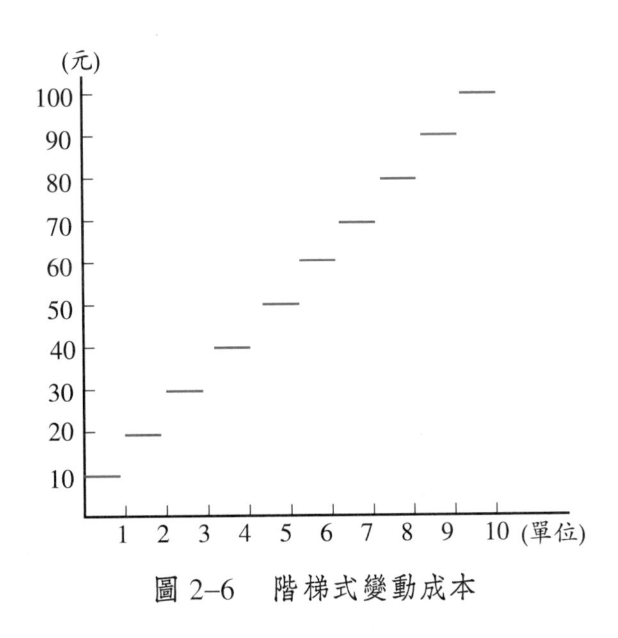

圖 2–6　階梯式變動成本

如果圖 2–5 的每 10 單位寬度放大為每 100 單位，則在一定範圍內，成本是固定不變的。因此，在階梯式的成本習性中，若其階梯範圍很寬，稱之為**階梯式固定成本 (Step Fixed Cost)**，如圖 2–7。

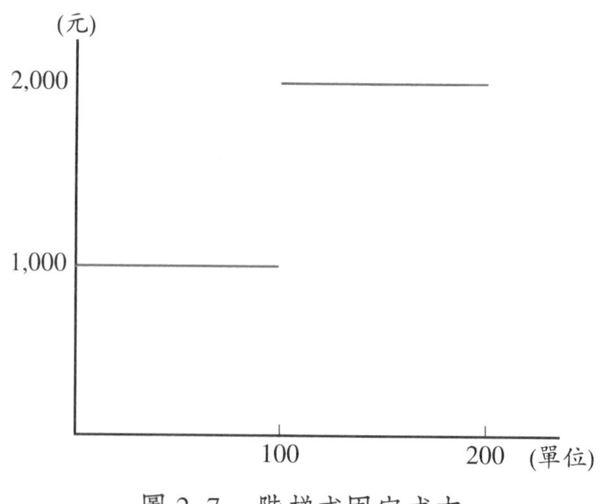

圖 2–7　階梯式固定成本

一般而言，在討論成本習性時，為易於瞭解起見，將其視為線性函數。事實上，成本可能是非線性函數，也可能是非連續性函數，因而有混合或階梯式成本。會計人員通常將混合成本區分出變動及固定部分，使成本習性能更容易分析，這種區分方式可使經理人員把焦點放在變動成本及固定成本之上。會計人員面對階梯式變動或階梯式固定成本時，必須選定攸關範圍，在此範圍內可將階梯式變動成本視為變動成本，階梯式固定成本視為固定成本。

2.2.2　發生的時間

依發生的時間可將成本區分為歷史成本、重置成本及預算成本。**歷史成本 (Historical Cost)** 是過去發生的成本，在財務會計最常使用。當制定決策時，歷史成本的參考性質不高，因為未來情況可能有所改變。**重置成本 (Replacement Cost)** 是指購買與既有資產功能相似的資產所需支付的金額，重置成本的資訊可由供應商或市場的報價得知，它與資產之原始取得成本可能完全不同。例如，一片土地的歷史成本為 $200,000，如果土地的周邊環境經過開發或改善，則該土地的重置成本目前可能為 $1,600,000；如果土地的周邊遭垃圾污染，則其目前重置成本可能僅有 $50,000；如果任何情況都沒有改變，包括沒有通貨膨脹，則土地的重置成本可能仍為 $200,000。

預算成本 (Budgeted Cost) 為預計的未來支出，它可能與重置成本相等或不相等。假定五年前機器的成本為 $35,000，現在需要重置一新機器。目前，有一臺產能相似機器，重置成本為 $48,000，而一部較新且產能較大的機器為成本 $60,000。如果預計要買相似的機器，則預算成本與重置成本相同，均為 $48,000；如果要買較新且產能較大的機器，則其預算成本為 $60,000，但相似機器的重置成本仍為 $48,000。

以財務會計的目的而言，歷史成本仍是不可或缺的；但以管理決策的目的而言，重置成本與預算成本較歷史成本更為有意義。故歷史成本、重置成本及預算成本於不同目的下，各有其重要性。

2.2.3　單位的歸屬

成本標的係指企業中用來累積及衡量成本的單位，例如部門、作業、產品等，再採用經濟可行的方法，將成本直接歸屬到某一成本標的者，此類成本稱為**直接成本** (Direct Cost)，包括直接原料、直接人工；相對地，無法採用經濟可行的方法，將成本歸屬到某一成本標的者，此類成本稱為**間接成本** (Indirect Cost)，包括間接原料、間接人工。直接成本與間接成本的區分，在於成本是否可直接歸屬到成本標的。所謂經濟可行的方法，亦即符合成本效益原則的方法，也就是蒐集資訊所花費的成本不得超過因擁有該項資訊所得的效益。

同樣一項成本可同時歸屬到不同的成本標的，如圖 2–8 直接成本的歸屬，先將原料成本歸屬到製造部門，再將其分配到高級品和普通品兩種。在此情況下，第一個成本標的為部門，第二個成本標的為產品。

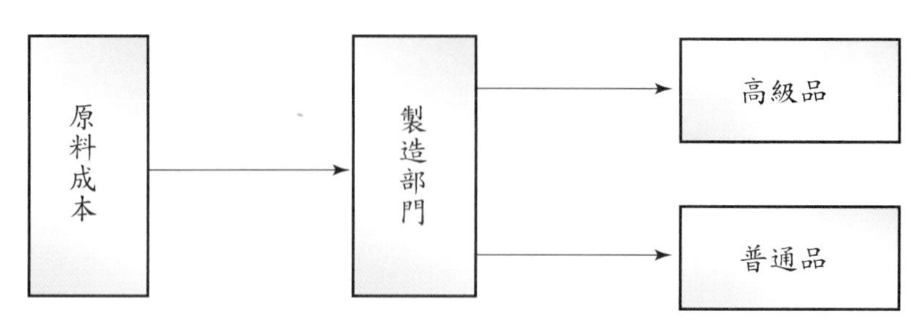

圖 2–8　直接成本的歸屬

此外，成本標的所涵蓋範圍的寬窄，也會影響成本的分類。基本上，成本標的所涵蓋的範圍愈寬，直接成本的比例愈高。例如速食店的全國性電子媒體廣告費，對某一地區的分店而言，屬於間接成本；但對總公司而言，可歸為直接成本。針對管理功能來說，直接成本歸屬越明確，則責任歸屬越清楚。

間接成本有時也稱為**共同成本** (Common Cost)，其所產生的效益可使二個或二個以上的成本標的受惠，但缺乏客觀或合理的基礎作為分攤基礎，所以對任何一個成本標的都不能算是直接成本。例如甲、乙兩種產品的加工過程，主要是使用同一種車床，則此車床機器設備的折舊費用，對這兩種產品而言，係屬於共同成本。

至於直接成本與變動成本間的關係，直接成本不一定是變動成本，除非歸屬方式為線性關係；但是變動成本一定屬於直接成本，例如直接原料成本。直接成本有可能為固定成本，例如生產部門冷氣機的折舊費用，就成本習性而言，是一種固定成本；同時可明確歸屬至生產部門，亦屬於直接成本。

2.2.4　主管的權限

成本的支配權若是可由某一特定的主管掌控，該項成本稱為**可控制成本** (Controllable Cost)，如生產部門的直接原料成本；若成本的支配權不可由某一特定的主管掌控此項成本稱為**不可控制成本** (Uncontrollable Cost)，如製造單位所分攤的一般行政管理費用。主管的階層愈高，其管轄的權限愈大，例如全國性連鎖店的電視廣告費用，對總公司的業務經理而言，可說是可控制成本；但對一個地區的銷售主任而言，則屬於不可控制成本。

有時管理者作決策的時間，也會影響成本的分類，例如辦公室的租用成本，當租約尚未簽訂以前，租金費用對管理者而言，屬於可控制成本，因為管理者可決定租約簽約的對象、租金的多少、租用的期間。但是一旦租約簽訂後，管理者在短期內無法變更合約內容，此時的租金費用對管理者而言，稱為不可控制成本。

基本上，變動成本屬於可控制成本；固定成本是否屬於可控制成本，依管理者的權限和決策時間而定，如同前段所述的租金費用。凡是成本的支配權由管理者掌握，則可列為可控制成本。有時直接成本不一定是可控制成本，此情況發生在成本標的所涵蓋的範圍超過某一主管的權限，例如生產部門的廠房折舊費用，對該單位的經理而言，是一項不可控制成本。

2.2.5　與產品的相關性

在前面 2.1 節中，曾討論未耗用成本（資產）和已耗用成本（費用）。在收入和費用配合原則下，為取得收益而使資產負債表上一部分未耗用成本變成損益表上已耗用成本。在此，依成本與產品相關性來決定類型，與產品有關的成本稱為**產品成本** (Product Cost)；與產品無直接關係，隨期間發生的成本稱為**期間成本** (Period Cost)。

未耗用的產品成本係指製造或取得產品所花費的成本，也可稱為**存貨成本** (Inventoriable Cost)。如果廠商自行製造產品，則產品成本內含有三大要素，即直接原料成本、直接人工成本、製造費用。直接原料和直接人工兩項生產要素的成本總和，稱為**主要成本** (Prime Cost)，其與產品數量多寡有直接相關。由於直接人工成本和製造費用的功用，在於將原料轉換為完成品，因此這兩項成本總和稱為**加工成本**或**轉換成本** (Conversion Cost)。直接原料成本、直接人工成本和製造費用三者，與主要成本和加工成本的關係如圖 2–9。

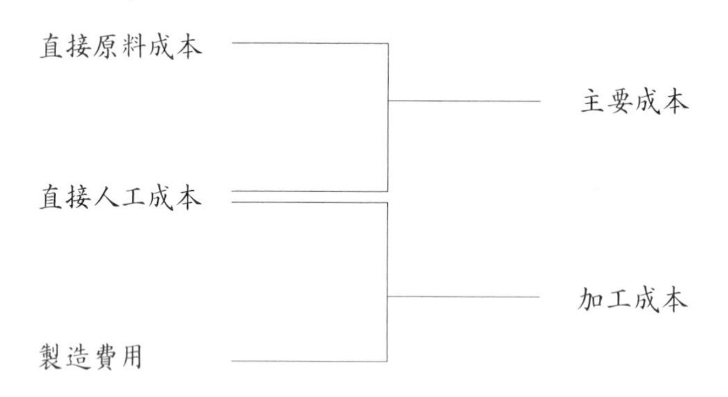

圖 2–9　主要成本和加工成本

表 2–3 以財務報告分類方式將成本加以彙總，必須注意的是廠房的保險費為製造費用的一種，屬於產品成本；而辦公室的保險費是屬於管理費用，為期間成本。只有當產品出售時，廠房的保險費才會轉入已耗用成本，成為銷貨成本的一部分。

表 2–3　依財務報告方式區分

分類方式 / 成本習性	產品成本	期間成本
變　動	・直接原料 ・直接人工 ・變動製造費用	・銷貨佣金 ・辦公室租金 （依銷貨金額計算）
固　定	・固定製造費用	・辦公室租金 （以每月為基礎） ・保險費 ・管理者薪資

產品成本的未耗用部分，可列在資產負債表上的存貨科目和生產設備的帳面價值，已耗用部分則列在損益表上的銷貨成本。至於期間成本方面，未耗用成本包括預付費用和非生產性資產的帳面價值，已耗用成本係指營業費用內的各項支出。

2.3　行業特性的差異

就行業的分類而言，可分為買賣業、服務業、製造業三大類型，彼此間共同特性為將投入因素加工成為產出單位，其主要差異在於各個行業的加工程度不同而已。如表 2–4，加工程度較低的行業特色是產品只需稍許的人工，即可將產品或勞務提供給消費者，買賣業和服務業比較有此現象。例如，便利商店將商品賣給顧客，商品購買成本即為產品成本，倉儲人員的薪資反而列為期間成本；相對地，在加工程度高的行業，包括服務業和製造業，加工成本的重要性十分明顯，所以直接人工成本和製造費用皆屬於產品成本的一部分。理論上，加工程度愈高者，成本計算的過程愈複雜，會計人員要先瞭解作業流程，有助於成本的蒐集與整理，例如電腦製造商的成本計算程序，比便利商店的成本計算程序複雜，也愈需要用科學方法來作資料分析。

表 2–4　加工程度分析

加工程度 / 行業	低	中	高
買賣業	便利商店、百貨公司	鮮花店、生鮮店	
服務業	加油站、旅行社	修車廠、美容院	會計師事務所、餐廳
製造業			印刷廠、電腦製造商

買賣業、服務業和製造業三種行業的特性雖然不同，但都有產品成本和期間成本二個成本科目，只是所涵蓋的內容有所差異，如表 2–5 所示。就買賣業而言，未耗用的產品成本為商品成本，出售後即成為銷貨成本，未耗用的期間成本為預付費用，如預付房租、預付保險費，期間到則轉為銷管費用。三個行業的產品成本內容差異較大，期間成本則大同小異。服務業的產品成本，未耗用以前在資產負債表上有原物料成本、未完的服務成本、完成的服務成本三項

存貨科目；耗用以後即成為損益表上的服務成本。製造業方面的存貨科目有三項，即原料成本、在製品成本、製成品成本；產品銷售出去以後，即成為銷貨成本。

表 2–5　各行業產品成本與期間成本的比較

	資產負債表（未耗用成本）		損益表（已耗用成本）
買賣業：			
產品成本 —— 商品存貨的購買成本	商品存貨成本	→	銷貨成本
期間成本 —— 與商品存貨不相關的成本	預付費用	→	銷管費用
服務業：			
產品成本 —— 由直接人工及相關成本與提供的服務有關者	原物料成本 未完的服務成本 完成的服務成本	→	服務成本
期間成本 —— 與服務成本無直接關係的成本	預付費用	→	銷管費用
製造業：			
產品成本 —— 直接原料成本、直接人工成本及製造費用	原料成本 在製品成本 製成品成本	→	銷貨成本
期間成本 —— 與生產無直接關係的成本	預付費用	→	銷管費用

2.4　損益表的編製

買賣業和製造業的損益表，編排的基本架構類似，主要差別在於銷貨成本的計算方式不同。如表 2–6 的買賣業銷貨成本表，基本三要素為期初存貨、本期進貨、期末存貨。製造業則要另外計算本期總製造成本，取代買賣業的本期進貨。

表 2–6　買賣業的銷貨成本表

和平公司 銷貨成本表 2002 年		
期初存貨		$ 3,400
本期進貨：		
進　貨	$500,000	
減：進貨折扣	16,000	
進貨折讓與退回	2,400	
加：進貨運費	48,000	529,600
可供銷售商品		$533,000
減：期末存貨		3,000
銷貨成本		$530,000

如表 2–7，讀者可參考表 2–8 和表 2–9 的兩行業損益表，報表內容十分相同，會計科目的編排順序也很一致。至於服務業的損益表形式，如果公司服務項目單純，報表上只要有營業收入、營利支出、營業利益即可；如果營業範圍較廣，可分別列示各項的收入和支出，如表 2–10 的金融業嘉南銀行損益表。

表 2–7　製造業的銷貨成本表

快樂公司 銷貨成本表 2002 年			
直接原料：			
期初原料		$ 6,500	
本期購料		300,000	
可供使用原料		$306,500	
減：間接原料耗用	$60,000		
期末原料	1,500	(61,500)	
直接原料耗用			$245,000
直接人工			50,000
製造費用			370,000
總製造成本			$665,000

加：期初在製品	5,000
	$670,000
減：期末在製品	2,000
製成品成本	$668,000
加：期初製成品	6,000
減：期末製成品	4,000
銷貨成本	$670,000

表 2–8　買賣業的損益表

和平公司
損益表
2002 年度

銷貨收入總額		$900,000
減：銷貨折扣	$60,000	
銷貨退回與折讓	30,000	(90,000)
銷貨收入淨額		$810,000
銷貨成本		(530,000)
銷貨毛利		$280,000
營業費用：		
行銷費用	$90,000	
管理費用	60,000	(150,000)
營業淨利		$130,000
營業外收入（支出）：		
處分固定資產利益	$60,000	
利息支出	(30,000)	
兌換損益（淨額）	(40,000)	(10,000)
稅前淨利		$120,000
減：所得稅費用 (25%)		30,000
本期純益		$ 90,000

表 2–9　製造業的損益表

快樂公司 損益表 2002 年度		
銷貨收入總額		$990,000
減：銷貨折扣	$ 10,000	
銷貨退回與折讓	5,000	(15,000)
銷貨收入淨額		$975,000
銷貨成本		(670,000)
銷貨毛利		$305,000
營業費用：		
研究發展支出	$100,000	
行銷費用	80,000	
管理費用	70,000	(250,000)
營業淨利		$ 55,000
營業外收入（支出）：		
處分固定資產利益	$ 30,000	
利息收入	9,000	
兌換損益（淨額）	10,000	49,000
稅前淨利		$104,000
減：所得稅費用 (25%)		26,000
本期純益		$ 78,000

表 2–10　服務業的損益表

嘉南銀行 損益表 2002 年度		
銷貨收入：		
利息收入	$15,000,000	
買賣票券收入	900,000	
手續費收入	2,000,000	
信託報酬收入	70,000	
兌換利益	100,000	
營業收入合計		$18,070,000

營業支出：		
利息支出	$ 9,000,000	
手續費支出	350,000	
營業費用	4,000,000	
兌換損失	90,000	
其他營業成本	8,000	
營業支出合計		(13,448,000)
營業利益		$ 4,622,000
營業外收入：		
處分固定資產利益		78,000
稅前淨利		$ 4,700,000
減：所得稅費用（25%）		(1,175,000)
本期純益		$ 3,525,000

本章彙總

本章介紹了成本的基本概念及其分類方式，明確的說明成本與費用並非同義詞，因為成本有耗用和未耗用兩種。費用屬於已耗用成本，成本可以有各種不同的分類方式，本章介紹的分類方式有五種：(1)成本習性；(2)發生的時間；(3)單位的歸屬；(4)主管的權限；(5)與產品的相關性。

變動、固定、混合及階梯式成本是依成本習性區分，這種分類方式必須先確定攸關範圍，並且在此範圍內，總變動成本會隨成本動因的變動而呈直線比例變動；總固定成本並不隨成本動因變動而變動；單位變動成本維持固定不變；單位固定成本隨作業水準呈反向變動。混合成本兼有固定及變動成份，為了明確分析起見，應將變動部分及固定部分區分出來，階梯式成本可以是變動或固定的，取決於階梯範圍的大小。會計人員須選定攸關範圍，在此範圍內，階梯式變動成本視為變動成本，階梯式固定成本視為固定成本。

歷史成本是過去發生的成本，重置成本是現在的成本，而預算成本是未來的成本，三者中僅歷史成本與決策之制定無關。再者，依單位的歸屬為標準，可將成本分為直接成本和間接成本二類，採用經濟可行的方法將成本歸屬到某一成本標的者，稱為直接成本；反之，無法歸屬者為間接成本。此外，可依主管的權限來區分可控制成本和不可控制成本，單位主管要對其可控制的部分負責。

成本依與產品的相關性，可區分為產品成本和期間成本，未消耗的成本列入資產負債表，已消耗的成本則列入損益表。產品成本是指製成品或商品的成本，列示在資產負債表上，待其出售再轉入損益表。期間成本是指不計入產品的成本，於消耗當期列為費用。依是否可直接歸屬於成本標的，區分為直接成本與間接成本，直接原料及直接人工可以直接歸屬至產品中，二者合稱主要成本。其他與產品製造有關的成本但無法直接歸屬至產品者，稱為製造費用。直接人工與製造費用合稱為加工成本。

製造業、買賣業、服務業的性質不同，其損益表的表達方式亦有所不同，以製造業的銷貨成本計算方式較為複雜。製造業與買賣業的損益表格式較類似，主要科目為銷貨收入、銷貨成本、銷貨毛利、營業費用、營業淨益等。相對地，服務業的損益表格式較為單純，主要為營業收入、營業支出、營業利益。

名詞解釋

- 預算成本 (Budgeted Cost)

  預計的未來支出，可能與重置成本相等或不相等。

- 共同成本 (Common Cost)

  一項成本的支出，使二個或二個以上的單位受惠。

- 可控制成本 (Controllable Cost)

  成本的支配權由某一特定主管控制。

- 加工成本 (Conversion Cost)

  直接人工成本和製造費用的總和。

- 成本 (Cost)

  為獲取貨品或勞務而發生的支出，其支付的價值可以貨幣來衡量。

- 成本動因 (Cost Driver)

  使成本發生變動的因素。

- 成本標的 (Cost Object)

  一個累積成本的單位，可為產品、部門、主管、計畫、訂單等。

- 直接成本 (Direct Cost)

  採用經濟可行的方法，可直接歸屬到某一成本標的之成本。

- 費用 (Expense)

  在營運過程中所消耗的成本，已產生相對的效益。
- 固定成本 (Fixed Cost)

  在攸關範圍內，總成本與作業量的增減無關，總數保持一定，單位成本則與作業量呈反比。
- 歷史成本 (Historical Cost)

  過去所發生的成本。
- 間接成本 (Indirect Cost)

  採用經濟可行的方法，無法直接歸屬到某一成本標的之成本。
- 存貨成本 (Inventoriable Cost)

  未耗用的產品成本。
- 損失 (Loss)

  在營運過程中所消耗的成本，但沒有相對效益產生。
- 混合成本 (Mixed Cost)

  具有變動成本和固定成本兩種性質的成本。
- 期間成本 (Period Cost)

  與產品無直接關係，但隨期間發生的成本。
- 主要成本 (Prime Cost)

  直接原料成本和直接人工成本的總和。
- 產品成本 (Product Cost)

  與產品有關的成本，包括直接原料成本、直接人工成本、製造費用。
- 攸關範圍 (Relevant Range)

  某一作業活動在一定範圍內，成本與成本動因間保持一定關係。
- 重置成本 (Replacement Cost)

  購買與既有資產功能相似的資產所支付的金額。
- 半變動成本 (Semi-variable Cost)

  為混合成本的一種型式。

- 階梯式成本 (Step Cost)

  在一作業活動範圍內是固定的，而在另一作業活動範圍，可能跳到另一個層次。

- 階梯式固定成本 (Step Fixed Cost)

  在階梯式的成本習性中，階梯的範圍較寬者。

- 階梯式變動成本 (Step Variable Cost)

  在階梯式的成本習性中，階梯的範圍狹窄者。

- 不可控制成本 (Uncontrollable Cost)

  成本的支配權無法被某一特定主管控制的成本。

- 變動成本 (Variable Cost)

  在攸關範圍內，總成本隨作業量的變化呈同一方向的變動，單位成本則保持不變。

作業

一、選擇題

(　) 2.1 產品成本為 (A)存貨成本 (B)期間成本 (C)固定成本 (D)以上皆非。

(　) 2.2 發生時立即列為費用的成本稱為 (A)產品成本 (B)直接成本 (C)存貨成本 (D)間接成本。

(　) 2.3 直接原料加上直接人工稱為 (A)固定成本 (B)主要成本 (C)加工成本 (D)間接成本。

(　) 2.4 直接人工加上製造費用稱為 (A)直接成本 (B)主要成本 (C)加工成本 (D)間接成本。

(　) 2.5 成本可直接追溯至某部門者稱為 (A)直接成本 (B)主要成本 (C)加工成本 (D)間接成本。

(　) 2.6 廠房租金為 (A)固定成本 (B)產品成本 (C)加工成本 (D)以上皆是。

(　) 2.7 工廠領班的薪資不屬於 (A)固定成本 (B)產品成本 (C)加工成本 (D)期間成本。

(　) 2.8 依直線法提列的設備折舊費用為 (A)主要成本 (B)直接成本 (C)固定成本 (D)變動成本。

(　) 2.9 依產量法提列的機器折舊費用為 (A)變動銷管費用 (B)固定管理費用 (C)變動製造費用 (D)固定製造費用。

(　) 2.10 生產線上作業員的加班費為 (A)製造費用 (B)期間成本 (C)直接人工成本 (D)以上皆非。

二、問答題

2.11 何謂成本?何謂費用?兩者之間的關係為何?

2.12 請說明成本標的的意義。

2.13 何謂成本動因？試舉例說明之。

2.14 試述固定成本和變動成本的差異。

2.15 何種成本同時具有固定及變動性質？試述之。

2.16 試述歷史成本、重置成本及預算成本的性質。

2.17 請說明直接成本與間接成本的差異。

2.18 試比較可控制成本與不可控制成本的差異。

2.19 何謂主要成本？何謂加工成本？

2.20 何謂產品成本？何謂期間成本？

2.21 試比較買賣業、製造業、服務業損益表的差異。

三、練習題

2.22 下列各項成本為麵粉工廠所發生的成本，如果以該廠產品麵粉為成本標的，請將各項成本區分為直接成本或間接成本。

1. 廠房房屋稅。
2. 麵包工廠所使用的麵粉。
3. 生產線上作業員的薪資。
4. 作業員的健保費支出。
5. 工廠電費。
6. 原料的倉儲成本。
7. 領班的薪資。
8. 工廠租金。

2.23 請就工廠製造部門主管的權限，將下列成本區分為可控制或不可控制成本。

1. 分攤至製造部門的廠長薪資。
2. 作業員薪資。
3. 製造部門的電費。
4. 廠房折舊費用。

5. 分攤至製造部門的利息成本。

6. 因生產排程安排不當所產生的加班費。

2.24 將下列成本分類為產品成本或期間成本。

1. 業務員的佣金。
2. 間接人工成本。
3. 直接原料成本。
4. 廣告費。
5. 工廠水費。
6. 公司電費。
7. 法律顧問的年度諮詢費支出。
8. 工廠機器的折舊費用。
9. 作業員的健保費。
10. 總裁薪資。

2.25 以下列每一項成本，依據其成本習性，區分為變動成本或固定成本。

1. 成本會計人員的薪資。
2. 廠房租金。
3. 廠房和倉庫的保險費。
4. 廠長薪資。
5. 直接原料成本。
6. 設備所使用的潤滑油費。
7. 工廠的伙食費。
8. 設備折舊費用。

2.26 泰山公司 2002 年 12 月份部分的會計記錄如下:

直接原料 (2002/12/1)	$168,000	製造費用	$400,000
直接原料 (2002/12/31)	235,000	管理費用	150,000
購買直接原料	350,000	銷售費用	231,000

直接人工　335,000

試求：1. 計算泰山公司 12 月份的主要成本。
2. 計算泰山公司 12 月份的加工成本。
3. 計算泰山公司 12 月份的產品成本。
4. 計算泰山公司 12 月份的期間成本。

2.27 遠東公司 2002 年 3 月份的直接人工成本為 $420,000。製造費用為加工成本的 40%；直接人工為主要成本的 70%。

試求：1. 計算 3 月份的製造費用總額。
2. 計算 3 月份的直接原料成本。

2.28 以下是群龍公司 2002 至 2004 年度損益表的有關資料，請將空白的部分填滿。

	2002 年	2003 年	2004 年
銷貨收入	$ 2,000	$ (e)	$2,500
期初存貨	400	500	(h)
本期進貨	(a)	1,400	(i)
期末存貨	(b)	(f)	$ 430
銷貨成本	(1,500)	(1,600)	(j)
銷貨毛利	(c)	$ 600	(k)
銷管費用	(d)	350	350
淨　利	$ 200	$ (g)	$ 220

2.29 請根據下列資料計算千鳳公司的營業淨利。

銷貨收入	$1,100,000	期末製成品存貨	$ 19,500
直接原料成本	150,000	直接人工成本	225,000
期初在製品存貨	9,500	製造費用	450,000
期末在製品存貨	22,500	銷管費用	173,000
期初製成品存貨	34,500		

四、進階題

2.30 請問下列各項為產品成本或期間成本?

1. 百貨連鎖店的貨品由物流中心運送至各個連鎖商店所發生的運輸成本。
2. 葡萄酒商買葡萄之成本。
3. 比薩店烤箱的折舊費用。
4. 航空公司之飛機維修技工薪資。
5. 製造工廠的作業員薪資。
6. 食品業的原料成本。
7. 電腦製造商的工廠產品檢驗員薪資。
8. 百貨公司的秘書薪資。
9. 製造業的水電費。

2.31 有關流行服飾製造廠商的成本列示如下，請針對每一項成本，指出哪一種成本類型最為恰當。(同一項成本可以為多種成本類型)

成本類型	
a. 變動成本	g. 製造成本
b. 固定成本	h. 研究發展費用
c. 期間成本	i. 直接原料成本
d. 產品成本	j. 直接人工成本
e. 管理費用	k. 製造費用
f. 銷售費用	

成本項目
1. 零售商的招牌費。
2. 負責公司機器維修的員工薪資。
3. 製作衣服的尼龍布原料成本。
4. 製衣工人的薪資，按件計酬。
5. 生產部門的電費。
6. 服裝設計師的薪資，按月計酬。
7. 銷售員的佣金。
8. 製衣機器的折舊費用。

9. 管理部門的房屋租金。
10. 每日廣告費。
11. 研究新服飾的設計師薪資。
12. 雇用一飛行員駕駛飛機，飛行於海灘以旗幟來廣告該服裝店所發生的成本。
13. 總經理秘書的薪水。
14. 製衣機器每月的維修費用。
15. 生產人員的保險費。

2.32 以下所列為元信銀行信用卡部門所發生的成本，針對每一項成本，請指出其應屬於下列哪一種成本類型。每一項成本可能歸屬於一個以上的成本類型。

成本項目
1. 信用卡部門經理薪資。
2. 信用卡部門所使用的文具用品成本。
3. 信用卡部門今年初購置的影印機成本。
4. 每增加一個信用卡申請所需要增加的成本。
5. 假設將信用卡部門裁撤，將辦公室出租的租金收入。
6. 分攤給信用卡部門每月所需支付的總公司管理費用。

成本類型
a. 信用卡部門經理可以控制的成本。
b. 信用卡部門經理不可以控制的成本。
c. 信用卡部門的直接成本。
d. 信用卡部門的間接成本。
e. 差異成本。
f. 邊際成本。
g. 機會成本。
h. 沉沒成本。
i. 付現成本。

2.33 將下列每一項成本，分類為產品成本或期間成本，固定成本或變動成本，

以及直接成本或間接成本（成本標的為產品）。

1. 生產醬瓜罐頭所使用的脆瓜成本。
2. 企劃人員的薪資。
3. 工廠警衛的薪資。
4. 廣告費。
5. 按件計酬之作業員的薪資。
6. 設備所使用的潤滑油費。
7. 廠房的租金。
8. 生產桌子所使用的鐵釘。
9. 業務人員的佣金。
10. 依生產數量法提列之機器的折舊費用。

2.34 長島商店 2002 年的經營結果如下：

銷貨收入	$960,000	進貨折扣	$ 30,000
銷貨折讓	30,000	利息收入	39,000
進　貨	540,000	銷貨運費	15,000
商品存貨 (2002/1/1)	120,000	其他銷售費用	105,000
商品存貨 (2002/12/31)	150,000	管理費用	60,000
進貨運費	45,000		

試求：編製長島商店 2002 年度的損益表（稅率 25 %）。

2.35 萬大公司在 2002 年發生了下列各項成本：

保險費（公司 40%，工廠 60%）	$9,000	直接原料存貨 (2002/1/1)	$625,000
銷售人員薪資	187,500	直接原料存貨 (2002/12/31)	750,000
廣告費	100,000	工廠領班薪資	150,000
水電費（公司 30%，工廠 70%）	30,000	直接人工成本	950,000
直接原料進貨成本	1,250,000	折舊費用（公司 25%，工廠 75%）	400,000

萬大公司 2002 年共生產及銷售 100,000 單位產品，每單位售價 $34。該公司適用 25% 的所得稅稅率。

試求：編製萬大公司 2002 年度的損益表。

2.36 青田公司 2002 年度的損益資料如下：

1. 銷貨淨額為進貨的 2 倍。
2. 進貨運費為銷貨淨額的 10%，為期初存貨的 2/3。
3. 銷貨成本率為 40%。
4. 銷貨折讓為期初存貨的 1.5 倍。
5. 期初存貨為期末存貨的 50%。
6. 進貨折扣為 $3,200。
7. 管理費用佔銷管費用的 2/3。
8. 稅前淨利為銷貨毛利的 50%。
9. 所得稅率為 25%。

試求：編製青田公司 2002 年度的損益表。

第3章

製造業的成本計算

學習目標

- 明白製造成本流程
- 認識原料成本
- 瞭解人工成本的內容
- 計算銷貨成本
- 熟悉製造業的會計處理
- 瞭解製造業的電子化流程

前言

產品成本的計算程序，會隨行業特性與作業流程而不同，就製造業、買賣業、服務業三者相比較，製造業的成本計算方式比其他兩行業為複雜，因為製造業涵蓋了從原料投入到產品產出的全部過程。因此，本章的重點在於說明製造業的成本計算。會計人員要使產品成本計算正確，首先要對組織內的作業流程有所瞭解，進一步針對每一個作業單位作成本資料蒐集，再善用資訊系統來有效地整理相關數據，以提供管理者成本分析參考之用。

3.1 製造成本流程

自從工業革命後，把原料、人工、機器設備等進入工廠，使得產品成本計算更為複雜，不能再像以前一樣以約略估計方式計算。再者，由於製造程序的不同，對於公司產品成本計畫有很大的影響。產品製造的一般過程，從原料投入生產線開始，經過各個階段的加工程序，原料成為半成品再轉成製成品，如此才算完成生產過程中的所有程序。各家製造廠商的營運作業情況雖然不同，但基本的步驟類似，大致上可區分為三步驟：(1)未開工；(2)製造中；(3)完工。所以製造商的存貨種類，依前述三步驟來區分，有**原物料** (Raw Materials and Supplies)、**在製品** (Work In Process)、**製成品** (Finished Goods)。

在未開工的階段，採購部門依生產部門的原物料需求，在生產作業正式開始之前，購進足夠數量，且品質規格符合規定的原物料，放在倉庫內備用。然後，生產部門人員自倉庫領取所需的原物料，投入生產線上，即進入製造階段。此時，會計人員開始計算產品成本，先把投入生產線上的原物料耗用成本計算出來，再隨著製造流程，將各個加工過程所投入的成本逐步累加，直到完工階段的製成品，所以會包括直接人工成本和製造費用。在這整個製造過程中，成本會計的重點在於提供各種方法來累積各個階段所發生的成本，並且採用合理的分攤基礎，把成本分攤到每個產品上，以算出每個單位的產品成本。

製造成本的流程如圖 3–1 所示，投入直接原料、直接人工、製造費用，即成為在製品；當製造過程完成後，即轉入製成品，最後將產品出售，即轉入銷貨成本科目。

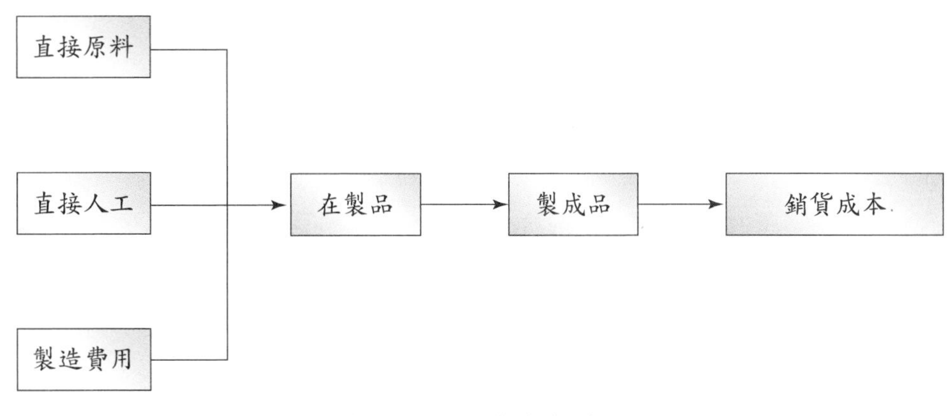

圖 3–1　製造成本流程

圖 3–2 則將圖 3–1 上的六個會計科目，以 T 帳戶方式來說明成本的結轉流程。在圖 3–2 上的各個 T 帳戶，借方與貸方所代表的意義，與財務會計學的借貸方完全相同，例如原料購入後，即記入原料存貨科目的借方，當生產部門人員到倉庫領用原料，則被領用的存貨價值記在貸方。薪資方面的直接人工轉入在製品，間接人工則轉入製造費用。在生產過程中，所有間接成本的實際發生數都記在製造費用的借方，只將估計數轉入在製品科目。當產品製造完成，則轉入製成品的借方；當產品出售後，將轉入銷貨成本。為使讀者更熟悉製造成本流程，在此舉愛之味公司的脆瓜產品例子，來說明各個步驟的產品實體和成本流程。

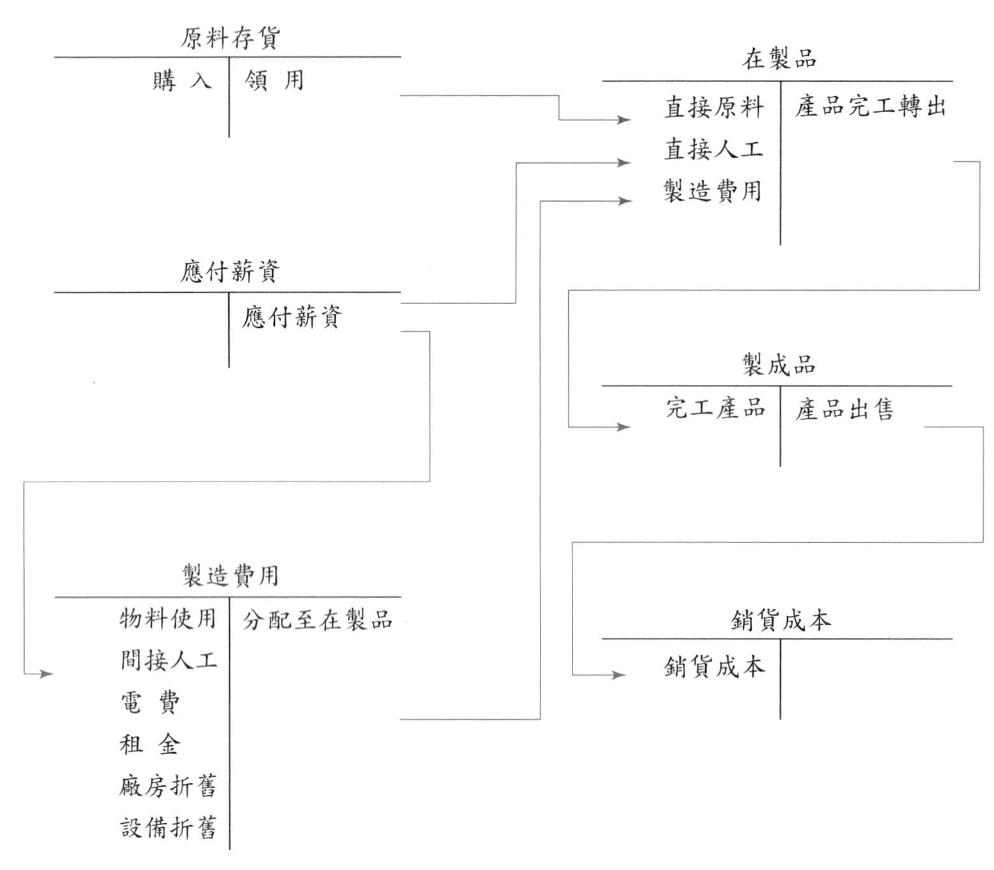

圖 3–2　成本科目的 T 帳戶流程

愛之味股份有限公司（http://www.agv.com.tw）

只要提起「花瓜」，您一定會連想到「愛之味」三個字吧！愛之味股份有限公司成立於 1971 年；自創立以來，致力於中華民族傳統食品、休閒甜點食品、中式調理食品及健康飲料的研究與發展，所有的廠房和設備，完全採自動化、科學化生產作業。崇尚自然、健康、美味的愛之味公司，堅持「三不、三少、三多」的企業良心目標；三不政策：不加防腐劑、不加人工色素、不加化學香料；三少政策：少加鈉鹽、改用鉀鹽、少加砂糖、改用果糖或 Oligo 寡糖、少加味精並改用香菇原汁；三多政策：好料多、營養多、愛心多。由於產品創意新穎，重視品質風味，愛之味產品不但國內市場佔有率居業界之冠，國外經銷網更遍及東南亞、日本、澳洲、中東、美、加等地，朝向國際化邁進。近年來，更積極與海外資源合作，擴展「策略聯盟」，開拓「國際行銷」，使得全世界有華人的地方就有「愛之味」。

愛之味對於製作技術不斷在求進步，並配合學術研究機構作研究發展，突破傳統的醃漬方式，首先開發成功低鹽份又不含防腐劑的產品，以求保存食物原有的營養與風味，讓消費者吃得安心。愛之味目前擁有四大類型生產工廠：傳統食品廠、調理食品廠、健康飲料廠及甜食品廠，所有廠房和設備完全採自動化、科學化生產作業，讓每一罐產品都充滿著愛心、良心、智慧與健康。

為了貫徹「產品品質自然化、製造技術科學化、健康食品大眾化」的企業主張，愛之味公司籌資擴建新廠房，具有八條生產線，發揮健康美食的文化，開創領導世界潮流食品，其主要產品有醬菜類、甜點類、健康飲料及調理食品等。愛之味組織擁有完整的專業人員，加上在各種精密、齊全的儀器設備下，不斷開發出有益大眾健康的產品。而且，率先與食品工業發展研究所電腦資料庫連線，充分掌握國內外健康食品的發展趨勢，創造領導潮流的新產品。

由於愛之味公司是屬於製造業，產品必須由原料經加工到最後產出製成品，所以其生產過程包括三階段，即未開工（原料）、製造中及完工。以脆瓜為例，其製造過程如下：

步驟一　未開工	步驟二　製造中	步驟三　完　工
原料及物料　$ 胡（花）瓜　$ 鹽　$ 果糖　$ 醬油　$ 空瓶　$ 其他調味料　$ (間接原料——製造費用的一部分)	電費（製造費用）$ 鹽漬→洗滌、切片選別→脫鹽 空瓶驗收洗滌→裝罐←壓榨 ↓ 自動裝填 ↓ 注加調味液 ↓ 真空封蓋 ↓ 殺菌 ↓ 冷卻→吹乾→包裝 (兩人圖示)：清潔人員 (兩人圖示)：監工 (一人圖示)：直接人工 $ (兩人圖示)：間接人工(製造費用的一部分)$	脆瓜製成品 $ (總產品成本 $ $ $) ↓ 存貨 $ (未出售) ↓ 銷售成本 $ (出售)

最終階段製成品為脆瓜，其總產品成本中，最重要的組成要素即為直接原料、直接人工及製造費用。在脆瓜的製造中，胡（花）瓜、醬油為產品的主要原料，其投入成本可稱之為直接原料成本；生產線上工人的薪資，可算是直接人工成本；間接成本即為製造費用。製成品在未出售前，為資產負債表上的存貨，待出售時再轉入損益表的銷貨成本。

3.2　原料成本

在生產過程開始時，所投入的主要材料，稱為直接原料。在愛之味公司的脆瓜產品製造過程中，直接原料有胡瓜、醬油二種，其成本總和稱為**直接原料成本 (Direct Materials Cost)**，這些成本可以很明確的追溯到每罐脆瓜產品上，完全符合第 2 章所談的直接成本觀念。要製造出香脆可口的花瓜，除了需要二種主要原料外，還需加入其他材料，例如鹽、果糖、香菇粉、檸檬酸、甘草素等可增加口感。由於這些調味材料的用量與前述的二種主要原料相比，其差異很大，不僅使用量少且不易將其成本直接歸屬到每罐脆瓜產品，所以這些調味料成本，稱為**間接原料成本 (Indirect Materials Cost)**。本節的重點在於說明原料的管理原則、採購作業程序、原料的成本計算。

3.2.1　原料的管理原則

原料成本佔產品成本的比例，隨行業特性而有所不同，有些資訊電子公司的原料成本佔總成本的比例高達百分之六十以上，由此可看出原料在企業的流動資產中佔有相當重要的地位。為避免存貨積壓或存貨不足的現象，使企業的資金不會閒置或生產線不致中斷，原料的管理原則為採購能達到適時且又適量的目標，同時原料的價格要低廉、品質要優良，即所謂的及時採購物美價廉的政策。

存貨控制的方法，可採用永續盤存或定期盤點的方法。永續盤存法要求所有的貨品入帳和出帳，皆要有詳細記錄，說明每次進貨或出貨的產品單價與數量，帳上隨時保持最新的存貨資料。定期盤點法則沒要求每次貨品進出要記載，只要求記載期初存貨、每次進貨、期末盤點的數量。過去在電腦網路不普遍時，一般企業為避免會計記帳的繁瑣，只對單位價值較高的貨品採用永續盤存法；一般企業偏向採用定期盤點法，以符合成本效益原則。近年來，資訊科技的進步，加上企業經營者逐漸認為內部控制制度的重要，不少企業同時採用商品條碼制度和永續盤存制度，以隨時掌握存貨的進出資料。此外，還採用隨時隨地抽點存貨的方式，以核對帳冊上的記錄。當有異常現象產生時，立即採取糾正行動。如有盤盈、盤虧的情況產生，在期末作適當的會計處理。

為確保原料存貨的品質，原料入庫以前，驗收部門人員在驗收時要仔細查核所送達的貨品是否與原訂單資料所載相符。如果不符合規定者，則立即辦理退貨，送回供應商；同時通知採購部門和會計部門，以保持資料的正確性。除此之外，倉儲人員要定期檢查是否有過期原料存貨的存在，只要發現過期存貨則立即處理。

對於公司經常使用的原料，管理者可依其經驗來安排未來所需原料的數量與使用時間，以規劃與生產排程相配合的採購作業，此即所謂的**物料需求規劃** (Material Requirements Planning, MRP)，管理者依生產排程需要來安排生產所需的原物料數量，能達到適時、適量的採購作業。

3.2.2　採購作業程序

與採購作業有關的程序包括請購、採購、驗收、倉儲、記錄和付款等六項，雖然企業規模大小不一，但任何公司的採購作業大致有這些程序。為確保庫存記錄、會計帳冊、付款金額的正確，前述的六項程序中，各個單位要有專人負責，符合職能分工、互相牽制的原則。

當倉庫管理員發現某項原料數量已達訂購點時，則填寫**請購單** (Materials Requisition Form)，如表 3–1，註明所需原料的名稱、規格、數量、需用日期等資料，由主管核准後送交採購單位和會計單位。在傳統的人工作業程序，請購單可一式三聯，請購單位保存一聯，採購單位保存一聯，另一聯交會計單位。在實務上，每種單據一式幾聯，可依各組織的作業流程和內部控制規定來決定。有些公司已將此作業電腦化處理，利用企業資源規劃系統的執行，直接將各單位的請購單利用電腦系統傳送至採購單位及會計單位，不需將各個單據列印出來，直接透過電子表單的方式直接處理，以達到**無紙化** (Paperless) 的境界。

表 3–1　原料請購單（ERP 表單）

怡心企業(股)有限公司

原物料請購單

原料查詢　物料查詢

原物料請購單號碼: RO

填單日期:

請購單位					
部　門		單　位		組　別	
請購項目					
料號					
原物料名稱					
規格					
單位					
數量					
用途					
需求日期					
交貨地址					
請購說明	○ 物料請購 ○ 訂單原料請購（客戶訂單號碼　　） ○ 原物料代購　（組裝訂購單號碼　　） ○ 其他				
請購核示	申請人		□ 確認		
	審核	○確認 ○退回	退回原因		
	複核	○確認 ○退回	退回原因		

採購單位收到請購單後，立即填寫訂購單，如表 3–2 上的形式。傳統上，此單據一式四聯，其中一聯給供應商，要註明品名、規格、單價、數量、交貨日期和地點，付款條件等資料。至於給倉儲單位的那一聯，可將數量欄資料空白，以促使驗收人員要確實清點貨品數量。

表 3–2　原料訂購單（ERP 表單）

怡心企業(股)有限公司

原物料訂購單

原物料訂購單號碼 PO

填單日期

供應商資料			
供應商編號		地　址	
供應商名稱		電　話	
聯 絡 人		傳　真	
訂戶資料			
採購人員		發票抬頭	
聯絡電話		統一編號	
傳　真		發票地址	
發票寄送地址		發票開立方式	
產品規格			
料　號		規　格	
原物料名稱		單　位	
單　價		數　量	
金額明細			
小計			
交易條件			
合計			
稅額			
總計			
總計(大寫)			
付款條件		付款方式	
交期		有效日期	
交貨地址			
簽　章			

當供應商將貨品送至倉儲單位，由驗收人員清點貨品的數量，並且與原有的請購單和訂購單相核對品名、規格，明確地寫明合格數量與不合格數量在驗收單上如表 3–3。驗收完成後，倉管人員會做入庫的動作，此時倉管人員會填寫入庫單，如表 3–4 的形式。同時，倉儲單位在驗收工作完成後，立即通知請購單位來領料。當生產單位人員來領用原料時，要填寫領料單，如表 3–5 所示。

表 3–3　原料驗收單（ERP 表單）

怡心企業(股)有限公司

原物料驗收單

○ 生產採購
○ 組裝代購

原物料驗收單號碼 EO
交期 DAY

原物料訂購單號碼 [　] 開啓　　驗收日期 [　]

供應商編號	
供應商名稱	

序號	料號	原物料名稱	規格	單位	訂購數量	前期累計數	本次驗收數	驗收合格數	驗收不合格...	至今驗收合格數	備註
						0	0	0	0	0	

倉管主管		採　　購		倉　　管	
	□ 入庫		□ 確認		□ 確認

表 3–4　原料直接入庫單（ERP 表單）

怡心企業(股)有限公司

原料直接入庫單

原料直接入庫單號碼: IN

原料明細　　驗收日期:

供應商名稱	
入庫說明	

序號	料號	原料名稱	規格	單位	驗收合格數	備註

倉管主管		倉　管		驗 收 人	
	☐ 入庫		☐ 確認		☐ 確認

表 3–5 原料領料單（ERP 表單）

怡心企業(股)有限公司

原料領料單

原料請料單號碼 RE　　原料領料單號碼 DE

預計使用日期　　最新庫存　　填單日期

序號	料號	原料名稱	單位	現有庫存	申請數量	已發數量	實發數量	不足數量	補發日期
					0	0	0	0	

請料人		□領出	倉管		□確認

要有效掌控原料管理，除了需掌握原料的採購與領料情形外，尚要對呆料進行控管，有些原料可能在採購時為了取得優惠而大量訂購，但真正會實際使用到的量卻很少。此時管理者便需加以評估，若為了儲存這些呆料的倉儲成本，大於當初訂購時所能節省的訂購成本時，就不適合大量訂購。因此原料的控管除了需考量到採購時的成本外，亦要考慮到後續的儲存成本，如表 3–6 所示。

表 3–6 原料呆料表（ERP 表單）

怡心企業(股)有限公司

原物料呆料表

查詢條件

N月未有領料記錄　一個月

查詢結果　查詢　　列印日期/時間 TIME

料號	原(物)料名稱	目前庫存數量	安全庫存	庫存量佔安全庫存量百分比	最近一次領料日期	請購單號碼	最近一次請購紀錄			
							請購日期	數量	用途	申請人

為了有效地控制存貨數量，有不少企業採用永續盤存法，所以會計人員針對每一種原料要編製原料存貨明細表，如表 3–7。每當存貨的進出異動時，會計人員即要將資料填入原料存貨明細表上。在此舉例說明存貨進出的情形，例如 12 月 1 日有期初存貨，3 日供應商送貨來所以有進料，5 日請購單位來領料，31 日請購單位將月底剩下的原料退還倉庫。從這張表上，管理者可隨時掌握各項原料的庫存情況。表 3–8 則是方便倉管人員能隨時掌握原料的庫存情況，可隨時得知原料的詳細庫存情況，便能避免在生產時因原料不足而造成的等待時間，亦能減少因原料庫存過多所發生的倉儲費用。目前，我國有不少企業採用電腦處理存貨的進出資料，如此一來，不但能隨時掌握實際的存貨情況，亦方便管理者有效掌控庫存情況，有助於存貨的控制。

表 3–7　原料進出庫明細表（ERP 表單）

怡心企業(股)有限公司

原物料進出庫明細表

列印日期/時間: TIME

查詢條件

填單日期	91/09/03	—	91/09/03

查詢

料號	原物料名稱	單位	進出庫時間	驗收合格數	退料數	實際領料數	結餘庫存	相關單號

表 3–8　原料庫存查詢（ERP 表單）

怡心企業(股)有限公司

原物料庫存明細表

☐ 原料查詢　　　　填單日期:

☐ 物料查詢　　　　列印日期/時間: TIME

查詢

料號	原物料名稱	庫存數量

前述的採購流程，傳統上是由人工作業來一關一關進行處理，處理起來不但費時費事，亦不能確切掌握正確的權責關係。因此，現行有許多公司導入**企業資源規劃系統** (Enterprise Resource Planning, ERP)，從原料的請購至領料的相關作業，完全在電腦上來操作資料的輸入與傳送。當請購單位發現到某項原料已達訂購點時，便啟動「原物料請購」流程來填寫請購單；電子單據填寫完成後，經由電子流程自動拋轉至採購部門，把正確的資料傳到相關部門，能避免掉因口頭請購或筆誤所造成的疏失。採購單位得知請購單位的需求後，經

過詢價的動作後選定好供應商，進而開啟「訂購流程」，將所需訂購的原料，利用電子傳輸的方式傳至公司指定的供應商；若供應商尚未與其相配合時，亦可透過傳真或是採用電子郵件的方式傳輸訊息。這樣一來，雙方皆能確切掌握實際的採購情形，可節省掉許多不必要的誤解或爭執；當供應商將所需原料運送至倉庫時，倉管人員可開啟「驗收流程」，輸入確實驗收共採購進多少的原料入倉庫；此時驗收單會與應付帳款單相連接，亦即會計人員會根據此驗收單上的金額來執行付款動作，以避免多付款的情形發生。

另一方面，原料驗收完成後，倉管單位會進行入庫的動作，同時亦會通知請購單位。當請購單位有需求時，便需填寫「領料單」，填寫完畢傳送至倉管單位，倉管人員便會依據領料單上所填寫的申請數量發出。如此一來，便能對存貨數量加以嚴格的掌控，減少原料無故短缺的情形產生。

3.2.3　原料的會計處理

原料經由請購、訂購、驗收程序完成後，即應計算進貨成本，作為會計入帳的基礎。一般而言，原料進貨成本應包括取得原料所需支付的成本，以及原料由供應商送達工廠以供使用所需耗費的成本，包括運費、裝卸費、保險費、稅金等項目。 有些供應商會提供**數量折扣** (Quantity Discount) 和**現金折扣** (Cash Discount) 的條件，以鼓勵廠商大量進貨和儘早付款。因此，會計人員在正式登錄進貨日記帳分錄時，要先計算出各種折扣的金額，以求得實際支付供應商的金額。假設大理公司在今年 1 月 1 日賒購一批原料，價值為 $10,000，付款條件為 2/10，n/30。目前大理公司採用**總額法** (Gross Method) 為入帳基礎，在一月份發生下列與原料採購有關的分錄：

⑴進料時

原料存貨	10,000	
應收帳款		10,000

⑵十天內付款

應付帳款	10,000	
現　金		9,800
進貨折扣		200

⑶十天後付款

應付帳款	10,000	
現　金		10,000

當生產單位到倉庫領用原料時，會計人員需作分錄；生產線上所使用的主要原料成本，稱為直接原料成本；僅用於生產過程中的輔助性原料成本，稱為間接原料成本。例如，大理公司生產單位領用原料 $3,000，投入生產線作為產品的主要原料，其分錄如下：

在製品存貨	3,000	
原料存貨		3,000

如果生產部門所領用的原料為製造某產品的間接原料，則上述分錄的借方科目改為製造費用。

在企業資源規劃系統內，公司的原物料請採購作業皆電子化處理，所有的流程皆在系統內進行。如此一來，更能節省會計人員在帳務處理所耗的時間。在電子化流程中，當驗收完成後，系統便會自行拋轉出應付帳款單，以及產生必要的傳票分錄；入庫單及領料單亦會產生相關的分錄，在此的相關分錄與上所敘述的分錄皆相同。人工作業與電子化作業不同的是，上述的分錄需由會計人員自行切傳票才產生；而流程電子化後的分錄，則是由電腦系統自行產生，會計人員只是進行確認的動作而已。因此，會計人員便可節省許多處理這類事務性的時間，有更多的時間及精力提供管理者更有效且即時的管理資訊，有助於管理者作出更佳的決策。此時，會計人員不再只是單純的記帳者而已，反而轉型成為能夠幫助管理者決策制定的資訊提供者。

3.3　人工成本

人工成本 (Labor Cost) 係指支付給直接從事或間接協助生產工作的薪資報酬，可分為**直接人工成本** (Direct Labor Cost) 和**間接人工成本** (Indirect Labor Cost)。

所謂直接人工成本，主要為直接從事生產工作的人員薪資，例如愛之味公司的脆瓜產品線，製造過程中從花瓜的鹽漬、洗滌到冷卻、吹乾、包裝的整條生產線上所投入的人工成本。然而，間接人工成本即非直接從事生產工作的人員薪資，例如愛之味公司的脆瓜產品製造廠內清潔人員和監工人員的薪水。

人工成本是由人事部門核定工資率，生產部門決定工作時數。為確定每位工人每日在工廠的工作時數，企業通常採用**計時卡** (Clock Card) 來記錄工人實際的上下班時間，如表 3–9。為使工資計算清楚，計時卡上應將正常上班時數與加班時數分別列示，可減少計算錯誤。一般工廠在廠區進出口處，放置打卡鐘，工人在上、下班時，自行取卡插入打卡鐘列印時間，再將卡片放回原處。有些公司已將打卡作業與薪資計算作業電腦化處理，員工只要將個人識別卡在入門處刷卡機刷一下，時間自動輸入電腦，如果為避免舞弊，可派專人監督打卡作業。

表 3–9　計時卡

(正面)

No.	單位		姓名	
日　薪	工作日數	加班費	扣除款額	實付工資額

中華民國　　年　　月份

日期	上　午		下　午		加　班		小計
	上班	下班	上班	下班	上班	下班	
1							
2							
3							
4							
5							
6							
7							
8							
9							
10							
11							
12							
13							
14							
15							

(反面)

日期	上午		下午		加班		小計
	上班	下班	上班	下班	上班	下班	
16							
17							
18							
19							
20							
21							
22							
23							
24							
25							
26							
27							
28							
29							
30							
31							

人工成本與原料成本的會計處理，流程大概上相同，主要差異在於原料未用完可當作存貨，但人工成本在當期發生，即認列費用，不能遞延到下個會計年度。每逢月底時，會計人員要計算每位員工的薪資，以編製**薪工表** (Payroll Sheet)，再記入員工付薪分錄。接著，要作生產計工分錄，例如大理公司本月份付給生產線上員工的薪資為 $200,000，代扣所得稅款 $12,000，相關分錄如下：

(1)付薪

薪工費用	200,000	
現　金		188,000
代扣所得稅		12,000

⑵生產計工

在製品存貨	200,000	
薪工費用		200,000

如果所付的薪資為間接人工成本，則第二個分錄的借方科目由在製品存貨改為製造費用，其餘科目相同。在自動化的環境下，有些人工作業被機器所取代，造成人工成本佔產品成本的比例逐漸下降。雖然如此，人工仍為製造過程中不可缺少的投入因素，所以管理者仍不能忽視其重要性。

3.4 銷貨成本

買賣業只需購入商品再行出售即可，不像製造業具有繁複的生產程序，故其銷貨成本以商品的購進成本為主。由於製造業需要投入原料、人工、製造費用才能生產產品，所以在計算銷貨成本時，要先計算出原料耗用成本，加上直接人工成本和製造費用，即成為本期的製造成本。期初在製品成本加上本期製造成本，再減去期末在製品成本，即成為製成品成本；再加上期初製成品成本以及減去期末製成品成本，則為銷貨成本，其詳細計算公式如下：

⑴原料耗用成本 = 期初原料成本 + 本期進貨成本 − 期末原料成本
⑵總製造成本 = 原料耗用成本 + 直接人工成本 + 製造費用
⑶製成品成本 = 期初在製品成本 + 總製造成本 − 期末在製品成本
⑷銷貨成本 = 期初製成品成本 + 製成品成本 − 期末製成品成本

為使讀者更瞭解上述四個公式的應用，表 3–10 為製造業的銷貨成本表，原料耗用成本為 $245,000 ⑴，總製造成本為 $665,000 ⑵，製成品成本為 $668,000 ⑶，銷貨成本為 $670,000 ⑷。表 3–10 為銷貨成本表的基本架構，實務上可依各個產業的特性，來增減適當的會計科目。

表 3–10　銷貨成本表——製造業

永康公司 銷貨成本表 2002 年			
直接原料：			
期初原料		$ 6,500	
本期購料		300,000	
可供使用原料		$306,500	
減：間接原料耗用	$60,000		
期末原料	1,500	(61,500)	
直接原料耗用			$245,000 (1)
直接人工			50,000
製造費用：			
間接原料		$ 60,000	
間接人工		80,000	
電　費		30,000	
折舊費用		150,000	
保險費		10,000	
雜項製造費用		40,000	370,000
總製造成本			$665,000 (2)
加：期初在製品			5,000
			$670,000
減：期末在製品			2,000
製成品成本			$668,000 (3)
加：期初製成品			3,000
可供銷售製成品成本			$671,000
減：期末製成品			1,000
銷貨成本			$670,000 (4)

3.5 製造業的會計處理

為使讀者對製造業的會計處理作業有更進一步的瞭解，在此舉美香公司的例子，來說明會計人員的作業流程，從日記帳和分類帳的準備到編製銷貨成本表和損益表。

美香公司為一醬菜及調理食品的製造商，於 2002 年度有下列期初及期末存貨資料：

	期　初	期　末
原　料	$22,000,000	$30,000,000
在製品	40,000,000	48,000,000
製成品	25,000,000	18,000,000

製造醬菜的投入原物料有鹽漬花瓜、果糖、醬油、香菇粉、食鹽、胺基酸、丙氨酸、味精、檸檬酸、甘草素、氯化鉀、琥珀酸等，由於鹽漬花瓜、醬油為產品的主要構成要素，稱之為直接原料。其他構成要素稱為間接原料或物料，美香公司的政策是以現金支付貨款，當年度發生的交易事項如下：

1. 購買直接原料	$300,000,000
2. 購買間接原料及物料	50,000,000
3. 直接人工成本（如鹽漬人員、包裝人員）	120,000,000
4. 間接人工（如清潔人員）	60,000,000
5. 廠房財產稅	20,000,000
6. 水電費（工廠 60%，辦公室 40%）	50,000,000
7. 工廠領用直接原料	292,000,000
8. 推銷員薪資	40,000,000
9. 職員薪資	24,000,000
10. 交際費	10,000,000
11. 業務員訓練費	30,000,000
12. 工廠領用間接原料	40,000,000

上述 12 項交易的會計分錄分別列示於下：

科目	借方	貸方
1. 直接原料存貨	300,000,000	
現　金		300,000,000
2. 間接原料存貨	50,000,000	
現　金		50,000,000
3. 薪工費用（直接人工）	120,000,000	
現　金		120,000,000
4. 薪工費用（間接人工）	60,000,000	
現　金		60,000,000
5. 製造費用（稅捐）	20,000,000	
現　金		20,000,000
6. 水電費用	50,000,000	
現　金		50,000,000
製造費用	30,000,000	
水電費用		30,000,000
銷管費用	20,000,000	
水電費用		20,000,000
7. 在製品存貨	292,000,000	
直接原料存貨		292,000,000
8. 銷管費用（推銷員薪資）	40,000,000	
現　金		40,000,000
9. 銷管費用（職員薪資）	24,000,000	
現　金		24,000,000
10. 銷管費用（交際費）	10,000,000	
現　金		10,000,000
11. 銷管費用（業務員訓練費）	30,000,000	
現　金		30,000,000
12. 製造費用	40,000,000	
間接原料存貨		40,000,000

美香公司會計人員為編製 2002 年損益表，準備有關科目的分類帳，其過帳的程序如下：

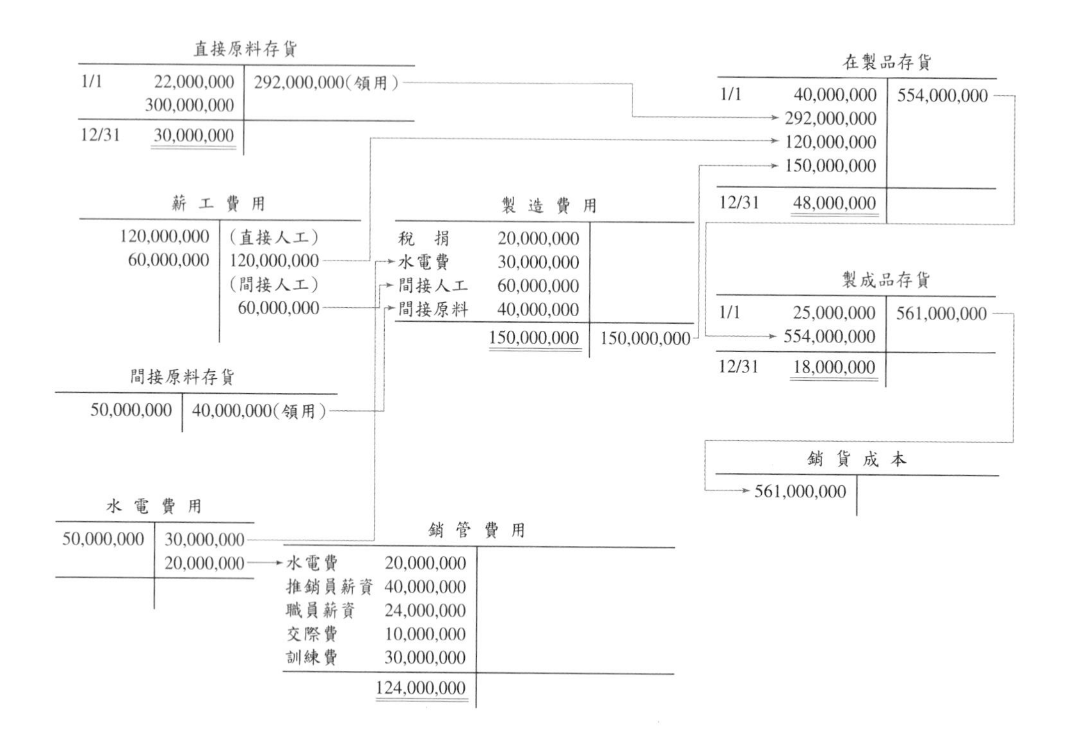

依 T 字帳餘額，編製美香公司 2002 年的銷貨成本表如表 3–11。

表 3–11　銷貨成本表——美香公司

美香公司
銷貨成本表
2002 年

直接原料：		
期初原料	$ 22,000,000	
本期購料	300,000,000	
可供使用原料	$322,000,000	
減：期末原料	30,000,000	
直接原料耗用		$292,000,000
直接人工		120,000,000
製造費用：		

稅　捐	$ 20,000,000	
水電費	30,000,000	
間接人工	60,000,000	
間接原料	40,000,000	150,000,000
總製造成本		$562,000,000
加：期初在製品		40,000,000
減：期末在製品		48,000,000
製成品成本		$554,000,000
加：期初製成品		25,000,000
減：期末製成品		18,000,000
銷貨成本		$561,000,000

假設 2002 年銷貨成本收入為 $863,000,000, 則美香公司損益表如下：

表 3–12　損益表——美香公司

美香公司 損益表 2002 年度		
銷貨收入		$863,000,000
減：銷貨成本		561,000,000
銷貨毛利		$302,000,000
減：銷管費用：		
水電費	$20,000,000	
推銷員薪資	40,000,000	
職員薪資	24,000,000	
交際費	10,000,000	
訓練費	30,000,000	124,000,000
淨利（稅前）		$178,000,000

3.6 電子化作業流程

由於網際網路的普及化，使得電子商務在企業應用的情況愈來愈多；如此發展下去，電子商務將會成為未來交易的主要媒介。由於電子商務的應用，使得傳統的營運作業流程發生很大的改變，從過去的生產者導向，轉為快速回應市場的顧客導向。現在公司的經營策略是善用各種資源，來提供滿足顧客高價值主張的產品或服務，以提高顧客滿意度。因此，企業內舊流程要重新評估其效率，以達到流程合理化的境界，來縮短作業時間。此時所常用的方法是作業流程自動化、組織扁平化、企業內外溝通管道通暢、即時例外管理、部門間知識共享等，使公司營運資訊作整合性管理。

為因應時代所需， 傳統的計畫生產方式逐漸改變為接單式與客制化的模式，因此想要達成快速且正確的交貨目標，企業需要導入電子化的營運系統，亦即企業資源規劃系統。企業導入電子商務到產儲運銷的程序，已是必然的趨勢。製造業要掌握企業競爭優勢，需要建立以滿足顧客需求為導向的整合性價值鏈管理架構，包括研發、設計、製造、銷售、配送、售後服務的全部過程予以電子化處理。換句話說，以價值鏈整體架構的觀念，重新將作業流程合理規劃，包括供應鏈管理、企業資源規劃、顧客關係管理三項，藉此強化產儲運銷的整體效率，為企業成功邁向 e 世代的必要條件。由於流程再造是項長期性且持續性的工程，有必要在適當時機開始做徹底翻新工作，定期要評估其效果，適時做必要的修正。

e 化經營模式的特色是營運表單電子化，亦即員工只要在交易發生的起點，將必要營運資料輸入電腦，之後會自動產生營運相關資訊，原則以「一次輸入多層使用」為電腦系統設計的重點。所以要重新設計營運過程所需的各式單據，從客戶需求單到送貨簽收單，甚至到收款單為止，全部的單據皆電腦化處理，使相同資料不必重新輸入，藉著電腦系統作資料自動拋轉的動作，如此可節省人力，也可勾稽作業間的正確性。

為加速貨品在企業內流通的速度，公司表單制度和名詞用語的統一，是流程再造的首要任務。因此，使全公司人員在溝通無障礙的環境下，將與滿足顧客需求的相關訊息，在最短的時間內傳達給處理業務的單位。再者，將公司內自動化系統所產生的現場資訊，與控制系統的管理資訊相結合，使經營者能即時掌握營運訊息，採用例外管理方式來處理異常之處。同時進一步地將企業內資訊系統結合網際網路技術，以建立電子化的銷售和服務系統，使公司業務單位隨時能對市場需求瞭如指掌，並且即時通知相關單位，達到迅速交貨的目標。

至於管理性報表格式，可隨著管理階層的需求作調整，才能即時提供資訊供主管決策參考。至於財務報表編列部分，會計分錄會隨著作業流程而自然產生，然後經過會計循環程序而編列出損益表、資產負債表、股東權益變動表、現金流量表，即所謂電子化的財務四大報表。

企業導入電子化作業的過程中，最大阻力是人員的反對與不配合，尤其是一些部門主管視單位資訊為最高機密，不願意與其他部門人員分享，使得跨部門訊息無法流通，價值鏈整體效益自然不易達成。最近，在業界普遍發生的現象是企業高階主管積極準備進入 e 時代；然而，由於非資訊部門的主管對電子化的認知不明，加上本身對電腦操作的不熟悉，以致對企業電子化配合意願不高。所以需要針對不同階層的人員，持續地辦理新觀念的宣導和教育訓練，加強單位主管與員工對電子化具有正確的觀念和操作能力。

本章彙總

製造業的作業程序較買賣業和服務業複雜很多，所以對產品成本的計算，所需涵蓋的項目也較多，從原料的採購開始，到製成品出售為止。在本章中，舉愛之味公司的例子，來敘述製造業營運過程的三步驟，即未開工、製造中、完工三階段，每階段的存貨分別為原物料存貨，在製品存貨和製成品存貨。

在生產過程中，所投入的主要材料，稱為直接原料，例如愛之味脆瓜產品的主要原料為胡瓜、醬油二種；另外，在生產過程中不可或缺的原料，但使用量不大且不易直接歸屬到產品上的原料，稱之為間接原料，例如脆瓜製程中所需投入的各種調味料。

原料的管理對製造業而言，重要性相當高，為有效的控制原料處理作業，從原料請購到領用的每一個步驟，要有內部控制程序和完整的表格制度。在每一張單據上，負責的人要確實達成任務，再填入正確數目到單據上，為有效的管理存貨，有不少企業採用永續盤存制度，因此會計人員需準備原料存貨明細表，當存貨有異動時，將數量、單價、金額資料填入，可隨時保存每種存貨的最新餘額。

產品成本的三要素為原料成本、人工成本、製造費用、原料成本為實際原料耗用成本；人工成本包括直接人工成本和間接人工成本；製造費用的計算可採用實際數或預計數，依公司政策決定，為使讀者更瞭解產品成本的計算，本章列舉四個計算公式，來說明原料耗用成本、總製造成本、製成品成本、銷貨成本四項成本的計算。最後，以舉例方式說明製造業的會計處理，包括日記帳、分錄、分類帳處理、銷貨成本計算到損益表編製。

隨著網際網路的普及化，電子商務在企業間的應用愈來愈多，使得傳統的營運作業流程面臨很大的挑戰。公司的經營策略是善用各種資源，來提供公司整體核心能力。因此，企業內流程要先合理化，企業內外溝通管道通暢、部門間知識共享等，使公司資源作有效地整合性管理。

名詞解釋

- 現金折扣 (Cash Discount)

  付款日在一定期間內，供應商所給予的折扣，例如 2/10 表示 10 天內付款可享有 2% 折扣。

- 計時卡 (Clock Card)

  記錄員工上下班時間的資料。

- 直接人工成本 (Direct Labor Cost)

  主要人工的投入成本，如生產線上作業員的工資。

- 直接原料成本 (Direct Materials Cost)

  生產過程中，主要原料的投入成本。

- 企業資源規劃系統 (Enterprise Resource planning)

  企業資源規劃系統的特色是快速提供經營決策所需的資訊，重點是營運資料只要一次輸入即可多重使用，避免過去重複輸入但單次使用的問題。

- 製成品 (Finished Goods)

  已經製造完成的產品。

- 總額法 (Gross Method)

  與原料採購作業有關的分錄，採用全部購貨成本為入帳基礎。

- 間接人工成本 (Indirect Labor Cost)

  次要人工的投入成本，如清潔工薪資。

- 間接原料成本 (Indirect Materials Cost)

  生產過程中，所使用的部分原料，數量少且不易直接歸屬到產品的成本。

- 人工成本 (Labor Cost)

  支付給直接從事或間接協助生產工作的薪資報酬。

- 請購單 (Materials Requisition Form)

  單據上填寫所需請購的原料名稱、規格、單價、數量、交貨日期等資料。

- 物料需求規劃 (Material Requirements Planning)

  依生產排程需要來安排生產所需的原物料，在適時作適量的採購。

- 無紙化 (Paperless)

  所有的作業以電腦化方式處理，消除紙張單據的使用。

- 數量折扣 (Quantity Discount)

  採購量達一定數量，可享有的折扣。

- 原物料 (Raw Materials and Supplies)

  使用於生產過程中的材料。

- 在製品 (Work In Process)

  產品仍在製造過程中，尚需加工才能完成。

作業

一、選擇題

( ) 3.1 電腦化對原料或存貨之管理與控制所造成的影響中，下列何者為非？ (A)條碼制度的採用 (B)憑證數量的增多 (C)人工成本的減少 (D)原料或存貨的庫存量降低。

( ) 3.2 下列哪一種制度可讓管理者依生產排程的需要，適時適量的採購？ (A)雙倉制度 (B)訂購週期法 (C)物料需求規劃 (D)存貨 ABC 規劃法。

( ) 3.3 下列何者為非？ (A)請購單是由倉庫管理員發現某項原料數量可達訂購點時填寫 (B)為確保驗收程序的正確，送給倉儲單位的訂購單，需填寫正確的品名、數量及金額 (C)在電腦化之下，採購作業的每一項程序，不一定要透過書面單據來加以控制 (D)生產單位領料時需填寫領料單。

( ) 3.4 在區分人工成本為直接或間接時，主要的關鍵在 (A)員工的薪資 (B)員工的工作量 (C)員工的工作品質 (D)員工的工作性質與生產過程的關係。

( ) 3.5 下列何者不是製造業的產品成本？ (A)工廠租金 (B)廠長的健保費 (C)運輸成本（銷貨） (D)工廠內成本會計人員的薪資。

( ) 3.6 立行公司 2002 年 1 月 1 日的原物料存貨為 $1,000，於 2002 年直接原料耗用 $10,000，間接原料（物料）耗用 $2,000，12 月 31 日的原物料存貨為 $3,000，在 2002 年的進貨成本為 (A) $12,000 (B) $13,000 (C) $11,000 (D) $14,000。

( ) 3.7 立德電腦的銷貨收入為 $60,000，毛利率為銷貨成本的 25%，則 (A)銷貨毛利為 $15,000 (B)銷貨成本為 $45,000 (C)銷貨成本為 $48,000 (D)以上皆非。

( ) 3.8 主要成本為 $30,000，加工成本為 $36,000，直接人工為製造費用的

50%，下列何者正確？　(A)直接原料為 \$6,000　(B)直接人工為 \$24,000　(C)總製造成本為 \$66,000　(D)總製造成本為 \$54,000。

(　) 3.9 低估期末直接原料存貨將會造成　(A)高估本期淨利　(B)低估總製造成本　(C)高估製成品成本　(D)低估銷貨成本。

(　) 3.10 低估期末在製品將會造成　(A)低估本期淨利　(B)低估製成品成本　(C)高估流動資產　(D)低估銷貨成本。

二、問答題

3.11 簡述原料的管理原則為何?

3.12 何謂人工成本? 包括哪幾種? 各種人工成本之意義為何?

3.13 工資率與工作時間由哪一部門決定? 計時卡的功能為何?

3.14 買賣業與製造業的銷貨成本計算有何不同?

3.15 原料採購之數量折扣與現金折扣有何不同?

3.16 間接成本包括哪些? 實際發生時應如何處理?

3.17 存貨數量控制方法中，永續盤存制與定期盤點制有何不同? 何者較能有效控制存貨?

3.18 何謂物料需求規劃 (MRP)?

3.19 原料之進貨成本應包括哪些成本?

三、練習題

3.20 山林傢俱廠每製造一張書桌需投入直接原料 \$100，直接人工 \$60 及變動製造費用 \$30。每個月的固定製造費用為 \$25,000，每月預計生產 1,000 張書桌。

試求：1. 計算每張書桌的主要成本。
2. 計算每張書桌的加工成本。
3. 計算每張書桌的變動成本。
4. 計算每張書桌的固定成本。
5. 計算每張書桌的製造成本。

3.21 新瑞公司每單位的加工成本為 $150，主要成本為 $200。直接人工成本為製造費用的 2 倍，在每個月產量為 500 單位的水準之下，每個月的固定製造費用為 $15,000。

試求：1. 每單位的直接原料成本。

2. 每單位的總製造成本。

3. 每單位的固定製造成本。

4. 每單位的變動製造成本。

3.22 吉利公司於 2002 年部分的會計資料如下：

	1/1	12/31
直接原料	$10,000	$4,000
在製品	7,000	3,000

2002 年的總進貨成本為 $236,000，直接人工為 $120,000，製造費用為直接人工的 75%。

試求：請計算 2002 年的製成品成本。

3.23 以下資料是摘錄自海山公司 2002 年 11 月份的會計記錄：

在製品存貨成本：	
11/1	$ 50,000
11/31	60,000
直接原料耗用成本	100,000
製成品成本	620,000
製造費用是直接人工成本的 165%	

試求：計算海山公司 2002 年 11 月份的直接人工成本及製造費用。

3.24 海外公司 2002 年底的存貨資料如下：

	1/1	12/31
在製品	$80,000	$100,000

製成品	50,000	40,000

2002 年共耗用了 $240,000 的直接原料，發生 $950,000 的加工成本。

試求：1. 計算 2002 年的總製造成本。

2. 計算 2002 年的製成品成本。

3. 計算 2002 年的銷貨成本。

3.25 1 月份永安公司所有營運活動的資料彙總如下：

1. 存貨餘額：

	1/1	1/31
製成品	$16,200	$18,000
在製品	49,200	52,000
原物料	30,000	40,000

2. 交易事項：

(1)直接人工成本總額	$120,000
(2)購買原物料	300,000
(3)間接原物料耗用	50,000
(4)製造費用總額	200,000

試求：1. 總製造成本。

2. 製成品成本。

3. 銷貨成本。

3.26 下列為漢陽公司 3 月份的部分交易事項：

1. 賒購原料 $100,000。

2. 直接原料領用 $70,000。

3. 間接原料領用 $2,000。

4. 已領用的直接原料退回倉庫 $4,000。

試求：上列交易有關的分錄。

3.27 進財畜產公司生產各式肉品，該公司有一套生產肉品之作業，其中包含切火腿係蒸肉煙燻後完成。三種肉品都須經包裝作業再販售給零售商。以下是該公司元月份之各作業成本資料：

	切　割	蒸　熟	煙　燻	包　裝
直接原料	$3,000,000	–	–	$ 240,000
直接人工	600,000	$ 800,000	$ 500,000	540,000
製造費用	1,400,000	1,200,000	1,000,000	720,000
總　計	$5,000,000	$2,000,000	$1,500,000	$1,500,000

該公司各項產品之實體數量，及其他添加材料如下：

	實體單位	增加材料
生肉，切割後出售	25,000 公斤	–
蒸肉，蒸熟後出售	10,000 公斤	$600,000
火腿，煙燻後出售	15,000 公斤	$800,000

試求：1. 每項作業對總生產單位以及每單位加工成本。

2. 計算各項產品之總成本及生產單位成本。

（為簡化題目，假設任一種肉品之每一單位皆接受同樣之處理）

3.28 下列為百嘉公司 5 月份與製造費用有關的交易事項：

1. 領用間接原料 $21,000。
2. 支付工廠水電費 $13,000。
3. 記錄工廠機器的折舊費用 $35,000。
4. 記錄領班薪資 $24,000（代扣 6% 所得稅）。

試求：上述交易事項的分錄。

3.29 製成品成本與銷貨成本

試計算下列遺漏的金額：

	甲	乙	丙
期初製成品成本	$ 24,000	(2)	$ 12,000
該年度之製成品成本	228,000	$1,027,200	(3)
期末製成品成本	19,200	235,200	50,400
銷貨成本	(1)	972,000	729,600

四、進階題

3.30 臺生公司在產銷水準為 100,000 單位時的預計單位成本如下：

成本項目	預計單位成本
直接原料成本	$20
直接人工成本	15
變動製造費用	5
固定製造費用	8
變動行銷費用	9

試求：1. 每單位加工成本。

2. 每單位主要成本。

3. 每單位總變動成本。

4. 3 月份的產量 100,000 單位，銷售量 75,000 單位時，臺生公司 3 月份的支出總額為多少？

3.31 下列為七賢成衣廠 2002 年 5 月份部分的會計資料：

原料，5/1	$20,000	製成品，5/1	0
原料，5/31	50,000	製成品，5/31	?
在製品，5/1	45,000	原料採購成本	$150,000
在製品，5/31	15,000	加工成本	300,000

5 月份一共製造了 10,000 單位，期末製成品存貨為 1,000 單位，銷貨毛利為銷貨收入的 25%。

試求：1.計算 5 月份的銷貨成本。

2.計算 5 月底製成品存貨成本。

3.計算 5 月份的銷貨金額。

4.假設其他條件不變，而銷貨毛利改為銷貨成本的 25%，計算 5 月份的銷貨收入金額。

3.32 自強公司 12 月份部分科目餘額如下：

	12/1	12/31
製成品	$29,000	$ 4,000
在製品	15,000	10,000
原物料	10,000	15,000
應付帳款	25,000	17,000
應付薪資	8,000	5,000

其他資訊：

1.應付帳款只記錄原物料的賒購部分，12 月份已支付 $80,000 的原物料貨款。

2.製造費用總額為 $120,000，其中包括 $5,000 的間接原料，$15,000 的間接人工。

3. 12 月份一共支付了 $90,000 的薪資（不必考慮薪資所得稅）。

試求：1.計算 12 月份直接原料耗用總額。

2.計算 12 月份直接人工薪資總額。

3.計算 12 月份銷貨成本。

3.33 脆瓜醬菜罐頭為安仕公司的主力產品，2002 年 11 月份安仕公司的交易事項彙總如下：

1.賒購直接原料	$210,000
2.賒購間接原物料	40,000
3.記錄直接人工薪資	105,000

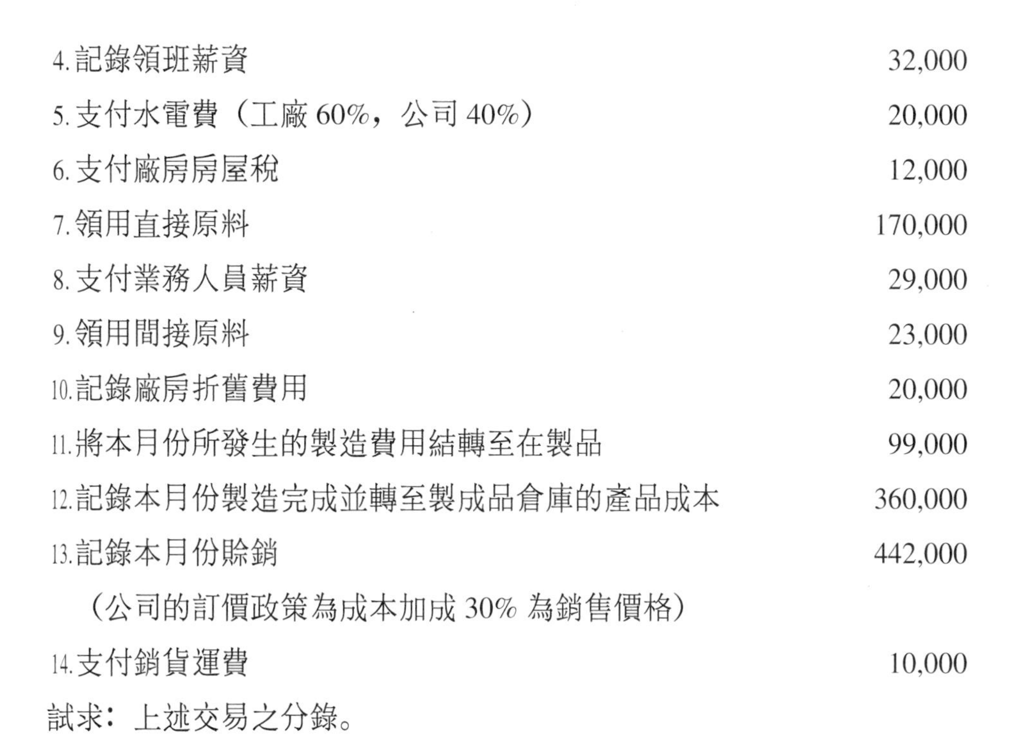

4. 記錄領班薪資　32,000

5. 支付水電費（工廠 60%，公司 40%）　20,000

6. 支付廠房房屋稅　12,000

7. 領用直接原料　170,000

8. 支付業務人員薪資　29,000

9. 領用間接原料　23,000

10. 記錄廠房折舊費用　20,000

11. 將本月份所發生的製造費用結轉至在製品　99,000

12. 記錄本月份製造完成並轉至製成品倉庫的產品成本　360,000

13. 記錄本月份賒銷　442,000

（公司的訂價政策為成本加成 30% 為銷售價格）

14. 支付銷貨運費　10,000

試求：上述交易之分錄。

3.34 以下是漢華公司 2002 年 10 月份有關製造活動的成本資料：

	10/1	10/31
製成品	$39,200	$63,000
在製品	16,800	19,600
直接原料	23,800	33,600

10 月份的直接人工成本、製造費用及銷貨成本的總額分別為 $93,400、$49,000及 $196,000，漢華公司的毛利為銷貨收入的 30%，且以現金作為一切收支的工具。

試求：漢華公司 10 月份所有的分錄。

3.35 請利用下列資料，編製林森公司 2002 年的製成品成本表及損益表。

銷貨收入	$280,000	間接人工成本	$22,400
機器折舊費用	3,200	雜項成本	800
直接人工成本	56,000	購買直接原料成本	70,400

工廠水電費	2,400	廠房租金	9,600
物料耗用成本	1,600	銷管費用	96,000

存　貨	2001 年底	2002 年底
直接原料	$17,600	$16,000
製成品	31,200	36,000
在製品	14,400	9,600

3.36 臺山公司 2002 年資料如下：

應收帳款	$16,200	間接人工成本	$ 820
管理費用	25,000	物料耗用成本	760
現　金	2,400	行銷費用	10,000
廠房折舊費用	5,400	購入直接原料	13,800
直接人工成本	6,000	銷貨收入	90,000
直接原料存貨 (2002/1/1)	12,000	銷貨折讓	7,000
直接原料存貨 (2002/12/31)	6,000	在製品 (2002/1/1)	5,000
廠房保險費用	1,300	在製品 (2002/12/31)	10,000
廠房雜項費用	920		

假設 2002 年有 1,000 單位完工並轉入製成品倉庫，製成品在 1 月 1 日有 100 單位，成本為 $2,960。2002 年銷售量為 800 單位，採先進先出法為基礎。

試求：編製臺山公司的製成品成本表及損益表。

3.37 永盛公司為汽車零件製造商，在 2002 年 5 月 31 日發生火災，損毀了廠房及所有在製品存貨。在盤點剩餘存貨後，發現尚存有價值 $60,000 的原料，及價值 $120,000 的製成品。

2002 年初的存貨資料如下：

原　料	$ 30,000
在製品	100,000
製成品	140,000

2002 年前 5 個月發生之成本：

原料購入成本	$110,000
直接人工成本	80,000

以過去經驗而言，間接製造費用為 50% 直接人工成本，亦適用於 2002 年的前 5 個月。這 5 個月的銷貨收入為 $300,000，公司毛利率為 30%。

試求：1. 計算銷貨成本。

2. 編表列示製成品成本，並列示 5 月 31 日在製品存貨的損失金額。

3.38 中山公司製造單一產品，下列為 2002 年底的資料。

1. 總製造成本為 $2,000,000，是由實際直接原料成本、實際直接人工成本及分攤的製造費用加總而成。
2. 製成品成本為 $1,940,000，亦根據實際直接原料成本、人工成本及分攤之製造費用而來。製造費用為直接人工成本的 75%，同時製造費用為總製造成本的 27%。
3. 1 月 1 日的在製品為 12 月 31 日的在製品的 80%。

試求：編製中山公司 2002 年的製成品成本表。

第4章

成本的估計與分攤

學習目標

・介紹成本估計的方法
・分析迴歸分析的重要性
・明白成本分攤的要領
・認識服務部門的成本分攤方法
・瞭解服務部門的成本分攤

前 言

要有效地管理營運績效，公司的管理者必須瞭解成本與營運活動的關係，亦即成本與數量的關係，特別是在編列預算時，需得知在不同的產量水準下所要的成本。由歷史資料來作成本估計，可先分析成本習性，找出變動成本與固定成本兩部分，再將估計值代入預測的模式，以估計未來的成本數。

一個公司在決定產品價格之前，必須先將公司的全部成本資料彙總，再運用合理的分攤基礎，把成本分配到產品上。一般而言，公司在成本分攤的過程中可區分為三個階段：(1)責任中心的成本分攤；(2)服務部門的成本分攤；(3)產品成本分攤。服務部門的成本需要採用合適的分攤方法，將其轉到主要部門。這種成本分攤的目的是為了取得合理的產品成本，以作為訂價的參考，並且讓經理人有成本意識，以刺激各個單位績效的提升。

成本分攤是成本會計的一個重要課題，本章首先介紹成本估計的方法，再說明成本分攤的觀念，並將部分重點放在服務部門的成本分攤上。成本中心在組織營運中，可分為生產部門與服務部門，為了使各部門間的成本分攤公平，服務部門成本分攤應遵循一些準則。由於服務部門間亦有相互服務的情況發生，所以本章最後將介紹三種服務部門成本分攤的方法，即直接分攤法、逐步分攤法及相互分攤法。

4.1 成本估計

在實務上，大部分成本特性皆為混合成本，需要採用客觀方法予以分類。在前面第 2 章曾提及成本分類，理論上依成本習性可將成本區分為變動成本和固定成本，但是在實務上，仍然需要一些客觀的方法來將成本予以分類。

成本估計 (Cost Estimation) 是一種用來決定某一特定成本如何隨著相關活動改變的過程，在本節中首先介紹四種較為簡單的成本估計法，在 4.2 節將介紹估計較為精確的迴歸分析法。會計人員在分析成本資料的特性後，再依其經驗與專業來選擇合適的成本估計方法。

4.1.1　散佈圖法

將成本和活動量的資料標示於座標上，由圖形來表示某一成本與其成本動因或活動水準的關係，就是所謂的**散佈圖法** (Scatter Diagram Method)，也稱之為**視覺法** (Visual-fit Method)。當成本習性屬於混合成本，會計人員不易判斷哪一部分屬於固定成本，哪一部分屬於變動成本。此時，散佈圖法可說是最簡單的方法，可把資料以散佈圖形表示，由圖中可分析成本 (Y) 與數量 (X) 的關係，其 Y 軸之截距即為固定成本，茲以表 4–1 的資料繪製散佈圖，如圖 4–1 所示。

表 4–1　成本估計的基本資料

月　份	電力（度）	電費（元）
1	1,500	$1,750
2	1,400	1,600
3	1,600	2,060
4	1,900	1,850
5	1,800	1,900
6	2,100	2,050

將表 4–1 的 6 個月份資料，標示在圖 4–1 上，畫一條直線把 6 個點區分為兩部分，上面 3 點，下面 3 點。再將此線向左畫與 Y 軸相交，由該成本線可看出，電費是屬於混合成本，從 Y 軸的截距可得總固定成本為 $700，而單位變動成本，則是把總固定成本資料代入每一個點求出。例如，在 1 月時，單位變動成本為 $0.7 [= ($1,750 – $700) ÷ 1,500]，在 6 月時，單位變動成本為 $0.64。因此，在散佈圖法下，單位變動成本可隨月份不同而有所變動。

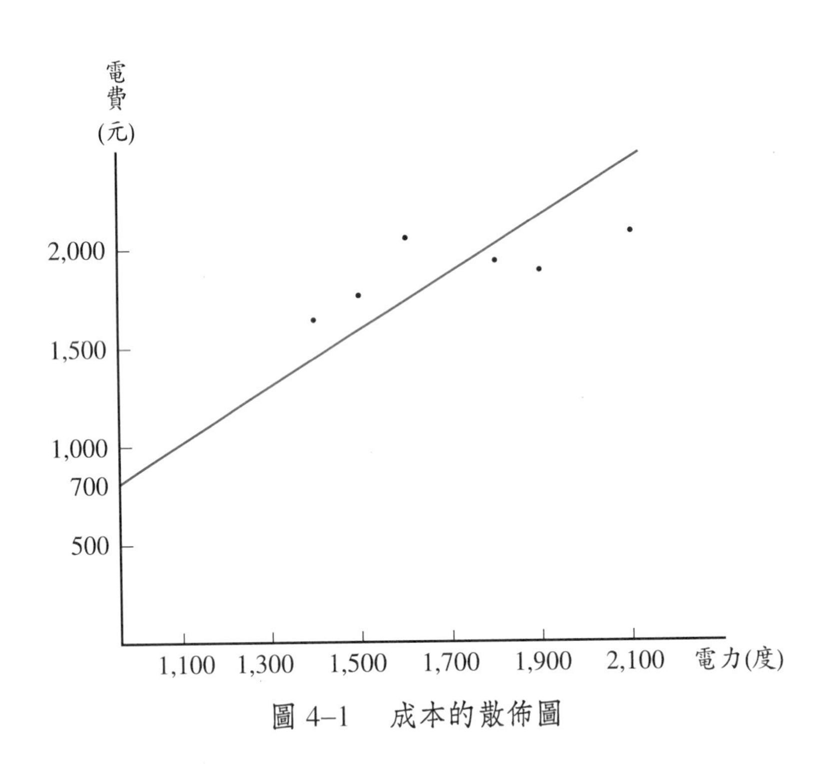

圖 4–1 成本的散佈圖

散佈圖法較為簡單，但缺乏客觀性，因為畫出的成本線是目視而得，因此所得的結果也可能會因人而異。若有兩位不同的成本分析人員，則對同一組資料可能得到不同的結果。實務上，在使用其他較準確的方法之前，散佈圖法可作為測試資料趨勢圖的方法。

4.1.2 高低點法

在全部資料中，找出活動量最高和最低的兩點，即以活動量為選擇的依據，而不是以費用為基準；由這兩點的資料來求出總固定成本和單位變動成本，這種方法稱為**高低點法 (High-Low Method)**，其為估計混合成本的另一種方法。在此方法下，單位變動成本的計算公式如下：

$$單位變動成本 = \frac{兩點的成本差異數}{兩點的活動量差異數} = \frac{\$2,050-\$1,600}{2,100-1,400} = \$0.64$$

找出單位變動成本 $0.64 後，代入最高點或最低點，均可得到相同的總固定成本 $706 (= $2,050 − $0.64 × 2,100)。

高低點法的客觀性較散佈圖法高，因為對同一組資料，雖然成本分析的人員不同，但以高低點法計算成本時，會得到相同的答案。由於最高點與最低點的資料特性，不一定能代表其他幾個點的資料特性，高低點法僅根據兩點的資料即決定其整組資料的成本習性，所以有時高低點法所得的結果，反而不如散佈圖法的結果具代表性。

4.1.3　帳戶分類法

帳戶分類法 (Account Classification Method)，又稱為**帳戶分析法** (Account Analysis Method)，是在分析組織內的分類帳戶後，將每一帳戶區分為變動、固定、或混合成本。這種分類取決於會計人員對組織活動和成本的認知經驗。例如，原料成本被認為是變動成本，折舊費用為固定成本，電話費為混合成本，這種成本估計法，其準確度依會計人員的經驗而定。由於有些帳戶可以明顯決定成本習性，有些成本不易判斷其成本習性，必須由會計人員主觀地將成本加以分類，有時會計人員可分析歷史資料來估計未來的成本。

4.1.4　工業工程法

工業工程法 (Industrial Engineering Approach)，又稱為**工作評估法** (Work Measurement Method)，係由工業工程師對投入與產出的關係加以分析，再將實體衡量結果換為成本金額。由於分析過程中需投入較多的時間與成本，本法比較適用於使用新的生產方法而且無歷史資料可參考的情況。因為本法是由工業工程師預計各項作業下應有的成本，所以可將無效率與浪費排除。

本法適用於投入與產出間有一明確關係存在的情況，例如投入多少重量的棉紗會織成一打的毛巾，以及在這製造過程中直接人工要投入多少時數，所以工業工程法較適於估計直接成本，不適於估計間接成本。基於資訊的成本與效益考量，此法較少用於估計製造費用。

4.2 迴歸分析

本節將介紹最客觀的成本估計方法，也就是統計學上常用的迴歸分析法。**迴歸分析** (Regression Analysis) 的目的， 是用來分析**應變數** (Dependent Variable) 與**自變數** (Independent Variable) 之間的關係， 主要探討自變數 X 的變動對應變數 Y 的影響程度。除此，對於應變數的預測問題及迴歸模式的診斷，迴歸分析也是一種良好的分析工具。

4.2.1 圖形分析

圖形分析 (Plot Analysis) 是藉由圖形來瞭解資料的特性，它是迴歸分析的輔助工具，以表 4–1 上的基本資料畫散佈圖，可說是最簡單的方法，以 X（電力）為橫軸、Y（電費）為縱軸，畫散佈圖如上述圖 4–1。散佈圖顯示出 X、Y 有直線的關係，因此可進而求得簡單迴歸模式。本章在探討迴歸模式的估計問題，僅限於簡單線性迴歸模式。

4.2.2 簡單線性迴歸模式

所謂**簡單線性迴歸模式** (Simple Linear Regression Model)，即是模式中只有一個自變數，敘述如下：

$$Y_i = \alpha + \beta X_i + \varepsilon_i \qquad i = 1, ..., n \tag{1}$$

其中 Y_i 表示第 i 期的應變數；

X_i 表示第 i 期的自變數；

α 為截距（亦即表示總固定成本）；

β 為斜率 （亦即表示單位變動成本）；

ε_i 為未知的誤差項，並符合常態分配。

將 $\varepsilon_i = Y_i - \alpha - \beta X_i$ 等號兩邊平方後累加 n 項，則可得**誤差平方和** (Sum Square Error, SSE)，即

$$SSE = \sum_{i=1}^{n} \varepsilon_i^2 = \sum_{i=1}^{n} (Y_i - \alpha - \beta X_i)^2 \tag{2}$$

在(2)式中，Σ 的符號表示累加總和。迴歸模式的估計，即是求得 α、β 的估計值，使得模式中的**誤差平方和為最小** (Least-squares)。為求得的最佳估計值 α、β 將誤差平方和分別對 α 和 β 偏微分，並令微分方程式為零。

$$\frac{dSSE}{d\alpha} = 2\sum_{i}^{n} (Y_i - a - bX_i)(-1) = 0 \tag{3}$$

$$\frac{dSSE}{d\beta} = 2\sum_{i}^{n} (Y_i - a - bX_i)(-X_i) = 0 \tag{4}$$

在(3)、(4)兩式中，a 和 b 分別為 α、β 的估計值。將(3)、(4)兩式整理後，可得下列兩個**標準方程式** (Normal Equations)：

$$na + b\Sigma X = \Sigma Y \tag{5}$$

$$a\Sigma X + b\Sigma X^2 = \Sigma XY \tag{6}$$

由(5)、(6)兩式可得

$$a = \frac{\begin{vmatrix} \Sigma Y & \Sigma X \\ \Sigma XY & \Sigma X^2 \end{vmatrix}}{\begin{vmatrix} n & \Sigma X \\ \Sigma X & \Sigma X^2 \end{vmatrix}} \tag{7}$$

$$b = \frac{\begin{vmatrix} n & \Sigma Y \\ \Sigma X & \Sigma XY \end{vmatrix}}{\begin{vmatrix} n & \Sigma X \\ \Sigma X & \Sigma X^2 \end{vmatrix}} \tag{8}$$

將(7)、(8)兩式簡化後得到 α、β 的估計值為

$$a = \frac{(\Sigma Y)(\Sigma X^2) - (\Sigma X)(\Sigma XY)}{n\Sigma X^2 - (\Sigma X)^2} \tag{9}$$

$$b = \frac{n\Sigma XY - (\Sigma X)(\Sigma Y)}{n\Sigma X^2 - (\Sigma X)^2} \tag{10}$$

以誤差平方和為最小的估計方法，為**最小平方法 (Least Square Method)**，所得的估計方程式將 a、b 代入即可得。

$$\hat{Y}_i = a + bX_i \qquad i = 1, ..., n \tag{11}$$

以表 4–1 的資料為例，計算過程如下表 4–2。

表 4–2　最小平方法的計算

月　份	電力（度）X	電費（元）Y	X^2	XY
1	1,500	$ 1,750	2,250,000	$2,625,000
2	1,400	1,600	1,960,000	2,240,000
3	1,600	2,060	2,560,000	3,296,000
4	1,900	1,850	3,610,000	3,515,000
5	1,800	1,900	3,240,000	3,420,000
6	2,100	2,050	4,410,000	4,305,000
合　計	10,300	$11,210	18,030,000	$19,401,000

平均 $X = 1{,}716.7$，$Y = 1{,}868.3$

所以，此例中 a、b 之值為：

$$a = \frac{(\$11{,}210)(18{,}030{,}000) - (10{,}300)(\$19{,}401{,}000)}{6(18{,}030{,}000) - (10{,}300)(10{,}300)} = \$1{,}093.78$$

$$b = \frac{6(\$19{,}401{,}000) - (10{,}300)(\$11{,}210)}{6(18{,}030{,}000) - (10{,}300)(10{,}300)} = \$0.45$$

將 a、b 之值代入模式，可得估計的迴歸模式為：

$$\hat{Y} = 1{,}093.78 + 0.45X$$

由上式中得知，總固定成本為 \$1,093.78，單位變動成本為 \$0.45。若想預測當電力度數為 2,000 度時，其電費為多少？則可將 2,000 代入 X 求得電費為 \$1,993.78。

4.2.3 模式的解釋能力及相關係數

若想知道迴歸模式對於資料的解釋程度，可在迴歸模式求出後，推導出判**定係數 (Coefficient of Determination)** R^2。應變數的變異性可分為兩部分，一為可由自變數解釋的部分，另一為自變數無法解釋的部分。

$$Y_i - \overline{Y} = \hat{Y}_i - \overline{Y} + Y_i - \hat{Y}_i \tag{12}$$

將等號兩邊平方和後，可簡化得下列等式。

$$\Sigma(Y_i - \overline{Y})^2 = \Sigma(\hat{Y}_i - \overline{Y})^2 + \Sigma(Y_i - \hat{Y}_i)^2 \tag{13}$$

總變異數 = 迴歸平方和 + 誤差平方和

其中 $\overline{Y} = \frac{\Sigma Y_i}{n}$ 為應變數 n 期的平均數；

$Y_i - \hat{Y}_i$ = 第 i 期的殘差；

$\Sigma(Y_i - \overline{Y})^2$ = 總變異；

$\Sigma(\hat{Y}_i-\overline{Y})^2$ = 迴歸平方和;

$\Sigma(Y_i-\hat{Y}_i)^2$ = 誤差平方和。

應變數 Y 的變異數為**總變異數** (Total Variation), 又可稱為**總平方和** (Sum Square Total, SST); 由迴歸模式所解釋的變異稱為**迴歸平方和** (Sum Square Regression, SSR)。由誤差所解釋的變異, 為**誤差平方和** (Sum Square Error, SSE)、判定係數 R^2 即為迴歸模式中所能解釋的部分除以總變異數, 也就是減去模式對總變異所不能解釋的變異比率,

$$R^2=\frac{SSR}{SST}=1-\frac{SSE}{SST} \tag{14}$$

以表 4–1 資料計算如下:

$$\Sigma(Y_i-\overline{Y})^2=157{,}083.34$$

$$\Sigma(Y_i-\hat{Y}_i)^2=86{,}196.1304$$

$$R^2=1-\frac{86{,}196.1304}{157{,}083.34}\doteq 0.451=45\%$$

詳細計算過程見表 4–3。

表 4–3 迴歸平方和與誤差平方和的計算

月	$\hat{Y}_i$	$(Y_i-\overline{Y})^2$	$(Y_i-\hat{Y}_i)^2$
1	1,768.78	13,997.89	352.6884
2	1,723.78	71,984.89	15,321.4884
3	1,813.78	36,748.89	60,624.2884
4	1,948.78	334.89	757.4884
5	1,903.78	1,004.89	14,2884
6	2,038.78	33,017.89	125,8884
合 計		157,083.34	86,196.1304

R^2 表示電費的變動有 45% 是由電力度數的變動所影響的。將 R^2 開根號可

得**相關係數** (Coefficient of Correlation) r，其符號與迴歸方程式中的係數 b 符號一致，表示自變數和應變數的相關性。例如 $R^2 = 0.451$，則 $r = 0.672$，因為 b 為正數，相關係數為正數，表示自變數與應變數呈正相關的變動。

4.2.4　預測值的信賴區間

簡單線性迴歸模式分析除了估計未知母體迴歸參數外，重點在於根據所得的迴歸線預測在既定自變數 X 值下的應變數 Y 值。此時，預測新觀察值 Y_0 的信賴區間，是值得探討的。首先，必須先瞭解**殘差的標準誤差** (Standard Error of Residuals) S_D。藉由誤差平方和可以瞭解估計的迴歸函數與實際的迴歸函數之間的差異程度，將誤差平方和除以自由度 $n-2$，開根號後即為殘差的標準誤差。

$$S_D = \sqrt{\frac{\Sigma(Y-\hat{Y})^2}{n-2}} \tag{15}$$

其中，$n-2$ 的自由度是指 n 個觀察值再扣掉兩個觀察值；因為在估計參數 α、β 時失去兩個自由度，以表 4–3 的資料可得：

$$S_D = \sqrt{\frac{86{,}196.1304}{4}} = 146.80$$

求得殘差的標準誤差後，當得到一個新的自變數 X_0 時，其預測值的信賴區間如下：

$$\hat{Y}_{(new)} \pm t_{\alpha/2} \times S_D \sqrt{1 + \frac{1}{n} + \frac{(X_0 - \overline{X})^2}{\Sigma(X_i - \overline{X})^2}} \tag{16}$$

(16)式中 $\overline{X}$ 為自變數 n 期的平均數，t 值的自由度為 $n-2$。當度數為 2,000 度時，電費預測為

$$\hat{Y}_{(new)} = 1{,}093.78 + 0.45(2{,}000) = 1{,}993.78$$

由 t 分配求得，當信賴係數為 0.05，自由度為 4 的 t 值為 2.78，其他相關計算如下：

$$(X_0 - \overline{X})^2 \doteq 80{,}258.89$$
$$\sum_{i=1}^{6}(X_i - \overline{X})^2 = 348{,}333.34$$

所以可得到當電力度數為 2,000 時，電費的信賴區間為 [1,993.78482]，其計算過程如下：

$$1{,}993.78 \pm 2.78 \times 146.80\sqrt{1 + \frac{1}{6} + \frac{80{,}258.89}{348{,}333.34}}$$

4.2.5 迴歸分析的基本假設

迴歸分析的基本假設有下列數點：

⑴自變數與應變數之間應有直線關係。

⑵誤差項的期望值為零。

⑶誤差項必須符合常態分配的假設。

⑷誤差項之變異數需為常數（固定的）變異數。

⑸誤差項之間具獨立性。

依迴歸分析的基本假設，可藉由下列圖形分析來診斷資料是否符合迴歸分析的基本假設。

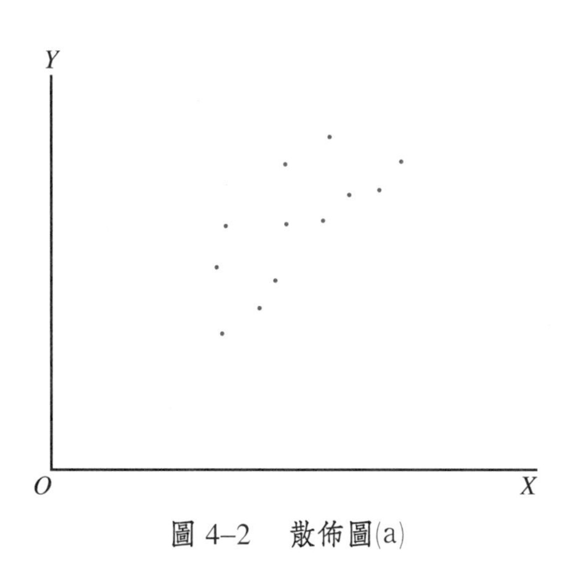

圖 4–2　散佈圖(a)

在圖 4–2 (a)，依散佈情形可用一條直線代表全部資料，表示自變數與應變數具有直線關係。且因散佈均勻，表示為隨機變數，具有獨立性。此外，在此散佈圖上可推論自變數與應變數間的變化是正相關。

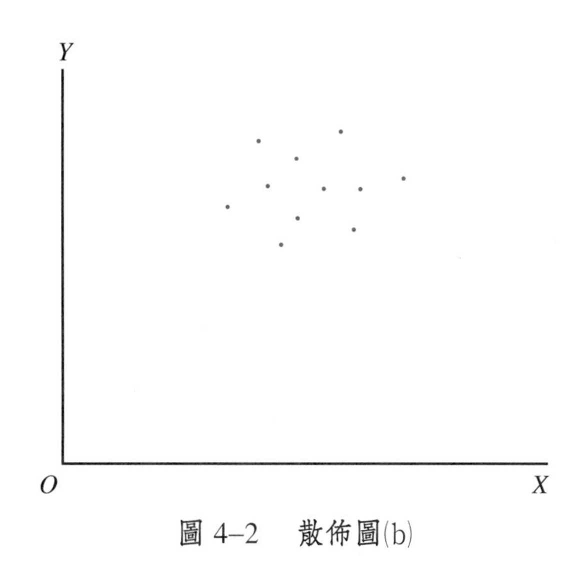

圖 4–2　散佈圖(b)

如圖 4–2 (b)資料散佈略呈圓形，表示自變數與應變數間無直線關係存在。

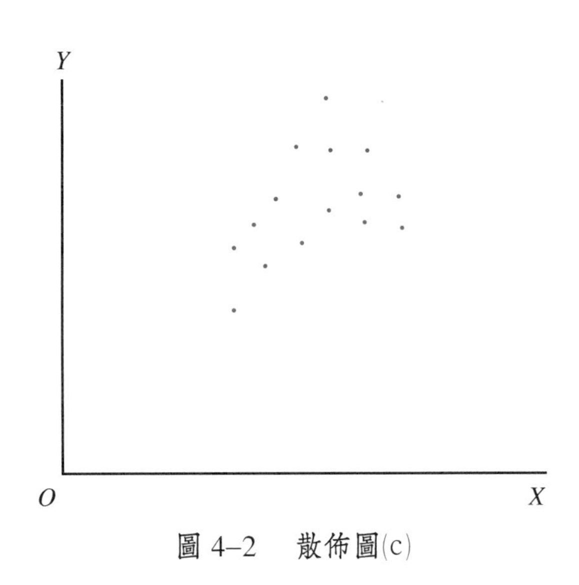

圖 4–2　散佈圖(c)

如圖 4–2 (c)資料散佈呈喇叭狀，表示應變數隨自變數增加而增加（或隨自變數增加而減少），即應變數的變異數不為常數變異數。

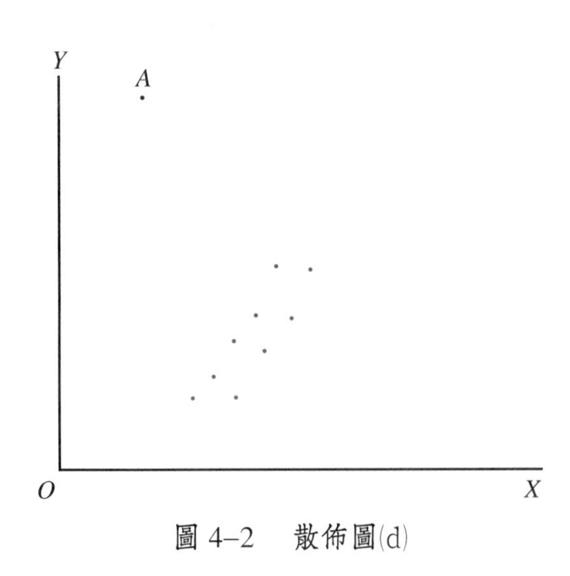

圖 4–2　散佈圖(d)

圖 4–2 (d)中 *A* 點遠離其他各點，*A* 點稱之為**游離子 (Outlier)**，會嚴重影響迴歸估計，通常將 *A* 點去除或進一步找出 *A* 點造成的原因。

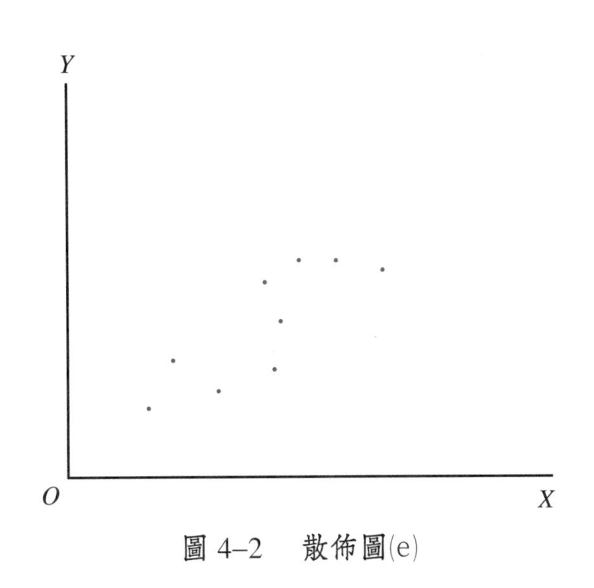

圖 4–2　散佈圖(e)

如圖 4–2 (e)，資料具循環特性，表示變數間不具獨立性，可能有**時序** (time order) 關係。

4.3　成本分攤的基本概念

一個組織內所發生的每項成本，其所產生的效益可能是由許多部門共同分享，如何分攤這項成本至所有受惠的單位或部門，同時所採用的基礎要符合客觀性與合理性原則，為一個重要的課題。

4.3.1　成本分攤的定義

成本分攤的程序，首先必須確定成本標的，成本標的通常為責任中心、部門、產品或勞務。一個組織可依部門是否對主要營業項目有直接關係為標準，區分為**生產部門** (Production Department) 與**服務部門** (Service Department)。生產部門亦可稱為**營運部門** (Operating Department)，係指製造產品或提供勞務給顧客的單位，亦即有直接責任歸屬的部門。相對的，服務部門對生產部門提供相關的服務或協助，以促進生產部門的營運順利，而這些服務部門對產品的製造或勞務的提供並沒有直接的關聯。

將成本分攤到各個產品並非簡單的程序， 通常必需先使用數個**成本庫** (Cost Pool)。所謂成本庫是指為了同一目的，將發生的所有相關的成本集結在一起。一個組織內的各個部門均可視為成本標的，將成本庫的成本分派到成本標的的過程稱之為**成本分攤** (Cost Allocation 或 Cost Distribution)，或是稱為**成本分派** (Cost Assignment)，圖 4–3 表示一個成本庫的成本分攤程序。

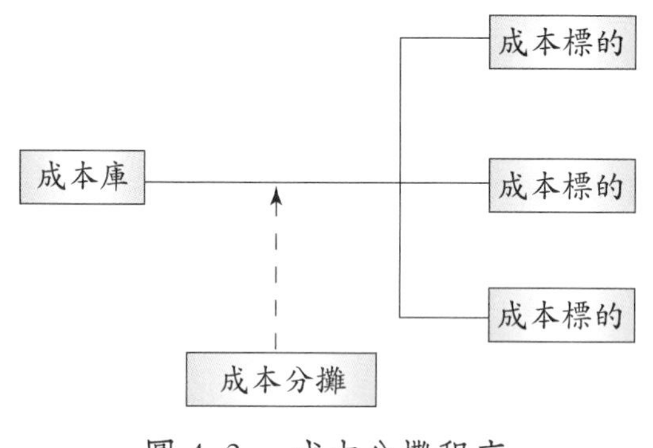

圖 4–3 成本分攤程序

4.3.2 成本分攤的流程

成本分攤的流程可分為幾個階段，將總成本區分為直接成本和間接成本，再把直接成本歸屬至各部門，以及將間接成本分攤到各個部門，最後再把各部門成本分配至產品上。如圖 4–4 所示，第一階段稱為**成本的分配** (Cost Distribution)，將所有直接與間接成本分攤到各個部門或責任中心。雖然服務部門對產品或勞務沒有直接的貢獻，但服務部門的成本亦為全部成本的一部分。所以接下來的步驟便是將服務部門的成本分攤到生產部門中，以計算產品或勞務的成本，因此第二階段稱為**服務部門成本的分攤** (Service Department Cost Allocation)。把分攤到服務部門的成本再分攤到每個生產部門，因為生產部門與產品有直接相關。最後一個階段是將生產部門的成本分派至產品上，亦即圖 4–4 上的第三階段，自本節起將詳細介紹第二階段，即服務部門成本分攤。

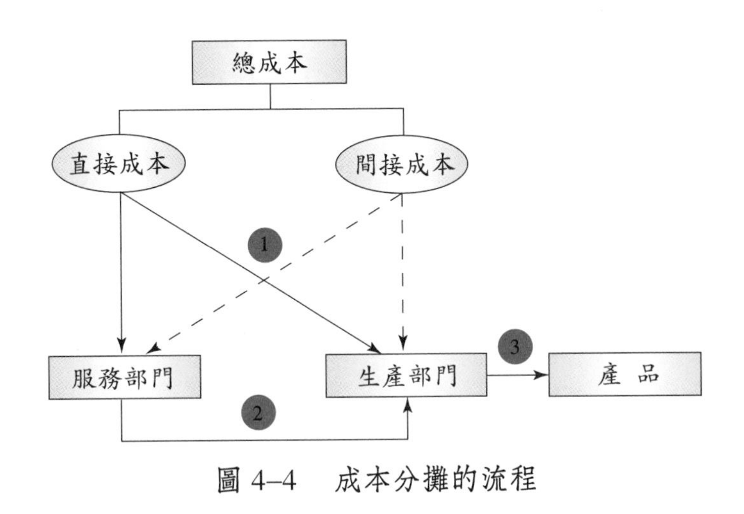

圖 4–4　成本分攤的流程

4.3.3　成本分攤的目的

將服務部門成本分攤到生產部門，最後再分配到產品或勞務，其目的如下：

1. 成本意識

成本分攤的目的是使經理人員有成本意識，以減少資源的浪費或無效率。假設公司內有資訊部門，為各部門提供資料處理服務，若該部門的成本沒有適當的分攤基礎，則其他部門經理人員對資訊部門的使用成本並不會在意，可能會造成浪費服務部門的資源或使用上無效率之現象。服務部門成本的分攤，讓經理人員明確瞭解服務代價，亦即「使用者付費」的觀念，更可讓經理人員有效的使用服務部門所提供的服務。

2. 產品訂價

產品或勞務價格的訂定常以成本為基礎，為了決定產品或勞務的全部成本，就必須將服務部門的成本分攤到生產部門，進而分配到產品或勞務上。如果產品成本沒有正確的分攤，使得成本多分攤了，會導致售價太高而錯失銷售良機；相反的，如果成本少分攤了，售價可能太低，而使公司遭受損失。

除了上述目的以外，成本分攤尚有其他目的，例如制定經濟決策、達到激勵效果等，分攤服務部門的成本至生產部門，能使生產部門的經理人員監視服務部門的績效，因為服務部門的成本將影響生產部門的績效。例如，經理人員會比較內部服務成本與外界服務成本，如果服務部門之績效不如外界，則經理人員可能考慮不再接受內部服務部門之服務，因而會刺激服務部門提高績效。此外，生產部門的監視亦會使服務部門的經理人員重視生產部門的需求。如此，對企業整體績效有正面的影響。

4.4 成本分攤的要領

成本分攤的成效，有賴於成本分配的正確性與公平性。理想上，藉著單一分攤基礎使全部成本作合理的分配；但事實上，使用單一分攤基礎要達到 4.3 節的全部目標是不可能的。當成本分攤目的無法達成時，可能需要多重分攤基礎和程序。

分攤服務部門的成本時，首先應選擇適當的**分攤基礎** (Allocation Base)，所謂分攤基礎是指將服務部門成本分攤到其他部門所使用的活動量，例如員工人數、工作時數、所佔用面積、處理的單位數等。分攤基礎的選擇，必須能合理反應出其他部門與該服務部門兩者之間活動的因果關係，表 4–4 列示出一些常被使用為分攤基礎的例子。

表 4–4　服務部門成本分攤基礎

服務部門	分攤基礎
電力部門	仟瓦小時
人事部門	員工人數、人員周轉率
工程部門	直接人工小時

清潔部門	人工小時、所佔用面積
餐飲部門	員工人數

當分配服務部門的成本給其他部門時，通常使用可數量化的基礎加以分攤，因此在選擇分攤基礎時應注意兩件事，亦即易於衡量和合乎邏輯。分攤程序應清楚簡單，如果計算太過複雜，可能使計算所耗用的成本超過成本分攤的效益。

服務部門的成本往往透過分攤率分攤至其他部門，在決定一個適當的分攤率時，必須考慮許多因素，其中最重要的兩項因素為：(1)決定單一分攤率或多重分攤率；(2)分攤預算成本或實際成本。

1. 單一分攤率或多重分攤率

單一分攤率 (Single Allocation Rate) 是將部門成本彙集成單一成本庫，不區分變動或固定成本；**多重分攤率** (Multiple Allocation Rates) 是將部門成本彙集至兩個或兩個以上的成本庫。至少一為固定成本，另一為變動成本，固定成本通常依照預計數量分攤，因為固定成本在攸關範圍內總成本是固定的，以原先預計的使用量來分攤，可達到激勵部門使用之效果。變動成本則按實際數量分攤，乃因變動成本與數量間具有因果關係之故。為使讀者對分攤率的計算有進一步瞭解，茲舉例如下：

假設臺中公司有甲、乙兩個生產部門，及一個服務部門。服務部門每年固定成本為 $2,000,000，變動成本每小時 $2，在 2001 及 2002 年甲部門及乙部門實際使用的服務量如下：

		甲部門	乙部門	合　計
實際使用的服務量（小時）	2001 年	300,000	300,000	600,000
	2002 年	300,000	100,000	400,000
預計平均使用量		60%	40%	100%

(1)單一分攤基礎：在單一分攤基礎下，2001 年的總成本為 $3,200,000，2002 年的總成本為 $2,800,000，計算如下：

2001 年：	固定成本	$2,000,000
	變動成本（$2 × 600,000）	1,200,000
		$3,200,000
2002 年：	固定成本	$2,000,000
	變動成本（$2 × 400,000）	800,000
		$2,800,000

要將每年度的總成本分攤至兩部門，採用每年度實際使用服務量為基礎，其計算過程如下：

	2001 年	2002 年
甲部門	$\$3,200,000\times\frac{3}{6}=\$1,600,000$	$\$2,800,000\times\frac{3}{4}=\$2,100,000$
乙部門	$\$3,200,000\times\frac{3}{6}=\$1,600,000$	$\$2,800,000\times\frac{1}{4}=\$700,000$

甲部門雖然兩年都使用相同的服務量，但因為乙部門兩年所使用之服務量有所變動，以致於甲部門在 2002 年要多分攤固定成本。在此分攤方法下，會有不公平的現象產生。

(2)多重分攤基礎：若使用多重分攤法，固定成本的分攤基礎為預計平均使用量，變動成本的分攤基礎為實際使用的服務量，其計算過程如下：

	甲部門	乙部門
2001 年固定成本：		
甲部門：$\$2,000,000\times\frac{6}{10}$	$1,200,000	
乙部門：$\$2,000,000\times\frac{4}{10}$		$ 800,000
變動成本：		
甲部門：300,000 × $2	$ 600,000	
乙部門：300,000 × $2		$ 600,000
	$1,800,000	$1,400,000
2002 年固定成本：		
甲部門：$\$2,000,000\times\frac{6}{10}$	$1,200,000	

乙部門：$2,000,000 \times \frac{4}{10}$		$ 800,000
變動成本：		
甲部門：300,000 × $2	$ 600,000	
乙部門：100,000 × $2		$ 200,000
	$1,800,000	$1,000,000

在多重分攤基礎下，甲部門在 2001 年與 2002 年所需分攤的固定成本皆為 $1,800,000，不像前面單一分攤率所產生的不公平現象。

2. 分攤預算或實際成本

為了編製財務報表或符合法令要求，成本分攤應使用實際成本；如果是為評估部門經理的績效，則應分攤預算成本。因此預算成本與實際成本適用之情況，依成本分攤的目的而定。

在分攤服務部門成本時，必須決定分攤**預算成本** (Budgeted Cost) 或**實際成本** (Actual Cost)，當成本分攤是為了使部門經理有成本意識，則此觀念會影響經理人員的決策。如果使用服務部門服務的經理，把自服務部門分攤而來的成本視為成本的一部分，則以預算成本為分攤基礎有下列兩個優點：

(1)讓使用服務的經理人員考慮到服務的收費價格：將使用的服務視為外購的勞務或商品，則部門主管在使用服務部門的服務時，應決定使用量的多寡，然而使用量決定於服務的收費價格。若以預算成本分攤，部門經理可事先知道內部服務與外界服務之成本，才決定是否使用內部服務。相對地，真實的成本只有實際發生時才會知道，所以當部門經理察覺內部服務成本太高而不願接受時，已經來不及了，此乃分攤實際成本的缺點。

(2)避免績效評估的不公平現象：分攤實際成本將造成使用服務部門經理的績效評估受到提供服務部門的左右，如果服務部門無效率，造成實際成本較高，會產生使用部門並未無效率，卻分攤到較高的成本之現象。由於分攤實際成本將影響績效評估的效益，所以實務上常採用分攤預算成本可避免上述問題。

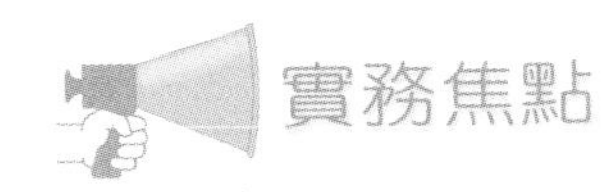

集盛實業股份有限公司（http://www.zigsheng.com）

昔日絲綢之路開放了東西方貿易，就在即將邁向二十一世紀的今天。集盛實業股份有限公司傳承了這條絲路精神，以其特有的企業文化，不斷的開發研究，進而刺激上游原料廠擴充產能，更提供下游織布廠多樣化的生產素材（可參考紡織業產業結構圖），開發出數千種之新布種。集盛公司的努力，使臺灣紡織業再度揚名於國際舞臺，創造另一個不朽的傳奇。

集盛公司創立於1969年，目前係以生產聚酯加工絲為主，為國內第四大聚酯加工絲製造廠商，年產能93,000噸，資本額40.6億元，是一家具有高知名度且歷史悠久的專業假撚廠。並於1993年股票正式掛牌上市，營業項目主要為聚酯纖維加工絲之製造及買賣，其產品適用於男女衣著料、運動服飾、裝潢及工業等用途。由於集盛等公司多年的努力，使我國成為世界第二大的人纖產製國，且聚酯絲產量為世界第一位。此等傲人的成績充分說明了紡織工業並非一般人所謂「夕陽工業」；相反的，紡織業是支持政府經濟穩定成長不可或缺的產業。

集盛公司在1991年興建整廠整線自動化作業的人纖加工絲觀音廠，榮獲經濟部工業局審議通過為臺灣紡織業第一家電腦整合製造廠。集盛公司為拓展產品的多元化，於1997年開始設立尼龍絲廠，紡織廠已於1999年7月投料開車；聚合廠於1999年12月開車；2000年3月則開始投料生產尼龍粒。集盛公司的主要產品為聚酯加工絲，係以聚酯原絲為原料，加工後所得產品為聚酯加工絲，其製程如下：

聚酯加工絲 ——→ 假撚 ——→ 聚酯原絲

假撚加工能賦予絲較佳的屈曲性和伸展性，並可促使織物的染色性更佳穿著。加工絲所製成的衣服，感覺上較絲狀纖維紗織品更為溫暖。集盛公司的製造流程主要涵蓋原絲作業、假撚作業、品管系統、包裝系統、庫存系統等範圍，於觀音及龜山兩廠皆設有製造課、包裝課、廠務課、機電課四單位。由於整個製程涉及生產部（製造課、包裝課）及服務部門（廠務課、機電課）。針對廠務課和機電課的費用，集盛公司目前將這兩個單位的薪資與其他相關費用的實際發生數相加總，再以生產總量為分母，以計算每單位產品所需分攤

的金額。

任何組織皆有生產部門和服務部門，尤其在製造業此現象更為明顯，生產部門為主要營運部門，服務部門的功用在於提供組織內各單位所需的服務。如同一般組織，集盛實業股份有限公司是製造聚酯纖維加工絲產品，藉著假撚過程將聚酯原絲加工成為聚酯加工絲。在集盛公司的製程中，主要涉及生產部門（製造課、包裝課）和服務部門（廠務課、機電課）。除了前面所敘述的分攤方法外，集盛公司會計人員也可考慮採用員工人數為廠務課費用的分攤基礎，以及採用坪數為機電課費用的分攤基礎，將服務部門成本客觀地分攤到生產部門。

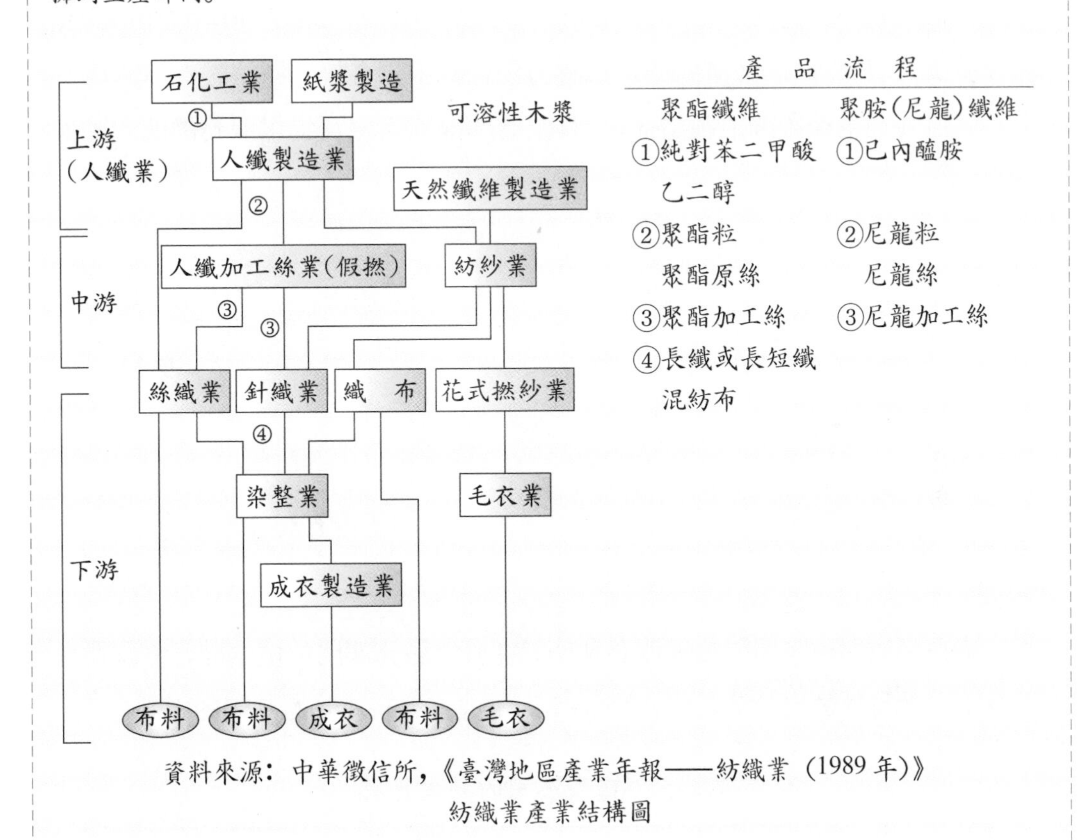

資料來源：中華徵信所，《臺灣地區產業年報——紡織業（1989 年）》
紡織業產業結構圖

4.5 服務部門的成本分攤

公司可能有數個生產部門和數個服務部門，服務部門的服務對象主要為生產部門，但有時服務部門間彼此也有相互服務的情況。要計算服務部門的成本分攤，通常有**直接分攤法** (Direct Method)、**逐步分攤法** (Step-down Method)、**相互分攤法** (Reciprocal Method) 三種方法，其中以直接分攤法較為簡單。

藍斯公司為纖維絲的製造商， 其主要的部門與相互提供服務的關聯圖如下：

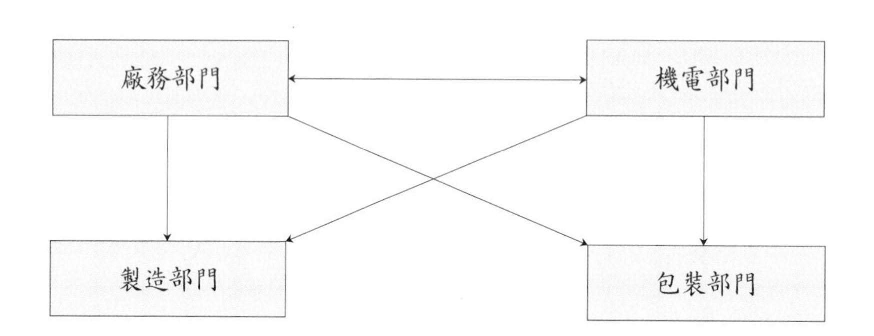

廠務部門與機電部門屬於服務部門，在分攤服務部門的成本時，係分別採用員工人數及坪數為分攤基礎，表 4–5 列示成本資料及分攤基礎的資料：

表 4–5 藍斯公司的基本資料

	廠務部門	機電部門	製造部門	包裝部門
應分攤成本	$4,200,000	$9,000,000		
員工人數	60	100	150	90
坪　數	50	100	300	150

藍斯公司服務部門的總成本 ($ 4,200,000 + $9,000,000 = $13,200,000) 將分攤至製造部門及包裝部門，三種分攤方法的計算過程分別列示如下。

4.5.1　直接分攤法

直接分攤法即忽略部門間相互所提供的服務成本，而直接將服務部門的成本分攤至生產部門，分攤過程如下：

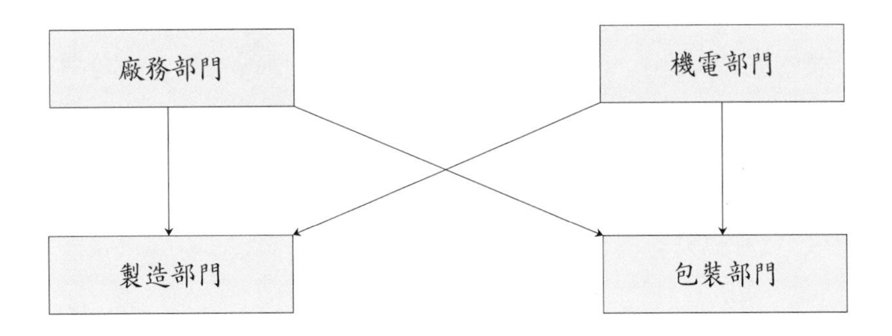

表 4–6　直接分攤法的計算

服務部門	接受分攤部門	
	製造部門	包裝部門
分攤比例：		
員工人數	$\frac{150}{240}$	$\frac{90}{240}$
坪　數	$\frac{300}{450}$	$\frac{150}{450}$
分攤金額：		
廠務部門	$2,625,000	$1,575,000
	($\$4,200,000 \times \frac{150}{240}$)	($\$4,200,000 \times \frac{90}{240}$)
機電部門	6,000,000	3,000,000
	($\$9,000,000 \times \frac{300}{450}$)	($\$9,000,000 \times \frac{150}{450}$)
合　計	$8,625,000	$4,575,000

在直接分攤法下，廠務部門成本分攤基礎是採用員工人數，分攤比例為 $\frac{150}{240}$，$\frac{90}{240}$；而機電部門是採用坪數，其分攤比例為 $\frac{300}{450}$，$\frac{150}{450}$。在表 4–6 上，分攤至製造部門的成本金額為 \$8,625,000，而分攤至包裝部門的成本金額為 \$4,575,000，總額仍為 \$13,200,000 (= \$8,625,000 + \$4,575,000)。

4.5.2 逐步分攤法

逐步分攤法考慮到部分服務部門間相互地提供服務，此時必須先決定服務部門被分攤的先後順序。一般而言，分攤方式可能情況有二，先分攤廠務部門再分攤機電部門；或先分攤機電部門再分攤廠務部門。有些公司將成本最高的服務部門先分攤，亦有些公司則以其他方法選其分攤順序。本例以成本大小為分攤原則，故以機電部門先行分攤，其分攤過程如下：

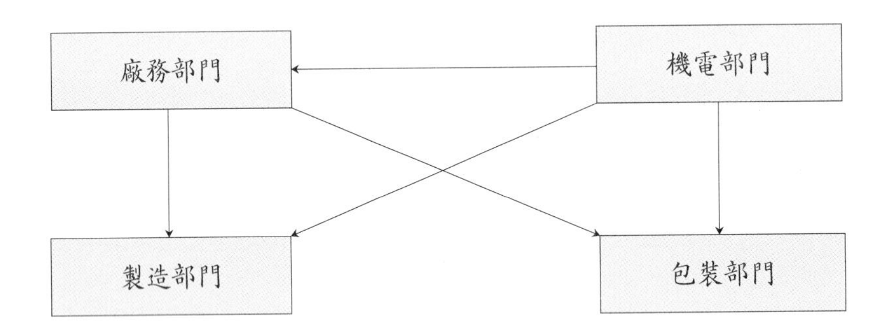

除了第一個服務部門以外，其他服務部門應分攤的成本除自身原有成本以外，亦包括由其他服務部門分攤而來的成本，計算如下表 4–7。

表 4–7　逐步分攤法的計算

服務部門	接受分攤部門		
	廠務部門	製造部門	包裝部門
分攤比例：			
機電部門（坪數）	$\frac{50}{500}$	$\frac{300}{500}$	$\frac{150}{500}$

廠務部門(員工人數)		$\frac{150}{240}$	$\frac{90}{240}$
分攤前成本	$4,200,000		
分擔機電部門成本	900,000	$5,400,000	$2,700,000
	($\$9,000,000 \times \frac{50}{500}$)	($\$9,000,000 \times \frac{300}{500}$)	($\$9,000,000 \times \frac{150}{500}$)
分攤廠務部門成本	$5,100,000	3,187,500	1,912,500
		($\$5,100,000 \times \frac{150}{240}$)	($\$5,100,000 \times \frac{90}{240}$)
合　計		$8,587,500	$4,612,500

4.5.3　相互分攤法

相互分攤法考慮到所有服務部門間的相互服務，計算最為複雜，採用此法時，必須使用聯立方程式計算。本例中，若要分攤廠務部門成本，則其餘三部門的分攤比例為機電部門 $\frac{100}{300}$ $(100 + 150 + 90 = 340)$，製造部門 $\frac{150}{340}$ 及包裝部門 $\frac{90}{340}$，其分攤過程如下：

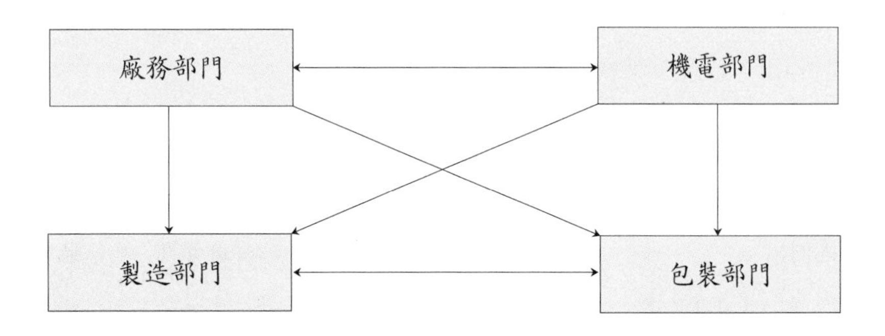

由於廠務部門接受機電部門的服務，必須依坪數分攤機電部門的成本，分攤比例為 $\frac{50}{50 + 300 + 150} = \frac{50}{500}$，所以廠務部門的成本分攤方程式為：

$$廠務部門成本 = \$4,200,000 + \frac{50}{500} \times 機電部門成本 \quad ①$$

同樣的，機電部門亦須分攤廠務部門的成本，方程式應為：

$$機電部門成本 = \$9,000,000 + \frac{100}{340} \times 廠務部門成本 \qquad ②$$

生產部門的成本分攤方程式應為：

$$製造部門所分攤成本 = \frac{300}{500} \times 機電部門成本 + \frac{150}{340} \times 廠務部門成本$$

$$包裝部門所分攤成本 = \frac{150}{500} \times 機電部門成本 + \frac{90}{340} \times 廠務部門成本$$

①、②兩式解聯立方程式之後，可得：

$$廠務部門成本 = \$5,254,545$$

$$機電部門成本 = \$10,545,455$$

$$製造部門所分攤成本 = \frac{300}{500} \times \$10,545,455 + \frac{150}{340} \times \$5,254,545$$
$$= \$8,645,455$$

$$包裝部門所分攤成本 = \frac{150}{500} \times \$10,545,455 + \frac{90}{340} \times \$5,254,545$$
$$= \$4,554,545$$

上面各項計算式可彙總於表 4–8。

表 4–8　相互分攤法的計算

服務部門	接受分攤的部門			
分攤比例：	廠務部門	機電部門	製造部門	包裝部門
廠務部門（員工人數）		$\frac{100}{340}$	$\frac{150}{340}$	$\frac{90}{340}$
機電部門（坪數）	$\frac{50}{500}$		$\frac{300}{500}$	$\frac{150}{500}$
分攤金額：				
廠務部門			\$2,318,182	\$1,390,908
機電部門			6,327,273	3,163,637
合　計			\$8,645,455	\$4,554,545

本章彙總

成本估計是根據成本習性，來預測未來的成本金額。一般而言，成本習性的分析有兩項目的，亦即影響管理決策的制定及規劃和控制營運活動。成本估計是用來決定某一特定成本習性的過程，本章介紹的估計方法有散佈圖法、高低點法、帳戶分類法、工業工程法及迴歸分析法，其中以迴歸分析法較為複雜，但較為客觀，所得到的成本估計值較為正確。

一個公司在決定產品價格前，必須先將公司的成本資料彙總，再運用合理的分攤基礎將成本分配到產品上。一般而言，公司在成本分攤的過程中可區分為三個階段：(1)責任中心的成本分攤；(2)服務部門的成本分攤；(3)產品成本分派。服務部門的成本需要採用合適的分攤方法，將其成本結轉到主要部門。成本分攤的目的在於取得合理的產品售價，和給經理人員有成本意識的觀念。

處理服務部門的成本分攤時，通常有三種方法，亦即直接分攤法、逐步分攤法及相互分攤法。以直接分攤法最為簡單，其忽略部門間所提供服務的成本，直接分攤每個服務部門成本至生產部門。至於逐步分攤法考慮部分組織內部間相互的服務，此法必須先決定服務部門成本被分攤的先後順序，相互分攤法是最需要技巧且計算最複雜的一種分攤方法。然而，此法考慮到組織內所有服務部門間的相互服務，要設聯立方程式而後解聯立方程式，亦是理論上的好方法。管理者應考慮自己組織的營運特性，再選擇一個合適的成本分攤方法。

名詞解釋

- **帳戶分析法 (Account Analysis Method)**

  亦即帳戶分類法。

- **帳戶分類法 (Account Classification Method)**

  分析組織內的分類帳戶後，將每一帳戶區分為變動、固定或混合成本。

- **實際成本 (Aactual Cost)**

  實際發生的成本。

- **分攤基礎 (Allocation Base)**

  分配成本至成本標的的基礎。

- 預算成本 (Budgeted Cost)

  預計的成本支出。

- 判定係數 (Coefficient of Determination)

  說明迴歸模式對於資料的解釋程度。

- 成本分攤 (Cost Allocation 或 Cost Distribution)

  將成本庫的成本分派到成本標的過程，稱之為成本分攤。

- 成本估計 (Cost Estimation)

  一種用來決定某一特定成本如何隨相關活動改變的過程。

- 成本庫 (Cost Pool)

  為了同一目的，將發生的所有相關成本集結在一起。

- 應變數 (Dependent Variable)

  會受另一變數影響的變數。

- 直接分攤法 (Direct Method)

  忽略部門間相互所提供的服務成本， 直接將服務部門成本分攤至生產部門。

- 高低點法 (High-Low Method)

  在全部資料中，找出最高點的活動量和成本，與最低點的活動量和成本，由這兩點的資料來求出總固定成本和單位變動成本。

- 自變數 (Independent Variable)

  影響另一變數的變數。

- 工業工程法 (Industrial Engineering Approach)

  係由工業工程師對投入與產出的關係加以分析，再將實體衡量結果換為成本金額，通常適用於新產品的成本估計。

- 多重分攤率 (Multiple Allocation Rates)

  使用二個或二個以上的分攤率。

- 圖形分析 (Plot Analysis)

  由圖形來瞭解資料的特性。

- 生產部門 (Production Department)

  係指對製造產品或提供勞務給顧客的單位。

- 相互分攤法 (Reciprocal Method)

  相互分攤法考慮到所有服務部門間的相互服務，計算過程最為複雜，必須使用聯立方程式計算。

- 迴歸分析 (Regression Analysis)

  用來探討自變數對應變數的影響程度。

- 散佈圖法 (Scatter Diagram Method)

  將成本和活動量的資料標示於座標上，由圖形來表示某一成本與其成本動因的關係。

- 服務部門 (Service Department)

  對生產部門提供相關服務或協助，以促進生產部門的營運之部門。

- 簡單線性迴歸模式 (Simple Linear Regression Model)

  在模式中只有一個自變數，一個應變數，兩個變數間呈直線的關係。

- 單一分攤率 (Single Allocation Rate)

  只使用一個分攤率。

- 逐步分攤法 (Step-down Method)

  考慮到部分服務部門間相互地提供服務，必須先決定服務部門被分攤的先後順序。

- 視覺法 (Visual-fit Method)

  由視覺判定圖形的方法。

- 工作評估法 (Work Measurement Method)

  又稱為工業工程法。

作業

一、選擇題

下列 4.1 ～ 4.3 題請參照以下資料做答。

科技公司最近承租一臺影印機，租賃合約規定每個月支付固定費用外加每次影印費。科技公司在 9 月份印了 4,800 次，並支付了 $32,400；而 10 月份印了 7,000 次，支付 $39,000。

(　) 4.1 計算科技公司每次影印的變動成本為多少？ (A) $1 (B) $3 (C) $4 (D) $6。

(　) 4.2 科技公司每月固定費用為多少？ (A) $16,600 (B) $18,000 (C) $19,000 (D) $15,500。

(　) 4.3 影印 1,800 次的總費用為何？ (A) $24,400 (B) $23,800 (C) $23,400 (D) $26,000。

(　) 4.4 在迴歸分析中，被估計的變數為 (A)自變數 (B)應變數 (C)以上皆是 (D)以上皆非。

(　) 4.5 在成本估計時，下列何者非資料蒐集的問題？ (A)遺漏資料 (B)異常值 (C)承諾成本 (D)期間無法配合。

(　) 4.6 下列何種成本估計方法較為客觀且正確？ (A)帳戶分類法 (B)散佈圖法 (C)高低點法 (D)迴歸分析法。

(　) 4.7 服務部門成本分攤至生產部門的部分，可當作哪一種成本？ (A)管理成本 (B)銷貨成本 (C)機會成本 (D)期間成本。

(　) 4.8 大同醫院預期今年有 $200,000 的電話費用，目前該醫院有三個服務部門和三個醫療部門，設備維修費用的分攤基礎為面積，每部門的面積如下：

部　門	平方公尺
清　掃	2,000
會　計	4,000

總　務	14,000
開刀房	8,000
病　房	60,000
門　診	12,000
	100,000

設備維修費用分攤方式是將其全部分配到開刀房、病房、門診三個醫療單位，請問病房部門應分攤多少費用？　(A) $120,000　(B) $144,000　(C) $150,000　(D) $160,000。

(　) 4.9 永生公司分攤服務部門成本給生產部門，而不分攤至其他服務部門。6 月份的成本資料如下：

	服務部門	
	維修費	水電費
成本發生	$40,000	$20,000
提供服務：		
維　修	–	10%
水　電	20%	–
生產一部	40%	30%
生產二部	40%	60%
	100%	100%

則維修費用在 6 月份應分攤多少金額至生產一部？　(A) $16,000　(B) $17,600　(C) $20,000　(D) $22,000。

(　) 4.10 服務部門成本分攤的方法中，哪一種方法較為簡單？　(A)直接分攤法　(B)逐步分攤法　(C)僅採用面積為分攤基礎　(D)相互分攤法。

二、問答題

4.11 試列舉成本估計的方法，並說明何種方法較準確？

4.12 迴歸分析之基本假設為何？

4.13 服務部門與生產部門有何不同？

4.14 請解釋何謂成本庫？成本標的？成本分攤？

4.15 成本分攤可分為哪三個階段?

4.16 成本分攤之目的為何?

4.17 何謂分攤基礎? 如何選擇一個適當的分攤基礎?

4.18 多重分攤率將成本庫分為哪兩種? 各以何種數量基礎分攤? 其原因為何?

4.19 分攤服務部門成本時, 若以預算成本而非實際成本進行分攤有何優點?

4.20 服務部門之成本分攤可分哪幾種方法? 各個方法的假設為何? 哪一種最合理?

三、練習題

4.21 美通電腦公司的成本會計人員，採用帳戶分類法編製下列資料:

1. 總經理的薪資。
2. 以直線法提列之辦公設備的折舊費用。
3. 業務人員的銷售佣金。
4. 電費。
5. 辦公大樓的管理費。
6. 按時計酬之工讀生的薪資。
7. 促銷活動的贈品費用。

試求: 將每個成本項目區分為變動成本、固定成本或混合成本。

4.22 以下是嘉通公司部分的會計科目:

1. 折舊費用——廠房。
2. 廣告費用。
3. 研究發展費用。
4. 房屋稅。
5. 薪資——高階主管。
6. 報紙費。

試求: 依帳戶分析法將每個會計科目區分為既定成本或任意成本。

4.23 請說明下列每一種成本的成本習性。

1. 機器設備的折舊費用(直線法)。
2. 機器設備的折舊費用(產量法)。

3. 銷售佣金。

4. 電費，超過基本量後，依用電量加收電費。

5. 領班薪資，每一領班負責督導 20 名作業員。

4.24 大立公司上半年度機器維修費用如下：

月　份	機器小時	維修費用
1	14,000	$21,350
2	8,890	20,475
3	5,950	19,950
4	5,600	19,250
5	7,420	20,300
6	10,500	21,000

試求：利用高低點法估計每一機器小時的變動成本及每月的固定成本。

4.25 明泰企業 2002 年第一季成本資料如下：

月　份	產　量	生產成本
1	5,000	$ 40,000
2	7,000	50,000
3	9,000	60,000
	21,000 單位	$150,000

試求：1. 利用高低點法，計算每單位的變動成本及每月的固定成本。

2. 計算生產 8,000 單位下的生產成本。

4.26 下列為泰勝公司 2002 年 1 至 5 月份的維修費用資料：

月　份	機器小時	維修費用
1	8,000	$10,195
2	10,000	10,290
3	2,000	10,138
4	3,000	10,157

5	6,000	10,216

試求：以最小平方法計算每一機器小時的變動維修成本及每個月的固定維修費用。

4.27 臺安客運 2002 年成本資料如下：

	里程數	成　本
第一季	7,000	$1,200
第二季	4,000	900
第三季	7,000	1,120
第四季	6,000	1,100
	4,000 公里	$4,320

2003 年第一季的預計里程數為 5,000 公里。

試求：1. 以最小平方法計算每一公里的變動成本及每一季的固定成本。
2. 計算 2003 年第一季的預計成本。

4.28 永生公司有製造及裝配兩個生產部門，管理及維修兩個服務部門，部門間服務提供的有關資料列示如下：

	管　理	維　修
製　造	60%	30%
裝　配	40%	50%
管　理	–	20%
維　修	–	–

管理及維修部門在 2002 年的預算分別為 $28,000 與 $11,200。

試求：1. 採用直接分攤法分攤服務部門成本。
2. 採用逐步分攤法分攤服務部門成本。

4.29 大千企業有兩個生產部門及兩個服務部門，有關資料列示如下：

	服務部門		生產部門	
	甲	乙	A	B
員工人數		100 人	600 人	300 人
所佔空間（坪）	200 坪		600 坪	200 坪
預計成本（分攤前）	$20,520	$7,650		

試求：採用相互分攤法來分攤服務部門成本。

四、進階題

4.30 東北公司運輸部門負責運送臺中廠及臺南廠的產品，運輸部門 2003 年的預計固定成本為 $180,000，每件預計變動成本為 $0.2，其他資料列示如下：

	臺中廠	臺南廠
2003 年預計生產件數	60,000 件	40,000 件
2003 年實際生產件數	59,000 件	42,000 件

試求：計算臺中廠及臺南廠 2003 年的運輸成本。

4.31 由下列項目中，找出最恰當的成本習性圖形。縱軸為總成本，橫軸為總產量。

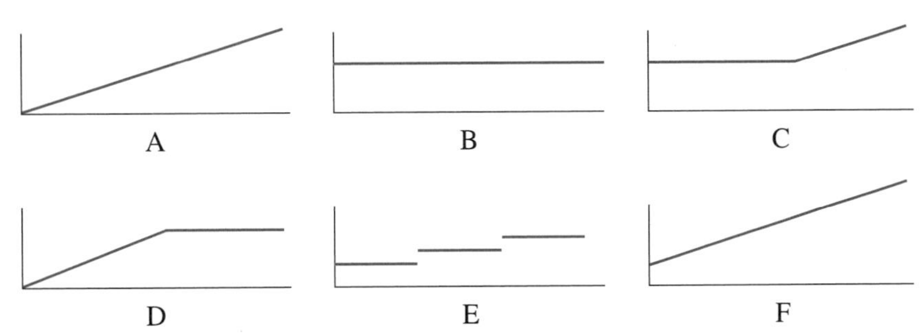

1. 工廠全職保全人員的薪資。
2. 直接人工的薪資。
3. 工廠領班的薪資，每 50 人設領班一名。
4. 水費計價方式為超過基本度數後，每度加收 $2。

5.機器維修成本，前 1,000 次每次 $100，1,000 次以後每次 $90。

6. $Y = a + bX$，此時 a 與 b 均不等於 0。

4.32 大立公司不同作業水準的成本資料如下：

月　份	機器小時	總成本
1	4,500	$5,850
2	7,200	8,100
3	5,600	7,000
4	2,700	5,300
5	2,600	4,600
6	2,400	4,500
7	6,300	7,200

8 月份之預計機器小時為 7,000 小時。

試求：1.利用高低點法估計每一機器小時的變動成本。

2.利用高低點法估計每個月的固定成本。

3.列出成本習性的方程式。

4.利用上面所求的方程式計算 8 月份的預計成本。

4.33 文華物流公司每年如果配送 2,000 次，每次的成本為 $52.5；如果配送 1,000 次，每次的成本為 $55。2002 年預計配送 1,800 次。

試求：1.利用高低點法，計算文華物流公司每配送一次的變動成本及每年的固定成本。

2.計算 2002 年的總成本。

4.34 海山公司在不同產量下，每年的成本資料如下：

產　量	直接原料	直接人工	製造費用
6,000	$180,000	$120,000	$130,000
7,000	210,000	140,000	151,000
8,000	240,000	160,000	163,000
9,000	270,000	180,000	184,000

10,000 300,000 200,000 190,000

試求：1. 利用高低點法計算海山公司每單位的變動成本及每年的固定成本。

2. 計算 8,500 產量下的總成本。

4.35 臺榮航運近幾個月的成本資料如下：

月份	乘客數	成本
7	30,000	$54,000
8	32,000	57,000
9	34,000	54,000
10	32,000	54,000
11	34,000	57,000
12	36,000	60,000

試求：1. 利用最小平方法分析臺榮航運的成本習性，並列出該方程式。

2. 利用上面的方程式計算 35,000 位乘客下的成本。

4.36 科技公司 2002 年 1 月至 10 月的成本資料如下：

月份	產量	製造費用
1	150	$ 160
2	250	230
3	300	250
4	350	280
5	250	240
6	300	260
7	250	250
8	300	270
9	200	200
10	150	160
合計	2,500	$2,300

試求：1. 利用最小平方法分析科技公司之製造費用的成本習性，並寫出該迴歸方程式。
2. 計算迴歸方程式的判定係數 (R^2)。

4.37 新業公司最近幾個月之銷售費用及訂單數的資料如下：

月　份	訂單數 (X)	銷售費用
1	600	$ 800
2	500	700
3	700	600
4	800	1,000
5	600	900
6	1,000	900
7	900	800
8	700	800
合　計	5,800	$6,500

試求：1. 利用最小平方法分析新業公司銷售費用的成本習性，並寫出該迴歸方程式
2. 計算迴歸方程式的判定係數 (R^2)。

4.38 精鷹公司有製造及裝配等兩個生產部門；有人事及總務等兩個服務部門。2002 年各部門分攤前的成本資料列示如下：

	製　造	裝　配	人　事	總　務	合　計
分攤前成本	$28,000	$33,320	$10,080	$12,600	$84,000
員工人數	40	50	20	10	120
使用坪數	40	80	80	30	230

人事部門成本以員工人數作為分攤基礎，總務部門成本以使用坪數作為分攤基礎。

試求：1. 以直接分攤法分攤服務部門成本。
2. 以逐步分攤法分攤服務部門成本。

3. 以相互分攤法分攤服務部門成本。

4.39 美昇公司有兩個生產部門：製造及裝配；兩個服務部門：人事及總務。依據公司現行作業服務部門成本將分攤至生產部門。人事部門成本以員工人數作為分攤基礎，總務部門成本以使用坪數作為分攤基礎。美昇公司依機器小時來計算生產部門的成本分攤。

	製　造	裝　配	人　事	總　務
分攤前成本	$370,000	$250,000	$84,100	$126,150
員工人數	60	60	6	30
使用坪數	3,600	900	900	1,200
機器小時	4,000	2,000		

試求：1. 以直接分攤法計算生產部門的成本分攤率。

2. 以逐步分攤法（先分攤總務部門成本）計算生產部門的成本分攤率。

3. 以相互分攤法計算生產部門的成本分攤率。

4.40 立國公司有鑄模及組合等兩個生產部門；有維修、人事及行銷等三個服務部門。該公司服務部門的固定成本依預計使用量分攤至生產部門；變動成本則依實際使用量分攤。

2002 年的預計成本資料如下：

提供服務的部門	接受服務的部門 (%)	
	鑄　模	組　合
維　修	40%	60%
人　事	50%	50%
行　銷	70%	30%

2002 年的實際成本資料如下：

提供服務的部門	固定成本	變動成本	接受服務的部門(%)	
			鑄　模	組　合
維　修	$100,000	$50,000	45%	55%
人　事	80,000	35,000	60%	40%
行　銷	150,000	90,000	65%	35%

試求：使用雙重分攤率分攤服務部門成本。

第5章

分批成本制度

學習目標

- 討論成本制度和計價方法
- 認識分批成本的作業流程
- 練習分批成本的計算方式
- 準備分批成本制度下的會計分錄
- 瞭解分批成本制度在非製造業的應用

前　言

成本會計的主要任務,是計算企業所提供的產品或勞務的成本。在計算產品成本之前,要先確定企業所採用的成本制度以及存貨計價的方法。一般的成本制度,可分為分批成本和分步成本兩種,分批成本制度適用於訂單生產型態的組織,因為每批次的訂單需求不同,營運作業也就不同;分步成本制度適用於單一產品大量生產的情況,詳細內容在第 6 章說明。本章重點在於敘述分批成本制度下,成本資料要如何蒐集,再加以彙總後,才能編製每批訂單的生產成本表。同時本章也說明,在分批成本制度下的會計處理程序。

5.1　成本制度與計價方法

企業要系統地進行產品或服務的成本分配,例如製造業將直接原料、直接人工和製造費用分攤到產品成本中,通常要先確定**成本制度** (Cost System) 和**計價方法** (Valuation Method)。依營運的不同,產品成本制度有兩種,即**分批成本制度** (Job Order Costing) 和**分步成本制度** (Process Costing)。一旦成本制度決定後,存貨計價方式也需決定是**實際成本法** (Actual Costing)、**正常成本法** (Normal Costing)、**標準成本法** (Standard Costing) 三種中的哪一種。在本節中將說明產品成本在不同的成本制度和計價方法下,計算過程中所需考慮的要素,如表 5–1 所示的**成本累積系統** (Cost Accumulation System) 有六種不同的組合。

表 5–1　成本累積系統

成本制度 \ 計價方法	實際成本	正常成本	標準成本
分批成本	直接原料——實際耗用成本 (實際單價 × 實際投	直接原料——實際耗用成本 (實際單價 × 實際投	直接原料——標準耗用成本 (標準單價 × 標準投

	入量） 直接人工——實際工資 （實際工資率 × 實際時數） 製造費用——實際費用 （在會計期間結束時，費用分配到各訂單上）	入量） 直接人工——實際工資 （實際工資率 × 實際時數） 製造費用——估計費用 （預估費用率 × 實際投入量）	入量） 直接人工——標準工資 （標準工資率 × 標準時數） 製造費用——標準費用 （預估費用率 × 標準投入量）
分步成本	直接原料——實際耗用成本 （實際單價 × 實際投入量） 直接人工——實際工資 （實際工資率 × 實際時數） 製造費用——實際費用 （當採用先進先出法或加權平均法時，在會計期間結束時，費用分配到產品上）	直接原料——實際耗用成本 （實際單價 × 實際投入量） 直接人工——實際工資 （實際工資率 × 實際時數） 製造費用——估計費用 （當採用先進先出法或加權平均法時，預估費用率 × 實際投入量）	直接原料——標準耗用成本 （標準單價 × 標準投入量） 直接人工——標準工資 （標準工資率 × 標準時數） 製造費用——標準費用 （在先進先出法或加權平均法時，預估費用率 × 標準投入量）

5.1.1　成本制度

基本上，成本制度可區分為分批成本和分步成本兩類。分批成本制度適用於每批訂單的規格和數量皆有顯著差異，產品的製造或勞務的提供依訂單需求而不同，所以每張訂單的成本計算也不同。例如，印刷廠視每一種書的印刷為一張訂單，因為各種書有不同的內容；西裝店依個人尺寸來縫製西裝，每一件衣服的大小不一。每張訂單的成本計算過程大致相同，彙總所有因為要完成此張訂單所需耗用的成本，再除以該訂單的生產數量，即可得知每單位的產品成本。

分批成本制度又稱為訂單成本制度，在訂單上要填寫購買者所訂購貨品的規格、數量、送貨時間與地點等資料；生產部門依訂單上的規定來製造產品；等產品製造完成後，會計部門計算為完成該訂單所花費的成本。

其適用範圍為小批、單件，管理上不要求分步驟計算成本的過程，例如重型機器製造、船舶製造。如同製造和銷售電梯產品的崇友實業股份有限公司，由於每位顧客所訂購的電梯規格頗具差異，會計部門為準確地計算每張訂單的成本，採用分批成本制度來計算每批次電梯的產品成本。

分步成本制度，又稱為大量生產成本制度，適用於每項產品間同質性高且生產量大的廠商，例如煉油廠、人造纖維廠、清潔劑製造廠。即當產品大量製造時，生產程序不會因顧客需求不同而有所差異的情況。因此，會計部門只要將一段期間內，所花費的總成本除以總產量，即可得到每單位的產品成本。

崇友實業股份有限公司 (http://www.gfc.com.tw)

如果您常在辦公大樓、百貨公司等高樓大廈進出，對「崇友實業」這四字並不陌生吧！因為您搭乘的電梯可能是崇友實業的產品。崇友實業股份有限公司於 1974 年設立，初期經營貿易業務及承辦石川島中國造船公司吊車安裝工程，自 1975 年 6 月開始經營電梯、電扶梯為業務，並於 1977 年與日本東芝株式會社，正式簽訂中日電梯技術合作契約，開始跨入製造行列。1997 年底掛牌上櫃，目前主要業務為電梯、電扶梯、發電機之製造與銷售。崇友實業主要商品涵蓋大樓建築之周邊硬體設備，如電梯、電扶梯、發電機、停車設備等，主要銷售對象是國內建設公司及營造廠；至於配銷方面，崇友實業採取直接銷售的方式，在臺灣主要城市設有 7 處銷售及工程之分支機構，包括臺北、桃園、新竹、臺中、嘉義、臺南及高雄。這些分支機構藉著許多的服務中心及連絡處，在全島各區推展業務及確保服務的機動性，提供各類產品的銷售及售後服務。

由於每位顧客所需求的電梯規格不一，而且電梯並非消耗財，所以崇友實業不宜採用大量生產的方式；但是若要完全滿足顧客的需求，勢必會使成本增加而減少競爭力。為了降低成本來增加競爭力且又能滿足顧客的需求，崇友實業採取「套餐」的方式，由顧客在

「菜單」上選取電梯規格，若有不足部分則另外補充說明，且雙方確定規格後即簽訂正式合約開始生產。在會計處理上，為了準確地計算每張訂單的電梯成本，崇友實業採用分批成本法計算產品成本，再由訂單成本資料來計算公司的存貨成本與銷貨成本，以便於財務報表使用。

5.1.2 計價方法

在表 5–1 的成本累積系統上，存貨計價方法有三種，即實際成本、正常成本、標準成本。當公司採用實際成本法時，產品成本的三要素皆採用實際費用發生數，此情形較常發生於公司的業務量少且產品種類單純時。相對的，當公司採用標準成本法時，產品成本的三要素皆採用標準數，即標準單價（預估費用率）乘上標準投入量。在表 5–2 上，比較實際成本和標準成本的特性。由於實際成本要等交易或事件完成後才有資料，所以數字較為客觀，符合正確性原則；但是有些成本科目要等會計期間結束時才能得知，所以無法應付一時之需。所以，實際成本的特性為正確性高，但適時性低。由於標準成本的成本資料是依經驗所推論的估計值、因此可隨時提供資料；然而，估計數與實際數有差異存在，所以可說是一種正確性低但適時性高的成本計價方法。

表 5–2 實際成本和標準成本的比較

特性 / 方法	正確性	適時性
實際成本	高	低
標準成本	低	高

由上述的說明，可推論為實際成本的優點為標準成本的缺點，反之亦然。如果要同時顧及正確性和適時性，宜採用正常成本，亦即直接原料和直接人工皆採用費用實際發生數；但是製造費用則採用估計數，由預估費用率乘上實際投入量。在會計期間結束時，將估計數與實際數相比較，則可得到**差異數** (Variance)，藉此可作為績效評估的參考。

5.2 分批成本的作業流程

在分批生產作業中，可區分為三階段：⑴簽約完成後訂單正式生效；⑵依訂單規定進行製造；⑶產品製造完成。在崇友公司的作業流程中，業務部門與客戶確定電梯的規格和數量後，便簽訂正式合約，所以訂單正式生效。製造部門接到訂單後，即開始從事生產排程、領料、製造等工作；待生產作業完成後，電梯產品即送至倉庫，業務部門將其送至客戶，予以安裝完成。當客戶簽收後，這張訂單即全部完成。

分批成本的作業流程，始於訂單簽訂，止於產品製造完成後，依照訂單送交客戶為止，如圖 5–1。由於訂單生產的特色在於每批貨品的規格、數量皆不相同，為避免發生錯誤，製造過程中以發佈**製造通知單** (Production Order) 為始點。如表 5–3 所示，上面要註明一些基本資料，作為通知生產單位製造某一產品的書面通知，因此也有公司稱其為工令單。生產部門主管依據製造通知單的資料，來作原料領用、人員排班、製造安排等決策之參考。

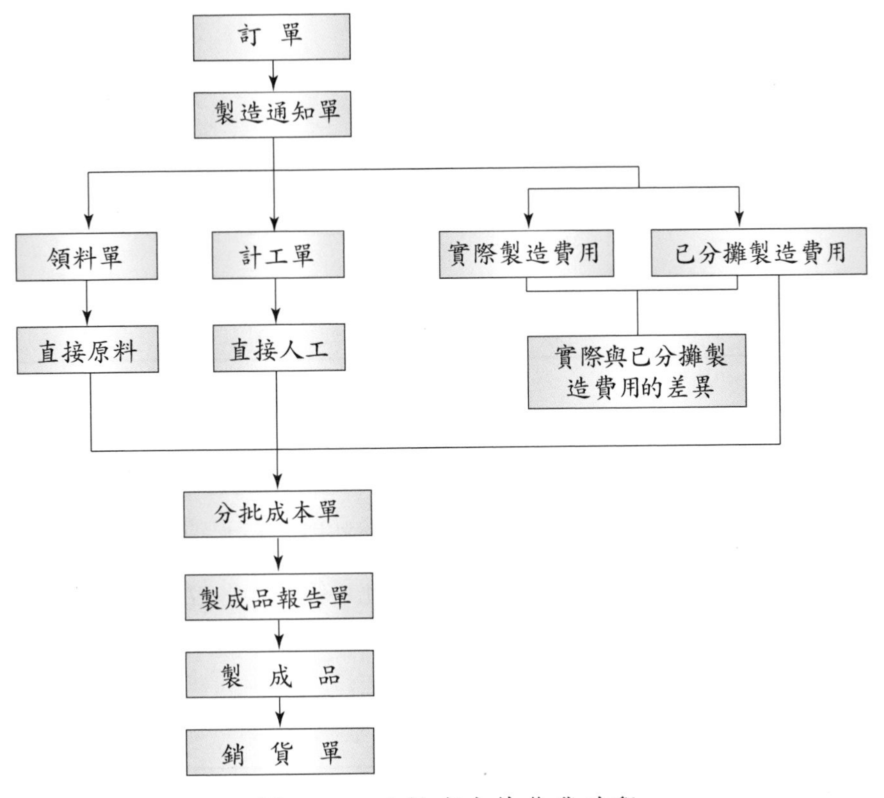

圖 5–1　分批成本的作業流程

表 5–3　製造通知單

客戶名稱:		編　號:	日　期:
客戶地址:		開工日期:	
客戶電話:		完工日期:	
產品名稱	產品規格	產品數量	製造方法
	核准者:	製單者:	

原料投入生產線，製造過程才正式開始。生產部門主管必須提出**領料單** (Material Requisition Form)，如表 5–4 所示，向倉庫領取所需原料。實務上，有些公司為避免發生領料作業的疏失，有編製**原物料清單** (Bill of Materials, BOM)，明確的標示在各個製造階段所需要的原物料與零件。

表 5–4　領料單

領用單位:				編　號:	
批次編號:				日　期:	
領用者:					
項　目	規　格	數　量	單　價	金　額	備　註
		核准者:		製單者:	

工廠員工每天上班以「計時卡」記錄上下班的時間，同時每位生產線上的員工有一張「計工單」，記錄每位員工每天工作時間的內容說明。如表 5–5 上，計工單上需要填入員工姓名、員工編號、所屬部門、批次編號、每批工作的起迄時間、工資率與員工薪資金額等資料；由此可得知，每位員工投入某一批次產品生產的直接人工成本。

表 5–5　計工單

員工姓名:					編　號:
員工編號:					日　期:
部　門:					
批次編號	工作時間		耗用時數	工資率	金　額
	起	迄			
		核准者:		製單者:	

分批成本制度的特色，在於對每一批次的產品，分別累積其直接原料成本、直接人工成本、製造費用，如表 5–6 的**分批成本單** (Job Cost Sheet)，所有與該訂單有關的成本彙總在一起，可計算出每張訂單的總成本與單位成本。在分批成本單上，直接原料成本和直接人工成本皆為實際發生數即實際成本；至於製造費用是採用估計數，會計部門選定合適的分攤基礎，將預計分攤率乘上實際數量即成為製造費用金額。

表 5–6　分批成本單

<table>
<tr><td colspan="3">客戶名稱:
產品名稱:
產品數量:
交貨日期:
客戶地址:</td><td colspan="3">成本單編號:
製造通知單編號:
開工日期:
完工日期:
訂單編號:</td></tr>
<tr><td colspan="6">直接原料成本</td></tr>
<tr><td>日　期</td><td>領料單編號</td><td>數　量</td><td>單　價</td><td colspan="2">金　額</td></tr>
<tr><td></td><td></td><td></td><td></td><td colspan="2"></td></tr>
<tr><td></td><td></td><td></td><td></td><td colspan="2"></td></tr>
<tr><td colspan="6">直接人工成本</td></tr>
<tr><td>日　期</td><td>員工編號</td><td>時　數</td><td>工資率</td><td colspan="2">金　額</td></tr>
<tr><td></td><td></td><td></td><td></td><td colspan="2"></td></tr>
<tr><td></td><td></td><td></td><td></td><td colspan="2"></td></tr>
<tr><td colspan="6">製造費用</td></tr>
<tr><td colspan="2">分攤基礎</td><td colspan="2">預計分攤率</td><td>數　量</td><td>金　額</td></tr>
<tr><td colspan="2"></td><td colspan="2"></td><td></td><td></td></tr>
<tr><td colspan="2"></td><td colspan="2"></td><td></td><td></td></tr>
<tr><td colspan="6">成本彙總</td></tr>
<tr><td colspan="2">直接原料成本</td><td colspan="2">直接人工成本</td><td colspan="2">製造費用</td></tr>
<tr><td colspan="2"></td><td colspan="2"></td><td colspan="2"></td></tr>
<tr><td colspan="2">製造總成本</td><td colspan="2">數　量</td><td colspan="2">單位成本</td></tr>
<tr><td colspan="2"></td><td colspan="2"></td><td colspan="2"></td></tr>
<tr><td colspan="2">製造數量:</td><td colspan="2">已銷售數量:</td><td colspan="2">存貨數量:</td></tr>
<tr><td colspan="2"></td><td colspan="2">銷貨成本:</td><td colspan="2">存貨成本:</td></tr>
</table>

總而言之，會計部門在製造通知單發佈時，對每一批次產品設立分批成本單，根據領料單資料記入直接原料成本，由計工單上得到直接人工成本，製造費用則採用估計數。當訂單產品製造完成後，該批次的分批成本單資料彙總，計算出產品單位成本，並且註明製造數量、已銷售數量和存貨數量。在分批成本作業流程中，各項成本科目的帳戶結轉流程如圖 5–2。本期所耗用的直接原料成本轉入在製品，直接人工成本也轉入在製品，再加上已分攤製造費用即成為在製品科目的借方餘額，亦即總製造成本。當產品製造完成，即轉入製成品；

待銷售出去，即轉到銷貨成本。

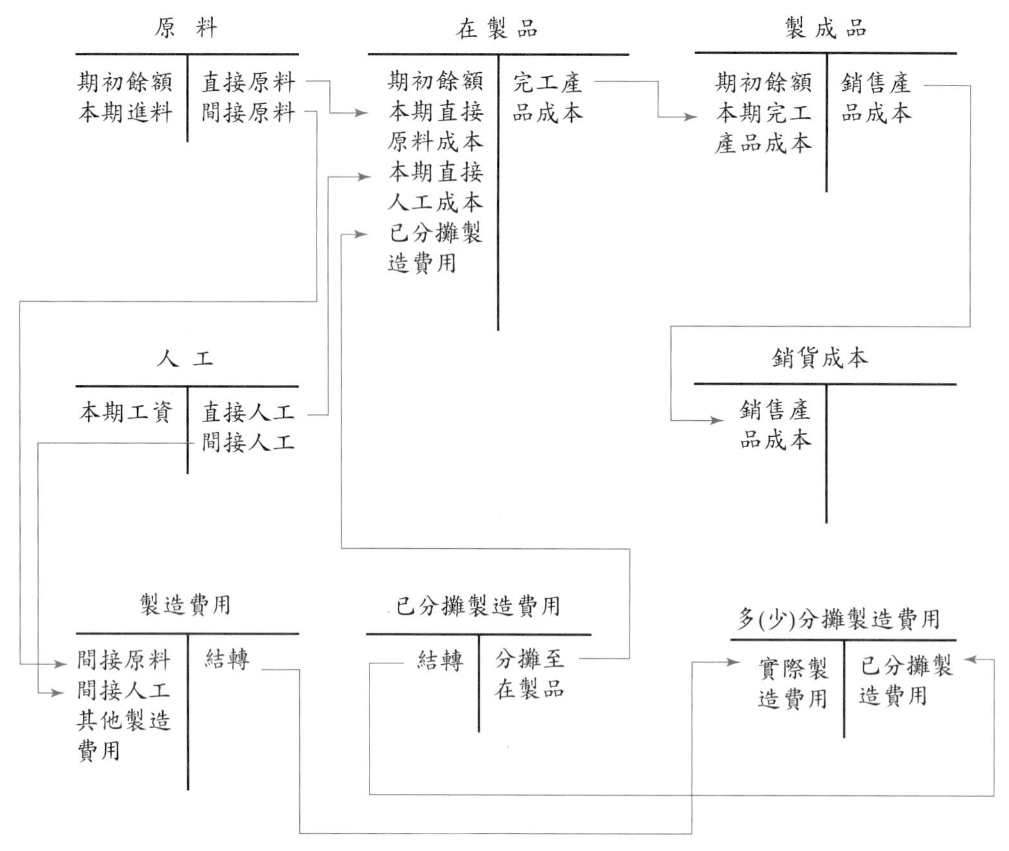

圖 5-2　分批成本制度的會計科目轉帳流程

至於間接原料成本、 間接人工成本和其他製造費用的總數為實際製造費用，與已分攤製造費用相比較，其差異數就是表示多或少分攤製造費用。當實際數小於分攤數時，即為多分攤製造費用的現象。在圖 5-2 上的資料登錄和所有轉帳程序，有些公司已採用電腦化處理，促使分批成本作業的效率提升。

5.3　分批成本的計算方式

分批成本制適用於單件、小批生產，且在耗用材料、工時和加工複雜程度方面相差很大的廠商，這些公司通常按照客戶的特殊要求生產。此現象在各行業中分佈很廣泛，包括飛機製造業、傢俱業、建築業和機械製造業等。在分批成本法中，批次是主要成本計算對象，因此要把成本精確地分配到各批次，以找到所有影響成本的因素。由於各批次差別很大，一般不在各批次之間平均分配成本，其計算方式如下：

⑴在開始生產時， 會計部門應根據每一份訂單或每一批產品製造通知單（即內部訂單），再開設一張成本明細帳（即產品成本計算單）。

⑵月終根據費用的原始憑證編製材料、工資等分配表。

⑶結算各輔助製造的成本，編製輔助製造費用分配表。

⑷將各部門間的製造費用和管理部門的管理費用明細帳加總後算出總數，再按照規定的分配方法，分配計入各相關的成本明細帳。

⑸月終各部門要將各訂單在本部門發生的費用，抄送會計部門進行核對。

⑹當某訂單、製造通知單或某批產品完工且檢驗合格後，應由部門填製完工通知單。

⑺會計部門收到部門送來的完工通知單， 要檢查該成本明細帳及有關憑證。當檢查無誤後，把成本明細帳上已彙集的成本費用加計總數，扣除不良的材料、半成品以及廢料價值，得到製成品的實際總成本，再除以完工數量，就是製成品的單位成本。

⑻月終未完工訂單的成本明細帳所彙集的成本或費用就是在製品成本。

5.4 分批成本的會計處理

為了讓讀者熟悉分批成本法的應用，在此以中安公司的例子來說明每項支出發生時，會計部門對這些交易行為的帳務處理方式。

假設中安公司在今年 8 月份簽訂了兩個合約，依每一個合約的規格要求產生訂單，該公司兩個訂單的編號和內容如下：

批次編號	J406	8 人容量的電梯一臺
批次編號	J407	12 人容量的電梯一臺

中安公司為了使這兩個合約如期完成，在 8 月份發生了下列的各項交易行為：

1.原料的購買

在 8 月 1 日中安公司以賒帳方式，購買生產電梯所需的各種零件原料，全部價格為 $ 50,000，其會計分錄如下：

原料存貨	50,000	
應付帳款		50,000

2.直接原料的使用

在 8 月 10 日生產部門向倉庫領取製造電梯所需的主要零件原料，因而填了下面的兩張領料單：

領料單 94 號	直接原料（主電源盤等共 60 項）總計 $ 20,000，完全用於 J406 號訂單。
領料單 95 號	直接原料（主電源盤等共 75 項）總計 $ 40,000，完全用於 J407 號訂單。

在製品存貨── J406	20,000	
在製品存貨── J407	40,000	
原料存貨		60,000

3.間接原料的使用

在 8 月 12 日，生產部門向倉庫領用 3 公升耐電熱橡膠，每公升價格為 $1,500，總價為 $4,500。由於耐電熱橡膠在電梯製造過程中屬於間接性的原料，故視為製造費用的一部分，其分錄如下：

製造費用──間接材料	4,500	
原料存貨		4,500

4.直接人工的投入

根據生產部門統計資料顯示：

J406 訂單使用的直接人工成本為 $12,000；
J407 訂單使用的直接人工成本為 $20,000。

其會計分錄如下：

在製品存貨── J406	12,000	
在製品存貨── J407	20,000	
應付薪資		32,000

5.間接人工的投入

從員工的計工單得知，8 月份員工投入 15 小時於廠房設備的保養維修工作(每小時工資 $300)，總計為 $4,500，因這項支出屬於全廠費用，無法直接歸屬到各個訂單，其分錄如下：

製造費用──間接人工	4,500	
應付薪資		4,500

6.其他製造費用的實際發生

在 8 月份，中安公司除了上述各項成本外，還投入下列各項成本：

機器設備折讓	$ 6,000
水電瓦斯費用	3,500
保險費用	2,200
修繕費用	1,500
	$13,200

其會計分錄如下:

製造費用——其他	13,200	
累計折舊——機器		6,000
應付水電瓦斯費		3,500
應付保險費		2,200
應付修繕費		1,500

7.製造費用的分攤

中安公司以機器小時作為製造費用的分攤基礎,每一機器小時預估分攤製造費用 $ 80。根據生產部門的資料顯示,J406 號訂單使用了 135 小時,J407 號訂單使用了 140 小時,所以各個訂單的製造費用預估數分錄如下:

在製品存貨—— J406	10,800	
在製品存貨—— J407	11,200	
已分攤製造費用		22,000

8.銷管費用的發生

在 8 月份,中安公司的業務部門和管理部門有下列各項支出:

辦公室租金	$26,500
業務人員薪資	15,000
管理人員薪資	11,700
廣告費	6,030
辦公用品費	2,500
合　計	$61,730

以上的銷管費用非生產部門的費用,故屬於期間成本,其分錄如下:

銷管費用	61,730	
應付房租		26,500
應付薪資		26,700
應付帳款——廣告費		6,030
用品盤存		2,500

9.訂單完成

假設 J406 訂單所生產的 8 人容量電梯在 8 月份完成，全部成本在表 5–7 成本單上，其分錄如下：

製成品存貨—— J406	42,800	
在製品存貨—— J406		42,800

表 5–7 分批成本單：J406 訂單

客戶名稱：維也納建設公司　　成本單編號：J406
產品名稱：8 人座電梯　　製造通知單編號：M021
產品數量：1　　開工日期：2002 年 8 月 1 日
交貨日期：2002 年 9 月 1 日　　完工日期：2002 年 8 月 29 日
客戶地址：臺北市建國北路 2 號　　訂單編號：4502

直接原料成本

日　期	領料單編號	數　量	單　價	金　額
8.10	94	4	$5,000	$20,000

直接人工成本

日　期	員工編號	時　數	工資率	金　額
8.15	19	100	$120	$12,000

製造費用

分攤基礎	預計分攤率	數　量	金　額
機器小時	$80	135	$10,800

成本彙總

直接原料成本	直接人工成本	製造費用
$20,000	$12,000	$10,800

製造總成本	數　量	單位成本
$42,800	1	$42,800
製造數量：1	已銷售數量：1	存貨數量：0
	銷貨成本：$42,800	存貨成本：$0

10.銷售貨品

8 月份完成的 J406 訂單於 8 月 31 日交給客戶，合約定價為 $56,000，故中安公司收到期間為 30 天、面額 $56,000 的票據。這筆交易的相關分錄如下：

應收票據	56,000	
銷貨收入		56,000
銷貨成本	42,800	
製成品存貨── J406		42,800

11.製造費用差異數的處理

在 8 月份中，製造費用實際發生成本為 $22,200 (= $4,500 + $4,500 + $13,200) 與製造費用預估數 $22,000 相比較，二者之間的差異數是 $200。在處理差異數之前，要先計算在製品、製成品、銷貨成本三個帳戶的製造費用預估數的餘額，如下列 T 帳戶所示：

在製品

10,800	10,800
11,200	
11,200	

製成品

10,800	10,800
0	

銷貨成本

10,800	

在製造費用帳戶內，實際數超過預估數，則產生製造費用**低估 (Underapplied)** 的現象；如果預估數超過實際數，則產生製造費用**高估 (Overapplied)** 的現象。針對這兩種差異的會計處理方式有兩種：

(1)簡單方式：把全部差異數沖轉入銷貨成本帳戶。這種處理方式很簡單且很清楚，適用於差異數的金額較小時。在此，中安公司如果採用此種方法，其分錄如下：

銷貨成本	200	
製造費用		200

⑵按比例分配方式：把製造費用預估數於在製品、製成品和銷貨成本三個不同帳戶的期末餘額作為分配差異數的基礎，再將差異數**分配** (Proration) 到三項不同帳戶，此方法適用於差異數的金額較大時。由於中安公司在 8 月份只製造完成 J406 訂單的一臺電梯，並且在同一月份即銷售出去所以製成品帳戶的期末餘額為 $0。因此，製造費用差異數 $200，只分配到兩個帳戶，其計算過程如下：

帳　戶	餘　額	百分比	分配數
在製品	$11,200	50.9%	$200 × 50.9% = $102*
製成品	0	0%	$200 × 0% = $ 0*
銷貨成本	10,800	49.1%	$200 × 49.1% = $ 98*
合　計	$22,000	100.0%	$200

* 為計算簡便起見，採整數位四捨五入。

會計人員在完成上述的配過程後，可準備下列的分錄：

在製品存貨	102	
銷貨成本	98	
製造費用		200

至於製造費用差異數的處理方式宜採用哪一種，可依差異數的金額大小來決定。如中安公司為一電梯製造廠商，差異數 $200 對其而言是項較小的數目，可採用上述的簡單方式，將差異數 $200 全部沖轉到銷貨成本帳戶。如果差異數較大時，中安公司宜將此數分配到在製品、製成品、銷貨成本三個帳戶。採用按比例分配方式的可能會產生缺失，因分配至在製品和製成品兩項科目；然而，此二科目為存貨科目，可能會產生將本期差異數遞延到下一期的存貨科目，亦即意謂著將本期因無效率所產生的不利差異遞延至下一個會計期間，會導致使各個會計期間的績效評估結果不客觀。

5.5 分批成本在非製造業的應用

分批成本制度也可以應用到非製造業組織，適用於該組織提供給客戶的產品或勞務之成本計算，也會因客戶需求不同而有所差異的情況。例如會計師事務所針對不同查帳客戶，所投入的成本也不同，所以為每一個客戶設立分批成本單；建設公司在推出不同的專案時，亦可採用分批成本制度的觀念，來計算每個專案的工程成本表。

在實務上，服務業採用分批成本制度的公司有不少，例如冠德建設股份有限公司。該公司依市場需求推出不同個案，會計部門將每一個工地視為一個訂單，以工程成本表來彙總各項成本資料。由於冠德建設公司的會計政策是採用全部完工法入帳，所有費用等到工地工程全部完成才結轉成本，故無需計算預估的間接費用分攤率，所有成本採用實際發生數為入帳基礎。

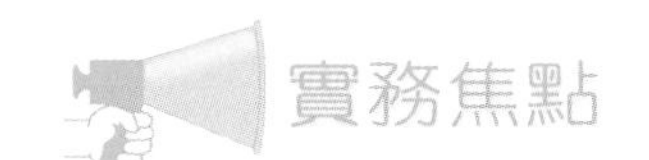

冠德建設股份有限公司 (http://www.kindom.com.tw)

冠德建設於 1979 年 11 月成立，並於 1993 年 10 月份股票正式掛牌上市，其主要營業範圍是委託營造廠商興建國民住宅及商業大樓出租出售業務、建築傢具之買賣及進出口貿易業務、接受委託辦理都市更新土地重劃及房屋買賣資訊業務。

在冠德企業集團跨世紀的發展藍圖裡，冠德矢志要成為國內不動產領域中第一流的專業團隊。為了提供最好的服務與產品，除了建設與營造本業，冠德也積極跨足機電工程、廣告代銷、物業管理、室內設計、土地開發、仲介服務、金融服務、大型購物中心開發、BOT 等相關領域，進行垂直與水平整合，以確保公司堅持的經營理念能在不動產的各個領域完整呈現，並表現出第一流的經營績效。

由於建設公司偏向於服務業的性質，所以主要存貨與一般製造業者有差異，主要為土地（其中包括著選擇區位、產品規劃、土地取得方式、地段選擇等要素）和營造工程。一般建設公司大都不涉及營造工作，而是把工程發包。冠德建設為了確保工程品質和提供客戶完整的服務，貫徹產銷一元化政策，所以轉投資根基營造工程股份有限公司，並委託其負責營建工程。

因為冠德建設公司的會計政策是採用等到工地全部結束才結轉成本，故較少使用預計間接費用分攤率。關於成本性質方面，除極少部分為共同費用，例如工程部門的經理或發包、採購等內勤人員的薪資外，其餘都可直接歸屬至每個特定工地。在實務上，這些共同費用直接被列為管理費用或按發包金額分攤至各工地。

由於建設公司是依市場需求而推出不同的專案，與製造差異化產品的公司特性相似，故適合採用分批成本法。會計人員在每個工地採用一張訂單，用來累積成本資料，藉此冠德建設公司可進行成本控制、現金流量規劃與合約訂價決策。例如，依工程預算成本再加計合理管理費用及利潤後，作為於發包時與營造商比價或議價的參考。

為使讀者瞭解分批成本制度在服務業的應用，以香江建設公司例子來說明。香江建設股份有限公司，主要是在大臺北地區推出高級住宅區專案，為提高公司競爭能力，該公司對每一個房屋個案採用整體性的規劃、執行和控制，其營運作業流程如下圖 5–3。

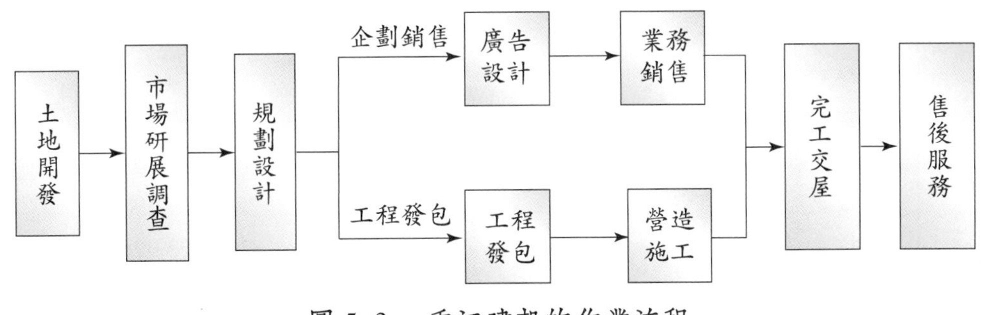

圖 5–3　香江建設的作業流程

香江建設公司於 2002 年推出「維也納」專案，其為 20 層樓的花園廣場大廈，委託營造工程公司建造。為確實掌握該專案的成本資料，香江公司採用分批成本法來編製工程成本表，其內容如表 5–8。

表 5–8 工程成本表

香江建設股份有限公司 工程成本表	
工地名稱：維也納	土地編號：732
規　格：20 層樓	開工日期：2002 年 1 月 1 日
數　量：5,000 坪	完工日期：2003 年 3 月 1 日
成本項目：	
土　地	$320,277,375
外包工程	374,931,752
工程費用	23,672,727
利息支出	81,086,002
合　計	$799,967,856

由於工程費用所涵蓋的費用科目較多，以表 5–9 來說明。

表 5–9 工程費用明細表

香江建設股份有限公司 工程費用明細表	
工地名稱：維也納	土地編號：732
費用科目：	
薪資支出	$ 3,713,108
修繕費	4,400
水電費	2,157,546
交際費	158,103
保險費	127,500
勞務費	3,135,098
設計費	12,778,850
規　費	32,000
稅　捐	715,889
鑑定費	821,532
雜項支出	28,701
合　計	$23,672,727

本章彙總

分批成本和分步成本為兩種成本制度，分批成本適用於少量多樣的生產方式，分步成本適用於多量少樣的生產方式。分批成本制度可用於製造業和服務業，只要生產方式依訂單而不同即可。然而，分步成本制度較適用於連續性生產方式的製造業。

訂單被視為一個成本標的，是成本累積的基礎，在訂單上要註明某一批次產品的規格、數量、成本等資料，每一張訂單即有一張分批成本單來彙總這些相關資料，由於存貨計價方式有實際成本、正常成本、標準成本三種。一般組織採用正常成本法，即直接原料和直接人工皆採用實際成本，製造費用採用預估費用率乘上實際投入量所得的估計費用。

分批成本的作業流程，始於訂單簽訂，至產品製造完成且送交客戶為止。在製程中，產品的實體流程，由原料存貨進入生產階段，未完成部分為在製品存貨，已完成部分為製成品存貨，待貨品銷售出去，即承認銷貨成本。每當會計期間結束時，某些費用可比較實際數與估計數，找出差異原因，有助於成本控制。

除了製造業外，分批成本制度也可應用到非製造業組織，例如會計師事務所，會因客戶需求不同而提供不同的服務， 因此成本計算方式也因投入人力和時間的不同而有所差異。在本章中，也提出建設公司使用分批成本制度的案例說明，來計算每個個案房屋的工程成本。

名詞解釋

- **實際成本法 (Actual Costing)**

  直接原料成本、直接人工成本和製造費用皆採用實際發生數。

- **原物料清單 (Bill of Materials, BOM)**

  標示各個製造階段所需要的原物料與零件，有助於原物料有計劃地進貨。

- **成本累積系統 (Cost Accumulation System)**

  依成本制度和存貨計價方法來決定產品成本。

- **成本制度 (Cost System)**

  產品成本的計算方式可採用分批成本或分步成本的方法。

- 分批成本單 (Job Cost Sheet)

  彙總與某批次產品有關的成本，以計算出該張訂單的總成本和產品單位成本。

- 分批成本制度 (Job Order Costing)

  又稱為訂單成本制度，適用於每批訂單的規格和數量皆有顯著差異；產品的製造或勞務的提供，依訂單需求而不同，所以每張訂單的成本計算不同。

- 領料單 (Material Requisition Form)

  向倉庫領取原料的書面憑證。

- 正常成本法 (Normal Costing)

  直接原料成本和直接人工成本採用實際發生數，製造費用則採用預估數。

- 高估 (Overapplied)

  製造費用帳戶內，實際費用低於預估費用。

- 分步成本制度 (Process Costing)

  又稱為大量生產成本制度，適用於每項產品間同質性高，且生產量大的廠商。

- 製造通知單 (Production Order)

  通知生產單位製造某一產品的書面通知，也稱為工令單。

- 標準成本法 (Standard Costing)

  直接原料成本，直接人工成本和製造費用皆採用標準數。

- 低估 (Underapplied)

  製造費用帳戶內，實際費用超過預估費用。

- 計價方法 (Valuation Method)

  存貨計價方式可採用實際成本、正常成本和標準成本。

- 差異數 (Variance)

  預估數與實際數的比較結果。

一、選擇題

( ) 5.1 在分批成本制度，間接原料實務使用通常會增加哪一科目餘額？ (A)倉儲成本 (B)在製品存貨 (C)製造費用 (D)已分攤製造費用。

( ) 5.2 南聚公司使用分批成本制度，下列為在製品科目在 2002 年 8 月借項（貸項）的科目餘額：

5 月	交易事項	金 額
1	期初餘額	$20,000
31	投入直接原料	80,000
31	投入直接人工	50,000
31	投入製造費用	36,000
31	轉至製成品科目	(148,000)

南聚的製造費用之分攤乃以直接人工成本的 80% 為預定分攤率，2002 年 8 月底只有第 23 批仍在生產線上，此時直接人工成本為 $8000，試問第 23 批的直接原料金額為多少？ (A) $9,250 (B) $10,500 (C) $20,600 (D) $23,600。

( ) 5.3 分批成本制度適用於下列何種生產環境？ (A)同質性高的產品 (B)連續性的生產方式 (C)產品的投入因素差異很大 (D)大量的生產方式。

( ) 5.4 通常分批成本表中的哪個項目係採用預計數？ (A)直接原料成本 (B)直接人工成本 (C)製造費用 (D)銷管費用。

( ) 5.5 在分批成本制度中， 直接人工成本的記錄通常視為何種科目的變動？ (A)已分攤製造費用 (B)製造費用 (C)製成品 (D)在製品。

( ) 5.6 國達公司使用分批成本制度，而且製造費用分攤是以直接人工成本為基礎，2002 年部門 A 的製造費用分攤率為 200%，而部門 B 的分攤率為 50%，第 32 號訂單在 2002 年開始生產並完成，其在兩個部

門的各項成本為:

	部門	
	A	B
直接原料	$50,000	$10,500
直接人工	?	45,000
製造費用	60,000	?

試問第 32 號訂單的總製造成本為多少? (A) $145,000 (B) $170,000 (C) $205,000 (D) $218,000。

( ) 5.7 麗利公司使用分批成本制度，下列為 2002 年 8 月份在製品科目的借項（貸項）金額:

8 月	交易事項	金 額
1	期初餘額	$ 4,000
31	直接原料	24,000
31	直接人工	16,000
31	製造費用	12,800
31	轉至製成品科目	(48,000)

麗利公司乃是以直接人工成本的 80% 為製造費用分攤率，至 2002 年 8 月底止，只剩第 9 批號訂單仍然在製造中，其中製造費用為 $2,000，試問第 9 批號訂單之直接原料金額為 (A) $15,000 (B) $6,200 (C) $4,300 (D) $3,100。

( ) 5.8 在何種成本制度之下，當產品完成時應於在製品帳戶中扣除其金額?

	分批成本制度	分步成本制度
(A)	是	否
(B)	是	是
(C)	否	是
(D)	否	否

二、問答題

5.9 請問產品成本制度與存貨計價方式各有幾種?

5.10 試述分批成本制與分步成本制有何不同?

5.11 試比較實際成本法、正常成本法與標準成本法，在適時性和正確性方面之不同。

5.12 在存貨計價的三種方法中，原料、直接人工及製造費用的計價方式為何?

5.13 請問多分攤製造費用與少分攤製造費用有何不同?

5.14 製造費用差異數的處理方式有哪幾種? 各適用於何種情況?

5.15 製造費用差異數若採比例分配方式，則將如何分配?

5.16 試述分批成本的作業流程。

三、練習題

5.17 東隆公司生產個別訂製的卡車，所以成本制度以分批成本為主。在 2002 年 10 月間，公司只接到一張訂單，下列為 10 月份所有營運及生產的資料:

1. 賒購直接原料 $85,000。
2. 原料領用 $78,700。
3. 直接人工小時共花了 185 小時，而直接人工薪資率為每小時 $150。
4. 實際製造費用為 $45,500，其中包括了監工薪資 $9,500，折舊費用 $18,000，保險費 $4,300，間接原料 $8,200，及水電費 $5,500。薪資、保險費及水電費均直接付現，而間接原料是從物料科目移轉過來的。
5. 製造費用是以每一直接人工小時 $240 為分攤基礎。

直接原料及在製品期初餘額分別為 $5,900 及 $16,400，而在製品期末餘額為 $12,600。

試求: 1. 上述交易之分錄。
2. 計算 10 月底直接原料之餘額。
3. 計算 10 月間製成品之成本。假設此張訂單完成了 2,000 單位，則單位成本為何?

4. 10月底製造費用多分攤或少分攤多少?

5.18 利和公司是一家專為辦公大樓訂做生產辦公設備的製造公司,下列為利和公司 2002 年 9 月份的成本資料:

賒購原料		$8,000
耗用原料:		
第 406 批號	$1,000	
第 407 批號	600	
其他批號工作	3,200	$4,800
9 月份直接人工:		
第 406 批號	$ 400	
第 407 批號	300	
其他批號工作	700	$1,400
9 月份製造費用(估計數與實際數相同)		$7,280

9 月份在製品存貨期初餘額為 $1,100,其中第 406 批號 $300,第 407 批號為 $800。製造費用是以直接人工成本為基礎分攤得來的。9 月份完成了第 407 批號工作並結轉至製成品,而且再以成本的 150% 為售價賣出(收現)。

試求: 1. 作上述事項之分錄。

2. 計算 9 月份在製品期末存貨的金額。

5.19 在 2002 年底時,宏興公司估計其製造費用為 $300,000,而且運作了 20,000 機器小時。在 2002 年 11 月時,公司只有進行第 2351 批號的工作,其成本為:

直接原料耗用		$45,000
直接人工 (1500 小時)		$30,000
製造費用:		
租　金	$1,400	
水電費	5,000	
保險費	2,800	

間接人工	5,800	
折舊費用	2,750	
維修費用	2,050	$19,800
11 月份機器運作小時		1,400

試求：1. 假設公司使用實際成本制度，計算第 2351 批號的成本。
2. 假設公司使用標準成本制度，計算第 2351 批號的成本。
3. 在 1. 與 2. 答案差異的主要原因為何？

5.20 正陽公司於 2002 年 9 月 1 日開始營運，其 9 月 30 日在製品存貨帳戶為：

在製品

直接原料	$24,300	製成品成本	?
直接人工	16,000		
已分攤製造費用	14,400		

公司以直接人工成本為基礎來分攤製造費用， 9 月 30 日只剩一批工作尚在製造中，其成本為直接原料成本 $6,100 及直接人工成本 $5,300。

試求：1. 預定製造費用分攤率為何？
2. 在 9 月份中結轉至製成品的成本為何？

5.21 南特公司為一家手工皮件公司，專門為不同顧客生產不同樣式的皮件。下列為南特公司在年初對 2002 年的估計數：

生產皮件數	2,000
直接人工小時	30,000
直接原料成本	$350,000
直接人工成本	$360,000
製造費用	$180,000

在 2002 年 12 月 31 日結算時，發現實際成本資料如下：

生產皮件數	2,200

直接人工小時	33,550
直接原料耗用成本	$370,000
直接人工成本	$402,600
製造費用	$196,000

試求：1. 2002 年底製造費用應分攤多少？（假設以直接人工小時為分攤基礎）

2. 製造費用多分攤或少分攤多少？

3. 假設製造費用差異將結轉至銷貨成本，那麼對於上述銷貨成本應增加或減少？

5.22 福新公司在 10 月份進行兩批訂單工作，以下為其資料：

	第 34 批號	第 35 批號
完工單位數	180	300
出售單位	180	–
領取原料	$1,116	$ 960
直接人工小時數	540	600
直接人工成本	$2,970	$3,720

其製造費用分攤乃根據直接人工小時為基礎，以每小時 $4.25 比率分攤。截至 10 月底止，第 34 批號工作已完成並轉至製成品，而第 35 批號是公司在 10 月底唯一仍在生產的訂單。

試求：1. 計算第 34 批號的單位成本。

2. 計算在製品的期末餘額。

3. 作第 34 批號完成並出售之分錄（其售價為成本的 150%）。

5.23 國特是一家廣告顧問公司，其會計人員使用分批成本制度來簡化成本處理程序，下列為該公司在 9 月間為客戶所作的個案資料：

	大地公司	藍天公司	青河公司
直接人工小時	60	135	260

直接原料成本	$980	$3,300	$6,300
廣告個案件數	7	12	14

公司根據每個個案使用的照片數及影印費當作直接原料成本，而且依過去經驗，以每一人工小時的間接費用分攤率為 $30，另外直接人工成本為每小時 $40。

試求：1. 計算 9 月份每位客戶的廣告成本。

2. 計算每位客戶每個個案的成本，假設每個案子成本是相同的。

3. 國特公司對每個個案統一收費 $1,700，則 9 月份的淨利為何？已知月底實際製造費用為 $14,500。

4. 對於國特公司的訂價方式，你認為是否恰當？為什麼？

5.24 華寶公司使用分批成本制度，下列為第 391 批號的單位成本資料：

直接原料成本	$14
直接人工成本	35
製造費用	17

試求：1. 假設第 391 批號完成了 415 個單位產品，作原料投入生產之分錄。

2. 計算 415 個產品的總成本並作分錄。

3. 第 391 批號產品以 $39,800 賒銷出去，作其分錄。

5.25 大朋公司使用分批成本制度，在 2002 年 7 月間公司正在趕工生產兩批產品，其批號分別為 675P 與 675T；675P 有 350 個單位而 675T 為 730 個，是兩批不同規格的產品。大朋公司其產品原料標準成本為每單位 $14.5，及標準人工時數為每單位 5 分鐘，而工資率為每小時 $21。

試求：1. 每單位的標準主要成本為何？

2. 每一批的總原料和人工成本為何？

3. 第 675P 批產品實際原料成本為 $4,827 而人工成本為 $723，計算原料及人工成本的差異。

4. 第 675T 批產品實際原料為 $10,600 且人工成本為 $1,375，計算原料及人工成本之差異。

5.26 乙機器模具公司，擁有各式產品線，且生產過程不使用直接人工，倒是常需要大規模的開工程序。由於以單一的基礎來計算預定製造費用分攤率難以提供乙公司可靠的產品成本資訊，故而製造費用按兩個成本庫分類，同時也使用兩個製造費用分攤率。2002 年，估計將會有 $525,000 與開工有關及 $900,000 與機器耗用程度相關的製造費用，另外預計該年將會使用 3,600 機器小時，而開工次數達 300 次。

公司為第 103 批的產品投入 $56,000 的直接材料與零件，機器小時 70 小時，共開工了 4 次。

試求：1. 計算乙公司 2002 年的預定製造費用分攤率。

2. 為第 103 批產品編製分批成本單。

四、進階題

5.27 源津公司使用分批成本制度，下列為一特定期間內之交易，其期初存貨餘額為：原料 $15,000；在製品 $22,500；製成品 $8,500。

1. 賒購原料 $60,000。
2. 直接人工成本為 $48,750，共 7,500 直接人工小時。
3. 實際製造費用為 $36,000。
4. 應分攤製造費用乃根據直接人工小時為基礎來分攤，此期間實際製造費用等於應分攤之製造費用。
5. 原料期末存貨為 $12,500。
6. 在製品期末存貨為 $30,000。
7. 製成品成本總計 $64,500，並且以 $150,000 售出（賒銷）。

試求：上述事項分錄，並且計算製成品之期末存貨餘額。

5.28 長強公司使用分批成本制度，在 2002 年 8 月 1 日有下列各項餘額為：

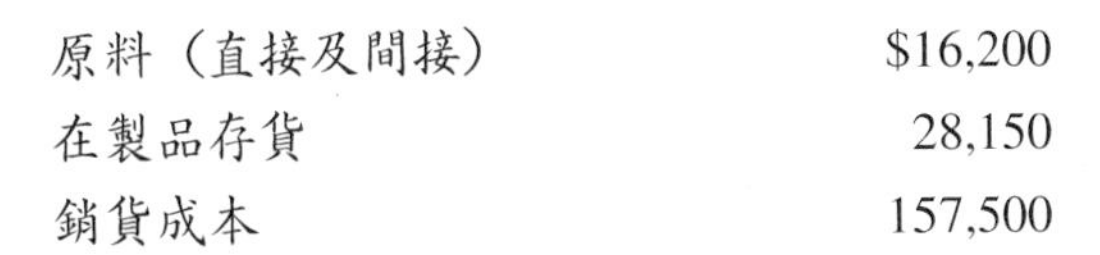

原料（直接及間接）	$16,200
在製品存貨	28,150
銷貨成本	157,500

其中在製品科目為各批次明細帳的統制帳目，8 月 1 日各批次明細帳餘額為：

#34 批號	$11,600
#35 批號	9,900
#36 批號	6,650

下列為 8 月份發生的交易事項：

8 月 1 日賒購原料 $75,000。

4 日領用原料共 $20,400：其中第 34 批號 $6,600；第 35 批號 $4,100；第 36 批號 $5,550；第 37 批號為 $3,050；間接原料為 $1,100。

15 日準備支付：8 月 1 日至 15 日的工廠薪資，總額為 $30,625，其中：

#34 批號	715 小時	$7,150
#35 批號	580 小時	5,800
#36 批號	625 小時	6,250
#37 批號	770 小時	7,700
間接人工薪資		3,725

16 日公司以每人工小時 $3.5 的費率分攤製造費用。

16 日第 34 批號產品完工且以成本加成 40% 賣出。

20 日支付每月的廠務費用包括水電費 $1,800，租金 $2,075 及應付帳款 $15,500。

25 日領用原料包括其中第 35 批號 $3,700；第 36 批號 $9,150；第 37 批號 $6,250 及間接原料 $1,800。

31 日應計額外的製造費用包括折舊費用 $2,750；已耗用預付保險費 $2,150 及應計稅額及執照費 $1,500。

31 日 8 月 16 日至 31 日應計薪資為 $26,050，其中：

#35 批號	515 小時	$5,150
#36 批號	820 小時	8,200
#37 批號	990 小時	9,900
間接人工薪資		2,800

31 日分攤下半個月的製造費用。

試求：1. 上述事項之分錄。

2. 將上述分錄過入各批次的總分類帳及明細帳。

3. 比較在製品總分類帳與明細帳 8 月 31 日之餘額。

4. 8 月份製造費用多分攤或少分攤金額多少？

5.29 臺遠公司於 2002 年 1 月開始生產三批產品：

批　次	成本彙總			
	直接原料	直接人工	製造費用	合　計
47	$ 40,600	$ 47,700	$ 19,366	$ 107,666
51	90,300	106,900	41,862	239,062
53	74,700	86,800	34,224	195,724
	$205,600	$241,400	$95,452	$542,452

2002 年 1 月 1 日至 2002 年 12 月 31 日發生下列事項：

1. 公司現金購買原料 $272,000；此原料帳戶包括直接及間接原料。

2. 工廠薪資記錄如下：

間接人工	$ 33,000
直接人工	$308,400

其中：

批　次	直接人工成本
47	$ 9,700

51	5,400
53	11,500
54	69,300
55	73,500
56	48,300
57	90,700

3. 領料的情況為：

間接原料	$ 41,000
直接原料	241,200

其中：

批　次	直接原料成本
47	$ 8,200
51	4,100
53	9,400
54	52,600
55	60,900
56	37,400
57	68,600

4. 製造費用係根據直接人工成本為基礎分攤，公司主管估計 2002 年製造費用為 $120,000 及直接人工成本 $300,000， 而 2002 年實際製造費用（包括間接人工及間接原料）為 $124,500。

5. 第 47 批至第 55 批已完工且已轉至顧客手中，總收益為 $1,139,387。

試求： 1. 上述事項之分錄。

2. 計算期末在製品餘額。

3. 計算銷貨成本，並調整少分配或多分配製造費用。

5.30 創意公司生產不同規格的廣告板，下列為 2002 年 9 月第一個星期的生產資料：

在製品存貨

	批　次	原　料	工　時	機器運作時間（製造費用）
9月1日	201	$750	18時	25時
	202	310	5時	10時
7日	207	425	4時	8時

9月1日，製成品存貨 $10,300。
7日，製成品存貨 $0。

原料記錄

	9/1 存貨	購買	領　料	9/7 存貨
木材	$3,150	$29,150	$19,350	?
鋼材	5,400	3,250	7,100	?
鐵材	3,900	1,775	2,950	?

直接人工小時總數為 240，工資率為每小時 $15。而且機器共運轉了 300 個小時：第 201 批 75 小時；第 202 批 140 小時；第 207 批 85 小時。

9 月份第一個星期之製造費用為：

折舊費用	$1,500
監工薪資	3,200
間接人工	1,175
保險費	1,400
水電費	1,125
總　額	$8,400

製造費用以每機器小時 $30 為分攤率。期末第 201 批與 202 批已生產完成並銷售出。此外，期末多分攤或少分攤製造費用將調整至銷貨成本。

試求：1. 計算期初在製品存貨。

2. 計算 9 月 7 日時(1)三種原料餘額；(2)在製品存貨；(3)銷貨成本。

5.31 佳新公司使用分批成本制度，其製造費用分攤係以直接人工成本為基礎，下列為 5 月份的成本資料：

批　次	直接原料	直接人工	已分攤製造費用	總成本
67	$　6,901	$　2,730	$　3,413	$13,044
69	19,312	2,810	3,513	25,635
70	1,406	1,500	1,875	4,781
71	52,405	10,500	13,125	76,030
72	10,615	1,550	1,938	14,103

第 67 批為 5 月初唯一的在製品；其中直接原料成本為 $5,300，而直接人工成本為 $1,900；至 5 月底，只有第 71 批未完成。

試求：1. 佳新公司的預定分攤率為何？（算至小數點第2位，四捨五入）

2. 期初在製品成本為何？

3. 5 月期間發生的主要成本金額為何？

4. 5 月份的製造成本為何？

5.32 東新製造公司有兩個部門：混合部及完工部，任何批次產品均須經過此二部門。公司使用分批成本制，至於製造費用分攤，混合部以機器小時為基礎，完工部以直接人工小時為基礎。2001 年 12 月東新公司的估計成本資料如下：

	混合部	完工部
機器小時	13,500	3,450
直接人工小時	2,400	7,300
部門製造費用	$32,400	$47,450

2002 年間，公司進行 #86 與 #93 兩批次工作，下列為其成本資料：

	#86 批	#93 批
直接原料成本	$7,438	$3,150
直接人工小時——混合部	13	5
機器小時——混合部	68	34
直接人工小時——完工部	121	25
機器小時——完工部	6	3

混合部之工資率為每小時 $6，而完工部為每小時 $13。

試求：1. 計算 2002 年混合部與完工部各別的分攤率。

2. 計算兩批工作直接人工成本。

3. 計算每部門每批分攤之製造費用。

4. 計算 #86 與 #93 兩批工作之總成本。

5. 下列為 2002 年兩部門的實際成本資料，至 2002 年 12 月 31 日止各部門是多分攤或少分攤製造費用？

	混合部	完工部
機器小時	14,050	3,250
直接人工小時	2,350	7,300
製造費用	$32,000	$48,400

5.33 在 2002 年年初南華公司存貨科目餘額如下：

原　料	$140,000
在製品	40,000
製成品	90,000

公司製造費用分攤係根據直接人工成本為基礎，分攤率為 150%。

2002 年發生下列交易：

1. 購買原料 $560,000。
2. 倉庫發出直接原料 $600,000。
3. 間接原料領料 $164,000。
4. 人工成本如下：

直接人工成本	$220,000
間接人工成本	120,000
銷售與管理	140,000

5. 工廠保險費 $10,000。

6. 廣告費用 $60,000。
7. 工廠租金 $48,000。
8. 辦公設備折舊 $20,000。
9. 工廠雜項支出 $15,700。
10. 水電費（工廠 70%，辦公室 30%）$20,000。
11. 製造費用已分攤至產品中。
12. 銷貨收入 $1,500,000。

存貨期末餘額如下：

	總　額
原　料	$100,000
在製品	60,000
製成品	40,000

試求：1. 上述事項之分錄。
2. 將有關製造成本之分錄登入 T 字帳。
3. 計算多分攤或少分攤製造費用差異，將其結轉至銷貨成本，並列示其分錄。另外，若是將差異分攤至各科目，其分錄為何？
4. 假設將差異轉至銷貨成本編製其損益表；若將差異分攤至各科目，編製不同損益，此兩種狀況下損益有何差異？你認為此差異重大嗎？

5.34 矽邦公司以分批成本制度為累積成本的方法，且以直接人工小時為基礎分攤製造費用。任何少分攤或多分攤的製造費用，均直接調整月底銷貨成本餘額。6 月 1 日，各批產品之分批成本單為：

	第 201 批	第 202 批	第 203 批	第 204 批
直接原料	$ 7,180	$4,000	$2,960	$4,000
直接人工	5,400	3,000	2,000	2,400
已分攤製造費用	4,320	2,400	1,600	1,920
總　額	$16,900	$9,400	$6,560	$8,320

製造狀態	已完成	在製中	在製中	在製中

6月30日之製成品僅包括第204批及第207批，其總成本為：

	第204批	第207批
直接原料	$ 5,940	$ 4,900
直接人工	4,400	3,800
已分攤製造費用	3,520	3,040
總　額	$13,860	$11,740

6月份，除了對第204及207批的產品投入成本生產外，矽邦公司仍生產第202、203、205、206批的產品。以下為6月中，對4批產品所投入的直接原料及直接人工小時之彙總：

	第202批	第203批	第205批	第206批
直接原料成本	$2,500	$1,110	$5,000	$3,960
直接人工小時	200	150	210	100

其他資料：

1. 6月底，只有第203及206批產品仍然在製中。
2. 所有人工工資率每小時$20，且全年工資率均很穩定。
3. 關於直接原料及間接原料，矽邦公司只設置了一個原料帳戶，該帳戶期初餘額為$5,500。
4. 所有批次售價均為成本的150%。
5. 6月份的其他費用如下：

工廠設備折舊	$2,750
進　料	23,000
間接人工	5,000
工廠租金及能源費用	5,400
間接原料	5,580

試求：1. 計算 6 月 30 日原料帳戶及在製品帳戶的餘額。

2. 作第 202 批產品在 6 月份之分錄。

3. 計算在 6 月份生產完成產品之成本。

4. 計算 6 月份多分攤或少分攤製造費用。

5. 計算 6 月份之銷貨毛利。

5.35 下列為龍祥公司的成本資料：

	帳戶餘額	
	期　初	期　末
製成品	$40,000	$20,000
在製品	10,000	15,000
原　料	7,500	11,500
應付帳款	3,500	2,500
應付薪資	5,500	7,000
應收帳款	22,500	32,500

1. 所有銷貨均採賒銷方式，毛利為售價的 28%。
2. 應付帳款帳戶專門用來記錄進料交易。
3. 製造費用以直接人工成本的 150% 分攤。
4. 雜項製造費用 $30,000。
5. 投入生產之直接原料 $40,000。
6. 支付應付帳款 $51,000。
7. 期末時只有一批產品在製中，已投入原料 $5000 及直接人工 $4,000。
8. 應收帳款該期收款金額 $240,000。
9. 該期完成產品成本為 $160,000。
10. 支付薪資為 $86,000。

試求：列示 T 字帳計算

1. 進料。

2. 銷貨成本。

3. 期末製成品。

4. 期末在製品。

5. 直接人工成本。

6. 已分攤製造費用。

7. 多分攤或少分攤製造費用。

5.36 興業公司 4 月 1 日各科目總分類帳餘額如下：

現　金	$23,500	機　器	$22,650
應收帳款	25,000	累計折舊——機器	5,000
製成品	16,250	應付帳款	29,688
在製品	3,750	普通股	50,000
原　料	11,000	保留盈餘	17,462

存貨帳戶的明細內容如下：

製成品存貨	$16,250	
在製品存貨	第 101 批	第 102 批
直接原料：250 單位 A@$5	$1,250	
100 單位 B@$3	$ 300	
直接人工：250 小時 A@$4	1,000	
100 小時 B@$5		500
製造費用每直接人工小時分攤 $2	500	200
總　額	$2,750	$1,000
原料存貨	$11,000	

4 月份發生下列交易：

1. 賒購原料 $57,260。

2. 應支付薪資總額 $55,000。

3. 薪工分配如下：第 101 批，1,250 人工小時 @$8，第 102 批，2,000 人工小時 @$10，第 103 批，1,500 人工小時 @$6；間接人工 $6,000，行銷及管理薪資 $10,000。

4. 領料情形如下：第 101 批 $25,800，第 102 批 $21,000，第 103 批 $7,288 發出間接原料 $3,760。

5. 分攤入第 101、102 及 103 批號工作的製造費用，按每一直接人工小時 $4.5 的分攤率分攤。

6. 第 101 及 102 批工作已完成，分別以 $60,000 及 $67,500 賒銷出去。

7. 應收帳款於扣除現金折扣 5% 後，淨收現金 $123,500。

8. 當月份支付的行銷及管理費用（不含薪資）計 $7,500，支付雜項製造費用 $11,340，工廠機器折舊為 $1,000。

9. 償還薪資外的帳款計 $42,500。

10. 多或少分攤製造費用結轉銷貨成本帳戶。

試求：1. 設立總分類帳與明細分類帳並填入 1 月 1 日餘額。

2. 作 4 月份交易的分錄。

3. 將 4 月份各項交易過入原料在製品、製成品及製造費用等分類帳及明細分類帳中。

4. 編製 4 月 30 日分類帳的試算表，並調整統制帳戶與明細分類帳之餘額。

5. 編製 4 月份銷貨成本表。

第6章

分步成本制度

學習目標

- 認識分步成本制度
- 計算約當產量
- 編製生產成本報告
- 瞭解後續部門增投原料的影響
- 明白作業成本法

前 言

在第 5 章中，曾舉電梯製造公司的例子來說明分批成本制度的觀念與應用，其成本累積是以訂單為成本標的，每張訂單皆有一張分批成本單來彙總成本資料。本章所討論的分步成本制度，則適用於單一產品大量生產的情況，成本累積是以生產部門為成本標的，將該部門所發生的成本除以總產量，即可算出產品單位成本。在分步成本制度下，生產成本報告成為主要的成本累積單據， 本章將介紹加權平均法和先進先出法來編製生產成本報告。同時，後續部門增投原料對成本計算的影響也將在本章討論。最後，本章再介紹性質介於分批成本制度和分步成本制度之間的作業成本法。

6.1 分步成本制度的介紹

在第 5 章中曾提到分批成本與分步成本的差異，並且分批成本制度的詳細內容，也在前一章有所敘述。由於分步成本制度適用於連續性大量生產的行業，例如石油提煉廠，其特性為所製造出來的產品大致相同，不會因為客戶不同而有所差異。如同康那香企業股份有限公司的紙巾類產品，其製程為連續性大量生產方式，由不織布部門提供成品給紙巾部門作原料，再予以加工成為濕紙巾產品。因為各類產品製造過程相類似，所以單位成本的計算是採用在一段期間內，總成本除以總數量。分步成本制度適用於製造業，如前面所述；同時也可用於非製造業，例如郵局郵件的分類處理、銀行的票據交換作業、保險公司的保費處理等。

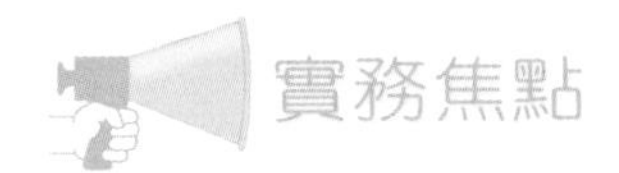

康那香企業股份有限公司 (http://www.knh.com.tw)

康那香企業股份有限公司為國內第一家生產婦幼衛生用品的專業製造廠，1971 年正式成立於臺南縣佳里鎮，主要經營業務為各類紙製品及棉料化學纖維加工製品之製造買賣業務；紙尿褲、衛生棉、濕紙巾及化妝棉等生產銷售及代理經銷業務；各種不織布製品之生產銷售及代理經銷業務，並於1994年股票上市。近年來，康那香企業股份有限公司致力於不織布科技產品的產製開發，如今不僅可自製不織布材料及婦幼衛生用品，並可自行開發設計各項新式生產設備，在同業中具有領先地位，成為國內唯一自給、自產、自銷的專業製造廠。

政府已在「十大新興工業」之高級材料工業中，列入高層次不織布之開發為一項新興工業，顯示政府對不織布產業之發展頗為重視。康那香現在能夠自行生產中游材料——不織布，除有利於提升產品品質、降低生產成本外，並可利用其產品特性，發展多樣化之不織布產品，創造商業契機；康那香為國內衛生用品製造業者之中，唯一能自行生產及發展重要中游材料不織布的廠商。相對於其他同業，康那香更能提升產品品質及降低生產成本，並可利用自行生產之不織布，不斷研發推出新產品，大幅增強在同業間之競爭及應變能力。此外，由於不織布用途甚為廣泛，舉凡醫療、工業工程等皆係其應用之範圍，使康那香可朝多樣化之不織布產品發展，開創另一商業契機。在完成不織布專業製造廠後，1998年更研發出多項高附加價值之產業用不織布產品。 未來公司更將順應社會環保意識抬頭之趨勢，發展兼具便利、舒適、低公害、低污染的產品，以吸收廣大之消費群，更計劃應用再生材料來發展再生環保產品。

目前該公司的主要產品可概分為衛生棉類（包括衛生棉、護墊、產墊）、紙尿褲類（包括紙尿褲、紙尿布、紙褲）、紙巾類（包括柔濕巾、紙毛巾、化妝棉、盒裝面紙、袖珍面紙）以及不織布（作為一般衛生用品表面覆材用及醫療用品使用）和其他相關產品（生產各式衛生用品及衛材用不織布機械）。

由於產品製程特性的因素，公司主要採用連續性的大量生產方式，其中以紙巾類的生產流程為例：紙纖不織布 → 寬度對折加液體 → 切片 → 捲取成型 → 自動包裝（加入PE膜）→ 裝箱。所以在計算產品成本時，並不適合採用分批成本法，但較適用分步成本法，亦即按照生產程序依部門別累積成本，當產品移至下一部門繼續生產時，成本一併轉入下一部門，直至最後的部門製造完成後再轉入倉庫，成為製成品存貨。

康那香企業結合專業技術與設備所生產的不織布，材質柔軟富彈性，為一般衛生用品的最佳表面覆材。生產部門可依各類衛生用品所需原料的特性，研發產製各種不同功能的不織布材料。由不織布部門所生產的不織布材料不僅可出售，亦可移至紙巾部門作為紙巾原料的一部分，由不織布到紙巾產品的成本流程如下圖。

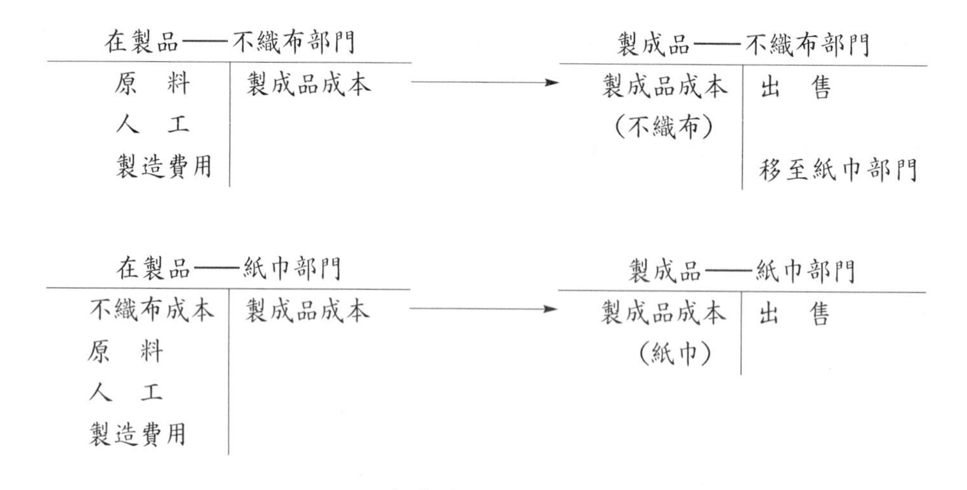

分布成本流程圖

如分步成本流程圖所示，原料、人工、製造費用投入不織布部門，製造完成後，一部分不織布可出售，一部分移至紙巾部門。由前一部門轉入的成本加上原料、人工、製造費用，製造完成即為濕紙巾產品，可供消費者使用。

在分步成本制度下，一個產品的完成要經過若干製造部門，每個部門將其工作完成後，製成品即進入下一個部門繼續生產，直到全部生產步驟完成為止。在這種大量生產方式的廠商，產品成本的計算步驟如下：

⑴每一個製造部門可視為一個成本標的，作為累積成本的單位。

⑵每一個製造部門有其部門別的在製品帳戶，用來借記屬於該部門所投入的成本，貸記轉入次部門的成本，或製造完成轉入製成品的成本。

⑶期末在製品存貨要折算為**約當產量** (Equivalent Unit)。

⑷在某特定期間內，將該部門的總成本除以總生產量，以求出各項生產要素的單位成本。

⑸將每個部門所發生的總成本，明確地區分為製成品成本和期末在製品成本。

⑹運用**生產成本報告** (Cost of Production Report) 來定期蒐集、彙總、計算各個部門的總成本和單位成本。

6.2　約當產量

在製造部門的產品實體流程，有下列三種情況：

(1)產品的原料在前期投入，在本期製造完成。

(2)產品的原料在本期投入，且在本期製造完成。

(3)產品的原料在本期投入，但在本期尚未製造完成。

在實務上為了方便計算產品單位成本，於每期會計期間結束時，需要先計算生產完成品的總數量，所以必須把製成品數量和在製品存貨折算成相當於製成品的數量相加總，即為約當產量的觀念。在會計期間結束時，在製品的各項成本要素常處於不同的完工階段，因此會計人員需要先分析在製品存貨的完工程度，以便換算為完工數量，再加上當期實際完工數量後，才能計算出某項成本要素的約當產量。為使讀者瞭解計算過程，在此以中華公司生產部門的例子來說明：

期初在製品數量(原料 100%，加工程度 30%)	200
本月份投入量	2,000
總數量	2,200
已完成且移轉數量	1,700
期末在製品（原料 100%，加工程度 50%）	500
總數量	2,200

假設中華公司採用加權平均法來計算原料成本和加工成本，其約當產量的計算公式如下：

本期已完成且移轉數量 + 期末在製品在本期已完成的數量

= 約當產量

原料成本：$\$1,700 + 500 \times 100\% = 2,200$（單位）

加工成本：$\$1,700 + 500 \times 50\% = 1,950$（單位）

因此，中華公司生產部門要計算每單位產品的原料成本所採用的約當產量為 2,200 單位；計算每單位產品的加工成本，所採用的約當產量為 1,950 單位。

如果中華公司採用先進先出法，來計算原料成本和加工成本的約當產量，則其計算公式如下：

本期已完成且移轉數量 + 期末在製品在本期已完成的數量 − 期初在製品在前期完成的數量
= 約當產量

原料成本：$\$1,700 + 500 \times 100\% - 200 \times 100\% = 2,000$（單位）

加工成本：$\$1,700 + 500 \times 50\% - 200 \times 30\% = 1,890$（單位）

在先進先出法下，約當產量的計算，著重於本期開始投入生產且本期完成的數量，只考慮產品在當期投入且完成的部分。

6.3 生產成本報告

在會計期間結束時，每一個製造部門需要編製生產成本報告，以彙總各部門的總成本和計算各項成本要素的單位成本，再把總成本分配到製成品和在製品兩部分。編製生產成本報告的步驟如下：

(1)分析產品的實體流程。

(2)依據在製品完工程度，計算約當產量。

(3)彙總成本資料，並計算單位成本。

(4)分配總成本到製成品和在製品兩部分。

生產成本報告的編製方式有兩種：一為**加權平均法**（Weighted Average

Method)；一為先進先出法 (First in First out Method)。接著以三森產業股份有限公司的例子來說明如何編製生產成本報告。

6.3.1 加權平均法

假設三森產業股份有限公司，以不織布部門和紙巾部門來製造柔濕巾；直接原料於不織布部門生產線的起點投入，人工及製造費用於生產過程中陸續發生。表 6–1 列示不織布部門 2002 年 8 月份的生產數量及成本資料。

表 6–1 三森產業股份有限公司生產基本資料——不織布部門

2002 年 8 月份			
生產數量資料（單位：公斤）			
期初在製品（原料 100% 投入，加工程度 40%）			35,000 單位
本期投入生產			191,000 單位
本期完工轉入次部門			196,000 單位
期末在製品（原料 100% 投入，加工程度 60%）			30,000 單位
成本資料			
期初在製品：			
直接原料	$ 32,220		
加工成本	8,050	$ 40,270	
本期投入：			
直接原料	$177,250		
加工成本	44,310	$221,560	

由表 6–1 得知 8 月份的投入成本，其分錄如下：

在製品——不織布部門	221,560	
原料存貨		177,250
貸項科目		44,310

採用加權平均法需將期初在製品中前期的約當產量及製造成本，與本期的約當產量和製造成本合併，以計算平均單位成本。在本法下的約當產量，係指

期末完成轉出的數量和期末在製品在本期依完工程度換算之約當產量的合計數。成本計算方面，將期初在製品成本按成本要素與本期投入的各項成本相加總。在實務上，加權平均法被廣泛地使用，以下將生產成本報告編製的程序來說明計算過程與編表方式。

1.分析產品的實體流程

編製數量表以分析 8 月份的實際生產流程，詳見表 6–2。

表 6–2　分析產品的實體流程——不織布部門

數量表	實際單位
期初在製品（加工程度 40%）	35,000
本期投入	191,000
合　計	226,000
本期完成轉入次部門	196,000
期末在製品（加工程度 60%）	30,000
合　計	226,000

2.計算約當產量

分別計算直接原料和加工成本的約當產量，表 6–3 是依據表 6–2 的實際產量來計算約當產量。

表 6–3　計算約當產量（加權平均法）——不織布部門

			約當產量	
	實際單位	加工程度	直接原料	加工成本
期初在製品	35,000	40%		
本期投入	191,000			
合　計	226,000			
本期完成轉入次一部門	196,000	100%	196,000	196,000
期末在製品	30,000	60%	30,000	18,000
合　計	226,000		226,000	214,000

3.計算單位成本

接著，計算直接原料和加工成本的每一種成本要素的約當產量之單位成本，列示於表 6–4。

表 6–4　計算單位成本（加權平均法）——不織布部門

	直接原料	加工成本	合　計
期初在製品成本	\$ 32,220	\$ 8,050	\$ 40,270
本期投入成本	177,250	44,310	221,560
成本總額	\$209,470	\$ 52,360	\$261,830
約當產量（取自表 6–3）	226,000	214,000	
單位成本	\$ 0.93	\$ 0.24	\$ 1.17
	$(\frac{\$209,470}{226,000})$	$(\frac{\$52,360}{214,000})$	(\$0.93 + \$0.24)

4.成本分配

最後一個步驟是將總成本分配給本期完成轉出的產品及期末在製品，計算方式列示於表 6–5。

表 6–5　成本分配（加權平均法）——不織布部門

本期完成轉入次一部門成本	196,000 × \$ 1.17	\$229,320
期末在製品成本:		
直接原料（直接原料約當產量 × 原料單位成本）	30,000 × \$ 0.93	27,900
加工成本(加工成本約當產量 × 加工成本單位成本)	18,000 × \$ 0.24	4,610 *
成本總額		\$261,830

* 調整尾數加上 \$290。

依據表 6–5 的計算，可知不織布部門完成轉入紙巾部門繼續生產之成本為 \$ 229,320，其分錄如下:

在製品——紙巾部門	229,320	
在製品——不織布部門		229,320

將製成品轉入紙巾部門後，8 月底不織布部門在製品存貨帳戶如下:

在製品——不織布部門

8 月初餘額	40,270	8 月底完成轉入紙巾部門	229,320
8 月份原料	177,250		
加工成本	44,310		
8 月底餘額	32,510		

完成上述四個步驟後，即可彙總各步驟計算出來的資料以編製生產報告。表 6–6 即為加權平均法下的生產成本報告。

表 6–6 生產成本報告（加權平均法）——不織布部門

			約當產量	
數量資料	實際單位	加工程度	直接原料	加工成本
期初在製品	35,000	40%		
本期投入	191,000			
合　計	226,000			
本期完成轉入紙巾部門	196,000	100%	196,000	196,000
期末在製品	30,000	60%	30,000	18,000
合　計	226,000			
約當產量合計			226,000	214,000

成本資料	直接原料	加工成本	合　計
期初在製品成本	$ 32,220	$ 8,050	$ 40,270
本期投入成本	177,250	44,310	221,560
成本總額	$209,470	$ 52,360	$261,830
約當產量	226,000	214,000	
單位成本	$ 0.93	$ 0.24	$ 1.17
	$\left(\frac{\$209,470}{226,000}\right)$	$\left(\frac{\$52,360}{214,000}\right)$	($0.93 + $0.24)

成本分配	
本期完成轉入紙巾部門成本：196,000 × $1.17	$229,320
期末在製品成本：	
直接原料：30,000 × $0.93 = $27,900	
加工成本：18,000 × $0.24 = $4,320	32,510 *
成本總額	$261,830

* 調整尾數加上 $290。

6.3.2　先進先出法

為了使讀者瞭解先進先出法，如何應用於生產成本報告編製的程序，繼續以三森產業股份有限公司為例，來討論先進先出法之生產成本報告的編製與計算方式。

1.分析產品的實體流程

實際生產數量不會因採用加權平均法或先進先出法而有所不同，故先進先出法的實體流程與加權平均法的實體流程相同，請參照表 6–2。

2.計算約當產量

在先進先出法下，需將期初在製品存貨所代表的約當產量，從約當產量總數中扣除，得出當期的約當產量。本例中，期初在製品的原料已於前期全部投入，故期初在製品於前期已完成部分是原料的約當產量為 35,000 單位，但加工程度只有 40%，因此加工成本的約當產量為 14,000 (= 35,000 × 40%) 單位。

從表 6–7 可知，先進先出法只計算當期的約當產量，直接原料為 191,000 單位，加工成本為 200,000 單位，與加權平均法不同之處在於扣除期初在製品於前期完成的約當產量。

表 6–7　計算約當產量（先進先出法）——不織布部門

			約當產量	
	實際單位	加工程度	直接原料	加工成本
期初在製品	35,000	40%		
本期投入	191,000			
	226,000			
本期完成轉入次一部門	196,000	100%	196,000	196,000
期末在製品	30,000	60%	30,000	18,000
	226,000		226,000	214,000
減：期初在製品的約當產量			35,000	14,000
當期約當產量			191,000	200,000

3.計算單位成本

在先進先出法下，期初在製品成本和期初在製品的約當產量不包括在單位成本計算中，故計算出的單位成本為當期產品的單位成本。所以單位成本的計算，係以本期投入的成本除以當期約當產量，如表 6–8 所示。

表 6–8 計算單位成本（先進先出法）——不織布部門

	直接原料	加工成本	合 計
期初在製品成本			$ 40,270*
本期投入成本	$177,250	$ 44,310	221,560
成本總額			$261,830
當期約當產量（取自表 6–7）	191,000	200,000	
單位成本	$ 0.93	$ 0.22	$ 1.15
	$(\frac{\$177,250}{191,000})$	$(\frac{\$44,310}{200,000})$	($0.93 + $0.22)

* 此為 7 月份發生的成本，故計算 8 月份的單位成本時，不包括在內。

4.成本分配

成本分配是編製生產成本報告的最後步驟，表 6–9 即為在先進先出法下的成本分配情形。由表 6–9 中可看出，在先進先出法下，完成轉入次部門的產品成本計算較加權平均法複雜。因為在加權平均法下，完成轉入次部門的產品成本，是以移轉單位數直接乘以加權平均後的單位成本；但是在先進先出法中，則是將完成轉入次部門的產品劃分為期初在製品完成部分和本期投入生產且完成部分。

表 6–9 成本分配（先進先出法）——不織布部門

本期完成轉入次部門成本	
1.期初在製品部分：	
(1)期初在製品成本	$ 40,270
(2)完成期初在製品本期投入成本	
（期初在製品單位 × 本期尚需加工程度 × 加工成本單位成本）	
35,000 × (1 − 40%) × $0.22	4,620
	$ 44,890

2. 本期投入生產且完成部分：		
（本期投入生產完成單位數 × 總單位成本）		
(196,000 － 35,000) × $1.15	185,150	$230,040
期末在製品成本：		
直接原料		
（直接原料約當產量 × 原料單位成本）		
30,000 × $0.93	$ 27,900	
加工成本		
（加工成本約當產量 × 加工成本單位成本）		
30,000 × 60% × $0.22	3,960	31,790 *
		$261,830
* 調整尾數減去 $70。		

依據表 6–9 之計算，可知不織布部門完成轉入紙巾部門繼續生產的成本為 $ 230,040，其會計分錄如下：

在製品——紙巾部門	230,040	
在製品——不織布部門		230,040

8 月底不織布部門在製品存貨帳戶如下：

在製品——不織布部門

8 月初餘額	40,270	於 8 月底完工轉入紙巾部門的成本	230,040
8 月份原料	177,250		
加工成本	44,310		
8 月底餘額	31,790		

彙總上述四步驟的資料，即可編製先進先出法下的生產成本報告，詳見表 6–10。

表 6–10　生產成本報告（先進先出法）——不織布部門

數量資料	實際單位	加工程度	約當產量	
			直接原料	加工成本
期初在製品	35,000	40%		

本期投入	191,000			
合　計	226,000			
本期完成轉入次部門	196,000	100%	196,000	196,000
期末在製品	30,000	60%	30,000	18,000
合　計	226,000		226,000	214,000
減：期初在製品的約當產量			35,000	14,000
當期約當產量			191,000	200,000

成本資料	直接原料	加工成本	合　計	
期初在製品成本			$ 40,270	
本期投入成本	$177,250	$ 44,310	221,560	
成本總額			$261,830	
當期約當產量	191,000	200,000		
單位成本	$ 0.93	$ 0.22	$ 1.15	
成本分配				
本期完成轉入紙巾部門				
1. 期初在製品部分				
(1)期初在製品成本		$ 40,270		
(2)期初在製品本期投入成本		4,620	$ 44,890	
2. 本期投入生產且本期完成部分			185,150	$230,040
期末在製品成本：				
直接原料			$ 27,900	
加工成本			3,960	31,790 *
成本總額				$261,830

* 調整尾數減去 $70。

6.4 後續部門增投原料

後續部門投入原料，對產品數量的影響情況，可分為下列兩種：

1.增投原料不增加產出單位

在產品製造過程中，後續部門投入新的原料，可能改變產品的組成成份，但並未增加最終產出的數量。在此情況下，產出量不變，單位成本會提高。例如織布廠在白布織成後，加入漂白水，使顏色潔白，但布的產量不變。

2.增投原料會增加產出單位

係指在製造過程中，後續部門投入新的原料，使產品的組成成份改變，產出量也同時改變。最常見的情形為化學品工廠，將水加到藥劑中稀釋濃度，因此總投入成本和單位成本皆會有所變動。

為使讀者熟悉在上述兩種情況下，該如何編製生產成本報告，在此分別舉例予以說明。同時，為簡單說明起見，下面兩個例子中，皆採用加權平均法來編表。

6.4.1　增投原料不增加產出單位

合理纖維公司有織布和印染兩部門，以製造印花布為主。當織布部門製造完成的布匹，即送到印染部門來加工。合理纖維公司 7 月份印染部門的基本資料列示於表 6–11。

表 6–11　合理纖維公司的基本資料——印染部門

2002 年 7 月份		
生產資料		
期初在製品（原料 100%，加工程度 50%）		82,260 單位
本期前部門轉入		323,240 單位
本期製成品		340,300 單位
期末在製品（原料 100%，加工程度 80%）		65,200 單位
成本資料		
期初在製品：		
前部門轉入成本	$63,865	

本部門投入成本：直接原料	52,300	
加工成本	7,235	$ 123,400
本期投入		
前部門轉入成本（加權平均法）	$1,442,105	
本部門投入成本：直接原料	94,140	
加工成本	25,755	$1,562,000

印染部門增投調色劑，但不會增加該部門的產出單位，僅使總成本與單位成本增加，印染部門按加權平均法編製生產成本報告如表 6–12。

表 6–12　生產成本報告（加權平均法）——印染部門

				約當產量	
數量資料	實際單位	加工程度	前部門成本	直接原料	加工成本
期初在製品	82,260	50%			
本期前部門轉入	323,240				
合　計	405,500				
本期製成品	340,300	100%	340,300	340,300	340,300
期末在製品	65,200	80%	65,200	65,200	52,160
合　計	405,500		405,500	405,500	392,460
成本資料		前部門成本	直接原料	加工成本	合　計
期初在製品成本		$ 63,865	$ 52,300	$ 7,235	$ 123,400
本期投入成本		1,442,105	94,140	25,755	1,562,000
成本總額		$1,505,970	$146,440	$ 32,990	$1,685,400
約當產量		405,500	405,500	392,460	
單位成本		$ 3.71	$ 0.36	$ 0.08	$ 4.15
成本分配					
製成品成本	340,300 × $4.15				$1,412,245
期末在製品成本：					
前部門成本	65,200 × $3.71			241,892	
直接原料	65,200 × $0.36			23,472	
加工成本	52,160 × $0.18			4,173	273,155*
成本總額					$1,685,400

* 調整尾數加上 $3,618。

6.4.2　增投原料增加產出單位

佳美啤酒廠的釀造過程包括四大步驟：粉碎、糖化、煮沸、發酵。先將大麥芽與蓬萊米分別粉碎後加入水，並在適當的溫度下進行糖化，糖化後的混合物經過濾後再加入調味料（即指啤酒花）煮沸即成為麥汁，麥汁經過冷卻和發酵後即為美味可口的啤酒。在釀造過程中，糖化步驟因加入水而使產出增加35,600單位，其詳細資料如表 6–13。

表 6–13　佳美啤酒廠的基本資料——糖化部門

2002 年 7 月份		
生產資料		
期初在製品（原料 100%，加工程度 20%）		40,500 單位
本期前部門轉入		68,320 單位
本期製成品		111,200 單位
期末在製品（原料 100%，加工程度 75%）		33,220 單位
成本資料		
期初在製品：		
前部門轉入成本	$141,750	
本部門投入成本：直接原料	85,050	
加工成本	64,800	$291,600
本期投入：		
前部門轉入成本 (加權平均法)	$245,960	
本部門投入成本：直接原料	158,760	
加工成本	98,280	$503,000

佳美啤酒廠糖化部門的生產成本報告，如表 6–14 所示。此表最大的不同點在於約當產量增加，使得單位成本降低。

表 6–14　生產成本報告（加權平均法）——糖化部門

				約當產量	
數量資料	實際單位	加工程度	前部門成本	直接原料	加工成本
期初在製品	40,500	20%			
本期前部門轉入	68,320				
淨增加單位數	35,600				
合　計	144,420				
本期製成品	111,200	100%	111,200	111,200	111,200
期末在製品	33,220	75%	33,220	33,220	24,915
合　計	144,420		144,420	144,420	136,115
成本資料		前部門成本	直接原料	加工成本	合　計
期初在製品成本		$141,750	$ 85,050	$ 64,800	$291,600
本期投入成本		245,960	158,760	98,280	503,000
成本總額		$387,710	$243,810	$163,080	$794,600
約當產量		144,420	144,420	136,115	
單位成本		$ 2.68	$ 1.69	$ 1.20	$ 5.57
成本分配					
製成品成本	111,200 × $5.57				$619,384
期末在製品成本：					
前部門成本	33,220 × $2.68			$89,030	
直接原料	33,220 × $1.69			56,142	
加工成本	24,915 × $1.2			29,898	175,216 *
成本總額					$794,600

* 調整尾數加上 $146。

6.5　作業成本法

在第 5 章所討論的分批成本制度以及本章所討論的分步成本制度，這兩種成本制度的差異很大，前者適用於每個客戶訂單不同的情況，後者適用於產品

性質類似且量大的生產情況。在實務上，有些廠商的生產方式介於分批成本和分步成本之間，客戶的訂單間有差異性也有相同性存在，這種情況可稱為**混合成本制度** (Hybrid Costing)，為訂單生產和大量生產的綜合體。也就是說，各個訂單的生產方式是部分相同、部分不同，例如兩個訂單所採用的原料不同，但製程完全相同或部分相同， 此時所採用的方法為**作業成本法** (Operation Costing)。例如青青成衣公司有訂單 10 號和訂單 20 號二張訂單，每個訂單的規格分別敘述如下：

	訂單 10 號	訂單 20 號
原　料	棉紗	特多龍
加工程序：		
裁　剪	需要	需要
縫　製	需要	需要
繡　花	需要	不需要

就這兩張訂單而言，所使用的原料不同；加工程度的部分、裁剪、縫製階段都相同，但繡花階段只有訂單 10 號才需要。因此，青青公司可採用作業成本法，就原料使用方面採用分批成本制度來計算單位成本，加工程序中的裁剪和縫製部分，採用分步成本制度來計算單位成本。

作業成本法較常發生於原料使用不同，但製造方式相類似的行業，例如傢俱業的各式傢俱，款式完全相同，但是所採用的原料木材不同，如橡木製的傢俱成本比普通木製的傢俱成本為高，當然售價上也有差異。此外，汽車製造廠商也可採用作業成本法，因客戶對每輛汽車的配備需求不同，例如有的車改裝 CD 音響，但有的車採用一般音響。因為改裝 CD 音響所用的材料不同，且安裝手續也不同，所需的成本也就較高。

本章彙總

分步成本制度適用於連續性大量生產的行業，產品間的差異不大，成本累積是以製造部門為成本標的，每個部門在每段期間皆有一張生產成本報告，用來彙總和計算各個產品的總成本和單位成本。在編製該報告前，要先瞭解產品的實體流程，原料、人工、製造費用投入第一個單位的在製品存貨科目，如果完成後則轉入下一個單位的在製品存貨科目或製成品存貨科目。在計算單位成本之前，要先計算約當產量，作為分母以求出產品單位成本，最後再將總成本分配到製成品和在製品兩部分。

編製生產成本報告的方式有兩種，加權平均法和先進先出法，這兩種方法主要差別在於約當產量和單位成本的計算。在加權平均法下，單位成本的計算是前期成本加上本期成本以求出總成本，再除以包括前期投入在本期完成以及本期投入在本期完成的約當產量。在先進先出法下，只需將本期所投入的總成本除以本期投入且本期完成的約當產量，便可得到產品單位成本。在先進先出法下，比較容易得知當期的成本控制情況，亦有助於績效的衡量。

在生產過程中，原料除了在生產線起點投入外，有時在以後的部門也會陸續投入，這些後續部門的增投原料，是否會增加產出量，將會影響單位成本的計算。如果不會增加產出量，則單位成本會增加；如果會增加產出量，則單位成本的變動要依各情況而定。

除了分批成本制度和分步成本制度外，實務上還有一種介於這兩個制度之間的混合成本制度，稱之為作業成本法。尤其在訂單間差異在於所使用原料的不同，製造過程類似的情況下，公司即可採用作業成本法，亦即以分批成本方式來計算原料成本，以分步成本方式來計算加工成本。

名詞解釋

・生產成本報告 (Cost of Production Report)

用來彙總和分析各個製造部門的總成本和各項投入要素的單位成本，再把總成本分配到製成品和在製品兩部分的成本報告。

・約當產量 (Equivalent Unit)

在總產量計算方面，包括製成品數量加上在製品存貨折算成製成品數量的部分。

・先進先出法 (First in First out Method)

以本期所發生的成本除以在本期投入且本期完成的數量， 以求得單位成本。

- 混合成本制度 (Hybrid Costing)

  製程中的成本計算，一部分採用分批成本制度，一部分採用分步成本制度，兩者皆用於適當的地方。

- 作業成本法 (Operation Costing)

  為混合成本制度的一種，適用於使用原料不同，但製程類似的訂單生產方式；在此方法下，單位原料成本不同，但單位加工成本相同。

- 加權平均法 (Weighted Average Method)

  以總成本除以總數量，以求得單位成本。

附錄 6.1　加權平均法的應用——紙巾部門

三森公司的不織布部門生產熱風不織布、紙纖不織布、熱壓不織布等產品，該公司的產品均已廣泛被運用在衛生用品和醫療用品上。所以部分不織布予以外售，部分不織布轉至三森的紙巾部門作為柔濕巾材料的一部分。在此，繼續以紙巾部門為例，說明加權平均法的應用，表 6–15 列示紙巾部門在 2002 年 9 月份的生產數量及成本資料。

表 6–15　三森產業股份有限公司生產基本資料——紙巾部門

生產數量資料（單位：打）		
期初在製品（原料 100%，加工程度 50%）		11,164 單位
本期投入生產		58,636 單位
本期完工轉入倉庫		57,800 單位
期末在製品（原料 100%，加工程度 50%）		12,000 單位
成本資料		
期初在製品：		
直接原料	$ 97,000	
加工成本	23,000	$120,000
本期投入：		
直接原料	$520,000	
加工成本	125,000	$645,000

由表 6–15 得知 9 月份投入成本，其分錄如下：

在製品——紙巾部門	645,000	
原料存貨		520,000
貸項科目		125,000

1.分析產品的實體流程（詳見表 6–16）

表 6–16　分析產品的實體流程——紙巾部門

數　量　表	實際單位
期初在製品（加工程度 50%）	11,164
本期投入	58,636
合　計	69,800
本期完成轉入次部門	57,800
期末在製品（加工程度 50%）	12,000
合　計	69,800

2.計算約當產量（詳見表 6–17）

表 6–17　計算約當產量（加權平均法）——紙巾部門

			約當產量	
	實際單位	加工程度	直接原料	加工成本
期初在製品	11,164	50%		
本期投入	58,636			
合　計	69,800			
本期完成轉入倉庫	57,800	100%	57,800	57,800
期末在製品	12,000	50%	12,000	6,000
合　計	69,800		69,800	63,800

3.計算單位成本（詳見表 6–18）

表 6–18　計算單位成本（加權平均法）——紙巾部門

	直接原料	加工成本	合　計
期初在製品成本	$ 97,000	$ 23,000	$120,000
本期投入成本	520,000	125,000	645,000
成本總額	$617,000	$148,000	$765,000
約當產量（取自表 6–17）	69,800	63,800	
單位成本	$ 8.84	$ 2.32	$ 11.16

4.成本分配（詳見表 6–19）

表 6–19　成本分配（加權平均法）——紙巾部門

本期完成轉入倉庫	57,800 × $11.16	$645,048
期末在製品成本：		
直接原料	12,000 × $ 8.84	106,080
加工成本	6,000 × $ 2.32	13,872 *
成本總額		$765,000
* 調整尾數減去 $48。		

依據表 6–19 的計算，可知紙巾部門完成轉入倉庫的成本為 $ 645,048，其分錄如下：

製成品——紙巾部門	645,048	
在製品——紙巾部門		645,048

9 月份紙巾部門在製品存貨帳戶如下：

在製品——紙巾部門

9 月初餘額	120,000	於 9 月底完成轉入倉庫	645,048
9 月份原料	520,000		
加工成本	125,000		
9 月底餘額	119,952		

彙總上述四個步驟，即可編製生產報告，表 6–20 為加權平均法下的生產成本報告。

表 6–20　生產成本報告（加權平均法）——紙巾部門

			約當產量	
數量資料	實際單位	加工程度	直接原料	加工成本
期初在製品	11,164	50%		
本期投入	58,636			
合　計	69,800			
本期完成轉入倉庫	57,800	100%	57,800	57,800
期末在製品	12,000	50%	12,000	6,000

合　計	69,800			
約當產量合計			69,800	63,800
成本資料		直接原料	加工成本	合　計
期初在製品成本		$ 97,000	$ 23,000	$120,000
本期投入成本		520,000	125,000	645,000
成本總額		$617,000	$148,000	$765,000
約當產量		69,800	63,800	
單位成本		$ 8.84	$ 2.32	$ 11.16
成本分配				
本期完成轉入倉庫	57,800 × $11.16			$645,048
期末在製品成本：				
直接原料	12,000 × $8.84			106,080
加工成本	6,000 × $2.32			13,872 *
成本總額				$765,000

* 調整尾數減去 $48。

作業

一、選擇題

大東公司採用分步成本法，公司所有直接原料皆在一開始即投入生產，而加工成本則按比例投入，有關的產量資料如下：

	單　位
11 月初在製品（已完成 60% 加工）	2,000
11 月開始單位數	7,000
總單位數	9,000
完成並已從期初存貨移轉出去	2,000
在 11 月間開始並完成	4,000
11 月底在製品（已完成 20% 加工）	3,000
總單位數	9,000

由上列基本資料，請回答 6.1 至 6.4 題。

(　) 6.1 使用先進先出法時，11 月份直接原料的約當產量為 (A) 7,000 (B) 8,000 (C) 6,000 (D) 5,000。

(　) 6.2 使用先進先出法時，11 月份加工成本的約當產量為 (A) 6,400 (B) 5,400 (C) 4,400 (D) 3,400。

(　) 6.3 使用加權平均法時，11 月份加工成本的約當產量為 (A) 3,600 (B) 4,600 (C) 5,600 (D) 6,600。

(　) 6.4 使用加權平均法時，11 月份直接原料的約當產量為 (A) 6,000 (B) 7,000 (C) 8,000 (D) 9,000。

(　) 6.5 尚峰公司的製造情形如下：

期初在製品	11,000
開始單位	190,000
完成單位	182,000
期末在製品	19,000

期初在製品已完成60%，而期末在製品則完工70%，試問利用先進先出法時，則加工成本的約當產量為何？ (A) 198,700 (B) 188,700 (C) 178,700 (D) 168,700。

(　) 6.6 何種產業最有可能使用分步成本法？ (A)建築業 (B)電信業 (C)出版業 (D)汽車修理業。

(　) 6.7 假設一產品須經過A、B兩部門的製造，在B部門製程中完成60%時，才加入原料P。假若目前B部門的期末在製品已完成50%時，此時是否應將這些期末在製品存貨列入約當產量的計算？

	加工成本	原料P
(A)	是	否
(B)	否	是
(C)	否	否
(D)	是	是

(　) 6.8 在分步成本法中，工廠製造費用分攤數的增加不會增加下列哪一個科目？ (A)銷貨成本 (B)在製品 (C)製造費用統制帳 (D)製成品。

(　) 6.9 眾慶公司使用先進先出法來衡量存貨成本，而且所有的原料在生產一開始即投入。以下為眾慶公司在2003年1月份的相關資料：

	單　位
在製品，2003年1月初(已完成40%的加工)	1,500
1月開始	2,000
1月時移轉至部門II	3,100
在製品，2003年1月底(已完成25%的加工)	400

試問2003年1月份部門I的約當產量為何？

	原料成本	加工成本
(A)	2,500	2,500
(B)	2,500	2,600
(C)	2,000	2,500

(D)	2,000	2,600

(　) 6.10 利華公司生產程序的第一階段發生在部門 A。該部門 2003 年 1 月份的相關資料如下:

	原物料	加工
在製品（期初）	$16,000	$12,000
當期成本	80,000	64,000
總成本	$96,000	$76,000
使用加權平均法的約當產量	200,000	190,000
平均單位成本	$ 0.48	$ 0.40
完成品		180,000 單位
在製品（期末）		20,000 單位

原物料一開始就已投入，生產程序結束時，在製品已投入 50% 的加工成本。 請使用加權平均法將總成本分配至期末製成品和在製品。

	製成品	在製品
(A)	$158,400	$13,600
(B)	$158,400	$17,600
(C)	$172,000	$ 0
(D)	$176,000	$13,600

二、問答題

6.11 試列出分步成本制度下，產品成本的計算步驟。

6.12 何謂約當產量?

6.13 請列示生產成本報告的編製步驟。

6.14 生產成本報告的編製方式有哪兩種? 計算約當產量的公式為何?

6.15 加權平均法與先進先出法，在計算單位成本時有何不同?

6.16 加權平均法與先進先出法在成本分配時有何不同?

6.17 說明後續部門增投原料，增加產出單位及不增加產出單位，對於製造過程的生產單位與成本有何影響？

6.18 何謂作業成本法？

三、練習題

6.19 永泉公司為一飲料製造商，採分步成本法計算產品成本，所有的直接原料在生產一開始即全部投入，而加工成本則平均發生於整個生產過程。該公司 9 月份的生產數量如下：

期初在製品（直接人工 60%，製造費用 30%）	4,000
本期投入生產單位數	20,000
總　計	24,000
本期投入生產且完成部分	12,000
期初在製品本期完成轉入次部門	4,000
期末在製品（直接人工 40%，製造費用 20%）	8,000
總　計	24,000

試求：1. 使用加權平均法，計算直接原料成本的約當產量。
2. 使用加權平均法，計算直接人工成本的約當產量。
3. 使用加權平均法，計算製造費用的約當產量。

6.20 （續上題）

試求：使用先進先出法，計算直接原料成本、直接人工成本、製造費用的約當產量。

6.21 以下為莊敬公司 5 月份的相關資料：

	實際單位數
本期投入量	37,500
本期完工產出量	33,750
期初在製品存貨（直接原料 80%，加工成本 30%）	11,250
期末在製品存貨（直接原料 30%，加工成本 80%）	15,000

試求：先進先出法下，直接原料成本和加工成本的約當產量。

6.22 潔柔公司為一紙巾製造商，紙巾的製造過程需經過三部門，紙漿部門、成型部門及包裝部門，最後包裝部門的約當產量及成本列示如下：

	前部轉入	直接原料	加工成本
期初在製品	0	18,000	3,600
本期投入生產且完成部分	90,000	90,000	90,000
期末在製品	13,500	13,500	8,100
約當產量	103,500	121,500	101,700
單位成本	$2.5	$0.15	$0.6

試求：1. 計算下列各項當期成本：

(1)前部轉入成本。

(2)直接原料成本。

(3)加工成本。

2. 假設期初在製品存貨成本為 $50,400，則製成品成本為若干？

6.23 利通公司為一製造輪胎的新公司，採用加權平均法，其所有的直接原料皆於生產一開始時即投入，加工成本則平均發生於整個製程中。該公司於 2002 年 9 月 1 日開始營運，9 月份生產完成且轉至次部門共有 600,000 單位，9 月 30 日在製品有 120,000 單位，完工程度為 85%，9 月份耗用的直接原料成本為 $2,880,000，加工成本為 $687,960。

試求：1. 9 月份直接原料和加工成本的約當產量及單位成本。

2. 9 月份完成並轉至次部門的成本及期末在製品的成本。

6.24 幸福公司 6 月份的生產資料如下：

生產：

	單位
在製品，6/1（原料已全數計入，人工與製造費用完成 1/4）	15,400
6 月開始製造	119,000

已完成並移轉至下部門	129,900
在製品，6/30（原料已全數投入，人工與製造費用完成 2/5）	4,500

成本：

在製品，6/1：		
原　料	$8,512	
人工與製造費用	844	$　9,356
本月投入原料		72,692
人工與製造費用		61,044
總成本		$143,092

試求：1. 使用加權平均成本法計算下列各項：

(1)原料的約當產量。

(2)原料的單位成本。

(3)人工與製造費用的約當產量。

(4)人工與製造費用的單位成本。

(5)移轉至下一部門的總成本。

(6) 6 月 30 日時在製品的成本。

2. 以先進先出法重新計算以上 6 項。

6.25 達新公司的部門 A 完成了 75,000 單位的生產並已移轉至製成品，其中有 25,000 單位在期初處於在製的階段，在本期開始時，已完成 1/3 的人工與製造費用的投入， 其他 50,000 單位則是本期投入並完成的。 期末則有 23,000單位，已投入 3/5 的人工與製造費用。該公司採用的成本方法為先進先出法。

試求：根據下列的假設計算原料成本的約當產量。

1. 原料一開始即投入。

2. 原料的投入均勻分散於本期。

3. 有一半的原料是在一開始即投入， 而另一半則當完成 3/4 時才投入。

6.26 會計人員不小心將已編好的生產成本報告單丟進碎紙機中銷毀。但是可從帳冊中發現以下的資料:

	原　料	加　工
單位成本	$4.2	$5.05
約當產量	4,200	3,900

本月底期末存貨資料中，顯示 1,200 單位已經完全投入原料，而且已完成 3/4 的加工成本。此外，上月期末存貨的原料成本為 $1,120，而加工成本為 $760。

試求：採用加權平均成本法計算生產成本報告中的成本資料。

6.27 以下為臺機公司部門 A 在 5 月份的資料:

期初存貨（1,500 單位）:	
原料成本（完工 10%）	$　550
加工成本（完工 80%）	$1,900
移轉到下一個部門的單位	8,000

期末存貨包括 600 單位，已投入 30% 的原料與 40% 的加工成本。因該公司更換供應商，使得原料的單位成本較前期降低 $0.20，然而加工成本卻增加 $0.40。

試求：使用先進先出成本法編製 5 月份的生產成本報告。

四、進階題

6.28 大信公司採用加權平均法，以下為該公司部門 B 在 11 月份的生產成本資料:

期初存貨(1,200 單位,3/4 原料,5/6 人工,4/5 製造費用):	
前部門轉入之成本	$6,600
部門 B 原料成本	3,000
部門 B 人工成本	5,000

部門 B 製造費用	4,800
當期成本：	
前部門轉入之成本（600 單位）	$1,467
原料成本	3,277
人工成本	6,913
製造費用	5,623
期末存貨（400 單位，1/5 原料，1/8 人工，1/4 製造費用）	

試求：編製部門 B 的 11 月份生產成本報告。

6.29 以下為大眾公司部門 A 的生產成本資料，需注意的是每單位產品需要 2 加侖的原料。

期初存貨（5,000 單位）：	
直接原料成本（10,000 加侖）	$10,000
加工成本（完成 30%）	4,000
當期成本：	
直接原料成本（64,000 加侖）	67,700
加工成本	99,800
期末存貨（4,000 單位）：	
直接原料成本（8,000 加侖）	
加工成本（完成 40%）	

試求：
1. 計算轉入部門 B 的單位數。
2. 使用加權平均成本法，計算原料與加工成本約當產量之單位成本。
3. 計算轉入部門 B 的成本。
4. 計算期末存貨的價值。
5. 證明 3. 與 4. 答案是否正確。
6. 使用先進先出法，計算原料與加工成本約當產量之單位成本。
7. 使用先進先出法，計算轉入部門 B 的成本。
8. 使用先進先出法，求算期末存貨的價值。

6.30 大千公司目前採用先進先出法，本月份有 27,850 單位轉入次部門，期末存貨包括 3,000 單位，2/3 部分完成原料投入，3/4 部分完成加工，其他資料如下：

期初存貨（5,000 單位，1/4 完成）：	
原料成本	$3,750
加工成本	3,500
當期成本：	
原料成本	90,090
加工成本	80,780
總成本	$178,120

試求：請用先進先出成本法，計算轉出去產品的成本與期末存貨的價值。

6.31 威斯公司為製造酒的公司，其生產過程有三步驟：調配、混合、裝瓶。在 4 至 6 月間混合部門從前一部門收到 40,000 加侖的液體（轉入成本$19,200）再加入糖，並且攪拌混合物 20 分鐘，然後將混合物移至裝瓶部門。

在 4 月一開始，混合部門即有 8,000 加侖的在製品，且已完成 75% 加工的期初存貨，其相關成本如下：

轉入成本	$3,800
糖	536
加工成本	1,200

混合部門在 4 至 6 月中所增加的成本如下：

糖	$2,800
加工成本	6,080

期末存貨有 7,000 加侖，而且已完成 20% 的加工成本。

試求：以先進先出法編製生產成本報告。

6.32 （續上題）

試求：以加權平均法編製混合部門的生產成本報告。

6.33 亞喬公司使用分步成本制度，該公司的生產程序分兩部門：成型及裝配。在成型部門，原物料於開始便已投入；但在裝配部門，原物料在生產程序快結束時才加入。兩部門的加工成本，在生產程序中均衡地增加。當工作完成後，產品再轉出。以下是亞喬公司 2 月份的生產活動及成本彙總資料：

	成　型	裝　配
期初存貨：		
產品單位	20,000	16,000
成本：		
轉　入	–	$ 90,400
直接原物料成本	$ 44,000	–
加工成本	$ 27,600	$ 33,600
本期生產：		
開始生產的單位	50,000	?
成品轉出單位	60,000	70,000
成本：		
轉　入	–	?
直接原物料成本	$112,500	$ 79,100
加工成本	$207,000	$273,000
完成百分比：		
期初存貨	40	50
期末存貨	80	50

試求：1. 使用加權平均法，計算成型部門的下列問題：

(1)產品單位表。

(2)計算約當產量。

(3)計算單位成本。

(4)期末在製品的成本和轉出產品的成本。

2. 作成型部門的各項分錄。

3. 使用加權平均法，計算裝配部門的四項問題（如同成型部門）。

4. 作裝配部門的各項分錄。

6.34 採用 6.33 的資料，以先進先出法來重複 6.33 的各項問題。

6.35 福斯公司銷售單一型的豪華遊艇，其製造過程分為兩部門：製造和噴漆。關於福斯公司 8 月份營運的詳細資料如下：

	製 造	噴 漆
期初存貨單位：		
製造（100% 原料，40% 人工，80% 製造費用）	2,000	
噴漆（40% 原料，20% 人工，20% 製造費用）		3,000
8 月製造部門開始生產的單位	6,000	
製造部門轉入噴漆部門的單位	5,500	5,500
8 月噴漆部門完成的單位		6,500
期末存貨單位：		
製造（100% 原料，80% 人工，90% 製造費用）	2,500	
噴漆（100% 原料，60% 人工，60% 製造費用）		2,000

	製 造	噴 漆
期初存貨成本：		
前部門轉入成本	–	$370,000
原料成本	$146,400	1,150
人工成本	9,500	8,000
製造費用	59,000	12,600
本期所增加的成本：		
原料成本	450,000	14,600
人工成本	80,400	99,400
製造費用	233,700	149,100

試求：1. 假設福斯公司使用先進先出成本法，請編製 8 月份福斯公司製造及噴漆部門的生產成本報告。

2. 以分錄表示製造部門在 8 月份所增加的成本，及從製造部門移轉至噴漆部門的單位數，以及噴漆部門轉入製成品存貨。

6.36 和泰公司有兩部門，其 2002 年 9 月份的資料如下：

	部門 A	部門 B
期初存貨：	50 單位（100% 原料，1/4 加工成本）	150 單位（100% 原料，2/5 加工成本）
前部門的成本	$ 0	$4,314
原料成本	674	1,728
人工成本	84	6,466
製造費用	94	1,040
當期成本：		
前部門的成本	0	7,262
原料成本	3,850	2,800
人工成本	1,380	3,782
製造費用	2,990	6,466
轉出的單位	250 單位	260 單位
期末存貨	75 單位（100% 原料，2/3 加工）	140 單位（100% 原料，3/4 加工）

試求：1. 使用先進先出法編製生產成本報告，其中包括：

(1)部門 A 的加工成本約當產量。

(2)從部門 A 轉至部門 B 的成本。

(3)部門 B 的前一部門成功的約當產量。

(4)部門 B 的原料成本約當產量。

(5)部門 B 期末存貨的價值。

(6)從部門 B 移轉出去的成本。

2. 使用加權平均法編製生產成本報告，其中包括上述 6 項。

6.37 嘉義公司需經過第一部門及第二部門製造一種產品，該公司採用分步成本法及先進先出法來累積產品成本，10 月份的相關資料如下：

1. 數量資料：

	第一部門	第二部門
期初在製品存貨單位數:		
第一部門(90% 直接原料,60% 直接人工及 30% 製造費用)	600	
第二部門(50% 直接原料,20% 直接人工及 20% 製造費用)		1,000
本期投入生產單位數或轉入單位數	3,000	6,200 *
(* 本期至第一部門轉入 3,100 單位,隨即加入等量的水,使轉入單位數變成 6,200 單位,不必考慮水的成本)		
本期完工單位數:	3,100	6,400
期末在製品存貨單位數:		
第一部門(60% 直接原料,40% 直接人工及 20% 製造費用)	500	
第二部門(100% 直接原料,60% 直接人工及 60% 製造費用)		800

2. 成本資料:

	期初在製品存貨成本		當期投入成本	
	第一部門	第二部門	第一部門	第二部門
第一部門轉入成本		$3,558		
直接原料	$1,900	190	$12,012	$2,814
直接女工	480	100	2,940	4,008
製造費用	484	150	6,040	5,344

試求: 利用上述資料回答下列子題。

1. 計算 10 月份第一部門的期末在製品存貨成本。
2. 計算 10 月份第一部門的製成品成本。
3. 計算 10 月份第二部門的期末在製品存貨成本。
4. 計算 10 月份第二部門的製成品成本。

第 7 章

聯副產品成本

學習目標

- 分析聯合生產過程的特性
- 明瞭聯產品的成本計算
- 熟悉副產品的成本計算

前 言

在第 6 章曾討論過分步成本法，大部分發生於連續性的生產方式，如前章所提及的濕紙巾產品製造公司，在一條生產線上，投入不織布及相關原料即製成濕紙巾單一產品。除此之外，有些生產過程從同一原料投入，經過相同的生產過程時會同時製造出多種產品，即所謂的聯產品或副產品。一旦發生此種情況，會計人員就要採用各種客觀方法將聯合成本分配到各種產品上，以計算出各產品的單位成本。本章重點在於說明如何將聯合成本分配到聯產品和副產品的計算過程，以及其相關的會計處理。

7.1 聯合生產過程的特性

從原料的投入到**分離點** (Split-off Point) 的生產過程，同時製造出多種產品，依各種產品的價值，可區分為**聯產品** (Joint Product) 和**副產品** (By-product)。所謂分離點，係指各種產品的製程和成本在此時點可明確地分離處理，亦即在分離點之前，所有產品的製程是相同的；在分離點之後，每一種產品皆可單獨分開，可立即出售或進一步加工後再出售。

聯產品也可稱為**主產品** (Main Product)，係指在同一個製程中，該類產品的產出價值相對地比其他產品的產出價值為高，其所帶來的收益也較高。當主產品有兩種或兩種以上，則稱為聯產品，如沙拉油的製程中，黃豆經過壓榨過程所產生的黃豆原油與豆片。副產品則為同一製程中，該產品的產出價值與主產品比較起來，相對地價值較少，其所帶來的收益較低者。

大成長城企業股份有限公司（http://www.dachan.com）

從事油脂與麵粉生產起家的大成長城集團，是臺灣大型食品企業集團之一。歷經四十多年的經營，目前擁有海內外 20 餘個營運據點，整個集團分為 7 個事業群：基本農畜事

業群、亞洲營業事業群、東北亞農畜事業群、水產事業群、麵粉事業群、餐飲服務事業群、數碼價值事業群等。大成長城自 1989 年於亞洲金融中心的香港設立國際事業總部後，便將營運範圍擴展到東南亞與中國大陸。 目前在新加坡和馬來西亞皆有特殊飼料和貿易業務，在印尼則有水產飼料和冷凍食品業務。同時，在中國大陸的沿海各主要城市，也陸續成立肉雞電宰、麵粉與飼料生產據點，並跨足至速食餐飲業。

原名「大成油脂公司」的大成長城創立於 1960 年，產製各種食用油、黃豆油、豆餅等產品，其營業宗旨為「以更好的營養，維護大家的健康」。在 1966 年，更名為「大成農工企業公司」，增建永康一廠，生產各種完全配合飼料。在 1969 年，增建永康二廠，生產大成沙拉油，深獲社會大眾的讚譽。直到 1973 年與長城麵粉公司合併，正式更名為「大成長城企業股份有限公司」，產品以油脂和飼料為主，佔全部營業額的百分之九十五以上，其餘產品為飲料產品。

經過四十多年來的努力，大成集團從一家農產加工廠擴展至今，在臺灣已擁有六座完全飼料廠（永康一、二廠、彰化廠、雲林廠、官田廠、屏東廠）、兩座肉雞電宰廠（大園廠、柳營廠）、一座雞肉加工廠（永康）。基本農畜事業群在這幾年從種雞飼養、孵化、契約飼養、飼料營養配方及飼養指導、肉雞電宰銷售及加工、已成功完成「家禽垂直整合經營」，並將成功經驗積極拓展到亞太地區集團相關企業。

在油脂產品的生產過程中，黃豆是油脂和飼料的主要原料，經過提油和精油兩階段的過程，油脂部分的主要產品為大成一級油和大成沙拉油；飼料部分的主要產品為大成牌豆粉。

由於油脂與飼料皆為大成長城公司的主要產品，所以可將黃豆原油和含溶劑豆片視為聯產品。在整個製造流程中，從黃豆原料到黃豆原油和含溶劑豆片聯產品的過程中所發生的所有成本，包括黃豆原料成本以及加工過程所投入的成本，稱之為聯合成本。為了要正確的計算產品成本，大成長城公司的會計部門，需要採用客觀合理的方法將聯合成本分配到各項產品上，以便於正確地計算出各項產品的成本。

有些產品的製造過程，在生產線始點投入相同的原料，但製程完全不同，如圖 7–1 所示，木材在生產線始點投入，經過加工過程㈠即完成桌子產品，經過加工過程㈡即成為椅子產品，即所謂相同原料投入不同產出的製程。在此情況下，當原料投入量增加，兩種產品的產出量比例不一定相同，但這兩者之間的關係是互斥的，亦即桌子數量多，則椅子數量會少，反之亦然。

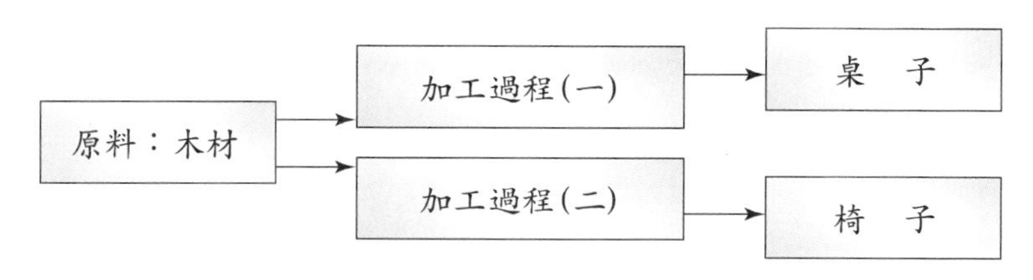

圖 7–1 相同投入不同產出的製程

至於圖 7–2 的聯合生產過程，與圖 7–1 的主要不同在於兩產品的原料與製程皆相同，如圖 7–2 上可可豆入生產線，經過壓榨程序，在分離點可得可可油脂與可可粉末。在此情形下，只要原料投入量增加，兩種產品的產出量同時會增加，不會產生互斥的現象。大成長城公司的油脂和飼料聯產品，即由原料黃豆所製造而成。

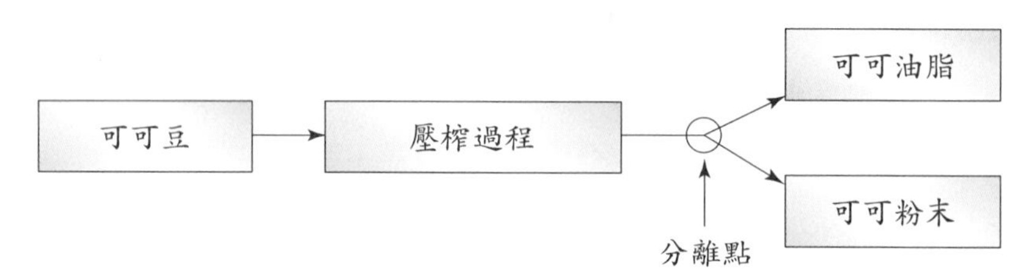

圖 7–2 聯合生產過程

聯合生產過程中，在分離點之前所投入的原料成本和加工成本總和稱之為**聯合成本 (Joint Cost)**，如圖 7–2 中的可可豆原料成本和壓榨過程加工成本，無法直接歸屬到兩種產品上，必須藉著客觀基礎來進行分攤，因此聯合成本的性質可說是間接成本。至於分攤基礎的選擇，則要考慮到聯合成本與聯產品間的因果關係。

聯產品和副產品的區別，主要在於產品間的相對銷售價值不同，聯產品的價值高，佔銷貨收入的比重亦相當高；但副產品則為相對價值低的附帶產品，佔銷貨收入的比重亦較低。在生產過程中，副產品可能於製造起點即發生，也可能是發生於製造過程中。對於副產品的處理，有時副產品毫無價值，只能當廢料處理；有時在分離點即可出售，有時在分離點之後還需加工才能出售。由於副產品的價值較低，通常不分攤聯合成本，只需承擔分離點後的成本和銷管費用即可，所以副產品的淨收入可作為聯產品成本的減項或銷貨收入的加項。

在圖 7–3 的過程中，分離點以前所支出的成本稱為聯合成本，亦即可可豆的原料成本以及壓榨過程所發生的成本總和。至於分離點以後所發生的成本，可明確地辨認為屬於何種產品者，稱之為**分離成本** (Separable Cost) 或個別成本，如圖 7–3 上由可可粉末製造成即溶可可粉，再加工為三合一可可粉隨身包所發生的所有成本。由於可將分離成本直接歸屬到各種產品上，因此沒有成本分配的問題。

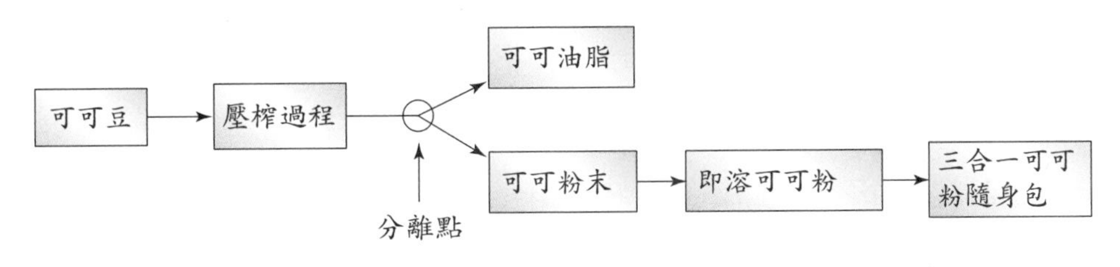

圖 7–3　分離點後的加工處理過程

在實務上，每一種產品是否要繼續加工，成為另一種管理者需考慮的產品決策，需要作成本與效益分析後才能決定此決策。例如，將可可粉末加工為即溶可可粉，可提高產品售價，此時所產生的附加價值會高於所需投入的分離成本，如此才算是一項正確的決策。因此產品是否要再繼續加工處理，須視該加工後所帶來的產品效益是否大於所需投入的成本而定。並不是所有的產品加工後才出售都是有利的，管理者需事前作好評估，才能訂定出最合理的決策。

7.2　聯產品的成本計算

聯產品的定義為在同一個製程中，同時產生多種產品，各種產品之間的相對價值差異不大。在分離點時，各項產品可以出售或繼續加工後再出售，在分離點之前所發生的成本，稱之為聯合成本。為了要正確地計算產品成本，可採用下列五種方法來分攤聯合成本。

⑴相對市價法

⒜分離點時已知各產品市價

⒝分離點時未知各產品市價

⑵淨銷售價值減正常利潤法

⑶數量法

⑷單位成本法

⑸加權平均法

除了上述五種分攤聯合成本的方法外，在實務上也有些公司將聯合成本視為**共同成本 (Common Cost)**，只當作一個成本總數，不分配到各項產品上。為使讀者瞭解如何使用方法來分攤聯合成本，本章以山海公司的例子來說明各種方法的計算過程，使讀者能清楚地學習各個步驟。

山海公司係一食品製造公司，其中的一條生產線用來製造沙拉油和豆粉，其生產程序為將黃豆原料自倉庫中提取並自動過磅後，經由篩選機、壓片機、調理機、碎豆機及提油機的過程後，產生黃豆原油及含溶劑豆片，其中黃豆原油經由再製造之後，可產生沙拉油，含溶劑豆片經由再製造的過程後，可產生豆粉，如圖 7-4 的黃豆提油製程，若以產生黃豆原油及含溶劑豆片的生產點為聯產品的分離點，詳細資料列在表 7-1。

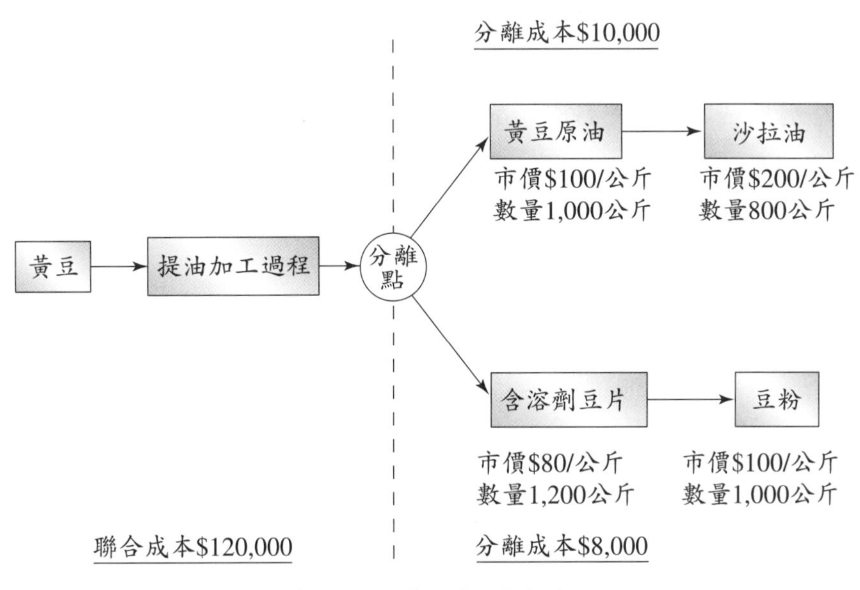

圖 7–4　黃豆提油製程

表 7–1　山海公司基本資料

聯合成本:		市價:	
直接原料	$60,000	黃豆原油	$100 / 公斤
直接人工	20,000	含溶劑豆片	$80 / 公斤
製造費用	40,000	沙拉油	$200 / 公斤
分離點後成本:		豆　粉	$100 / 公斤
屬於黃豆原油	$10,000		
屬於含溶濟豆片	8,000	本期生產量:	
		黃豆原油	1,000 公斤
		含溶劑豆片	1,200 公斤
		沙拉油	800 公斤
		豆　粉	1,000 公斤

* 假設產量與銷量完全配合。

1. 相對市價法

理論上，成本與售價是呈正比的關係，所以售價愈高的產品宜分攤較高的成本，相對市價法即以各種產品的銷售額佔總銷售額的比例為分攤基礎，是針對在分離點已知相對市價的情況下進行的計算方式，其計算方法較為簡單，以分離點時各種產品市價佔總市價的比例來分攤聯合成本。另一方面，如果聯產品在分離點時無法出售，需要進一步加工才能出售時，則要採用各產品最後的市價減去分離成本所得的各聯產品的虛擬市價，作為分攤聯合成本的基礎。

⑴分離點時已知相對市價：假設在分離點時知道當時產品的市價，以分離點時之相對市價比例分攤聯合成本，則其單位成本計算將如下所示：

聯產品	單位市價	數　量	總市價	比　例	聯合成本
黃豆原油	$100	1,000	$100,000	51%	$ 61,200
含溶劑豆片	80	1,200	96,000	49%	58,800
			$196,000	100%	$120,000

最終產品	(聯合成本分攤＋分離成本)/數量	=	總成本/數量	=	單位成本
沙拉油	($61,200 + $10,000) / 800	=	$71,200/800	=	$89
豆　粉	($58,800 + $ 8,000) / 1,000	=	$66,800/1,000	=	$66.8

由上述計算可知，將聯合成本 $120,000 分配至聯產品，其中黃豆原油部分為 $61,200，含溶劑豆片部分為 $58,800。在此計算方法下，最終產品的沙拉油每公斤成本為 $89，豆粉每公斤成本為 $66.8。在此為說明簡單起見，假設生產量會等於銷售量的情形。

⑵分離點時未知相對市價：若在分離點時並不知道當時之市價，則可以將最後的市價扣除分離點後個別的加工成本，以推算出在分離點當時的假定市價，用以分攤聯合成本。

聯產品	最終產品	單位市價	數　量	總市價	分離成本	假定市價	比　例	聯合成本
黃豆原油	沙拉油	$200	800	$160,000	$10,000	$150,000	62%	$ 74,400
含溶劑豆片	豆　粉	100	1,000	100,000	8,000	92,000	38%	45,600
						$242,000		$120,000

最終產品	(聯合成本分攤＋分離成本)/數量	=	總成本/數量	=	單位成本
沙拉油	($74,400 + $10,000) / 800	=	$84,400/800	=	$105.5
豆　粉	($45,600 + $ 8,000) / 1,000	=	$53,600/1,000	=	$53.6

從上列的計算，得知黃豆原油需分攤聯合成本 $74,400，含溶劑豆片分攤聯合成本 $45,600。在此情況下，最終產品沙拉油每公斤 $105.5、豆粉每公斤 $53.6。除此種分攤方式外，有些公司會採用最終產品的合計毛利率，來反推各種產品所應分攤的聯合成本，亦即下個方法的計算過程。

2. 淨銷售價值減正常利潤法

首先，計算各項產品的個別毛利率，再計算合計毛利率，其過程如下：

	沙拉油	豆　粉	合　計
銷貨單位	800	1,000	1,800
銷貨金額	$160,000	$100,000	$260,000
銷貨成本			
聯合成本：	$ 74,700	$ 45,600	$120,000
分離成本	10,000	8,000	18,000
總成本	$ 84,400	$ 53,600	$138,000
銷貨毛利	$ 75,600	$ 46,400	$122,000
毛利率	47.25%	46.4%	46.9%

若以合計毛利率為準，反推各產品針對聯合成本所應分攤的金額，其計算方式如下：

	沙拉油	豆　粉
銷貨收入	$160,000	$100,000
銷貨毛利 (46.9%)	(75,040)	(46,900)
銷貨成本	$ 84,960	$ 53,100
分離成本	(10,000)	(8,000)
聯合成本的分配	$ 74,960	$ 45,100

由上述計算過程得知，如果採用合計毛利率為準，來反推各產品對聯合成本應分攤的金額，沙拉油產品應分攤聯合成本 $74,960，豆粉應分攤聯合成本 $45,100。在此情況下，兩種最終產品的毛利率皆為 46.9%。

3. 數量法

此法的重點在於以聯產品的數量為分攤基礎，衡量數量的單位可為個數、重量、尺寸、體積、面積等，一旦決定聯產品的衡量單位，就需持續地使用下去。在山海公司的例子中，是以公斤為衡量單位，黃豆原油的生產量為 1,000 公斤，含溶劑豆片的生產量為 1,200 公斤，聯合成本的分攤方式如下：

聯產品	數　量	比　例*	聯合成本
黃豆原油	1,000	45.45%	$ 54,540
含溶劑豆片	1,200	54.55%	65,460
	2,200	100.00%	$120,000

* 為計算簡單起見，小數點以下二位四捨五入。

在數量法下，生產單位愈多者所分攤的聯合成本愈多，完全不受產品售價的影響，比較適用於各項聯產品的市價差異不大的情況。在此方法下，所得到的結果可能會與前面所敘述的二種與市價有關方法所得的結果不同。換言之，當各項產品售價差異很大時，不宜採用數量法。

4. 單位成本法

將各項聯產品的衡量單位加以統一再計算，例如山海公司的聯產品衡量單位為公斤，將聯合成本除以總數量，即可得單位成本，其公式如下：

$$\text{單位成本} = \frac{\text{聯合成本}}{\text{聯產品的總數量}} = \frac{\$120{,}000}{2{,}200} = \$54.55$$

將聯合成本 $120,000 分配到黃豆原油和含溶劑豆片的方式如下：

黃豆原油	$54.55 × 1,000 = $54,550
含溶劑豆片	$54.55 × 1,200 = $65,450 *

* 原數目為 $65,460，但因四捨五入而調整為 $65,450。

單位成本法與數量法的優點為計算簡單，但只適用於各項聯產品間的性質和價值差異較小的情況。

5. 加權平均法

前面所提的數量法和單位成本法這兩種方法，皆未考慮到各項聯產品間的差異性，此為其主要缺點。由於各項產品皆具有其特性，因此需依製造程序的不同，給每種產品個別的權數，再將數量乘上權數後得到總權數，以作為分攤比例的計算基礎。在此，假設給黃豆原油的權數為 6，含溶劑豆片的權數為 3，則聯合成本的分攤方式如下：

聯產品	數　量	權　數	總權數	比　例	聯合成本
黃豆原油	1,000	6	6,000	62.5%	$ 75,000
含溶劑豆片	1,200	3	3,600	37.5%	45,000
	2,200		9,600	100.0%	$120,000

以上所敘述的五種分攤聯合成本的方法，由於不同的方法會產生不同的結果，其所適用的情況亦不同。在選擇方法時，要注意聯產品間的特性，再決定要採用哪一種方法。

7.3　副產品的成本計算

副產品和聯產品都是由同一原料製造出來的，只不過副產品對企業的價值貢獻較聯產品小，所以聯產品亦稱之為主產品，而副產品可視為製造主產品時所附帶產生的。前面提及聯合成本不能直接歸屬到各項產品上，只能以分攤的方式加以處理。由於副產品是生產過程中的次要產物，故在一般情況下，副產品不必負擔聯合成本，至於副產品的成本計算與會計處理可採用下列五種方法。

⑴將出售副產品的收入列入損益表

⒜副產品收入列為銷貨收入

⒝副產品收入列為其他收入

⒞副產品收入列為銷貨成本減項

⒟副產品收入列為製造成本減項

⑵將出售副產品之淨收益列入損益表

⒜副產品收入列為銷貨收入

⒝副產品收入列為其他收入

⒞副產品收入列為銷貨成本減項

⒟副產品收入列為製造成本減項

⑶淨變現價值法

⑷重置成本法

⑸市價法

為使讀者瞭解副產品的會計處理，在此以專門製造豬肉產品的吉祥食品公司為例，說明各種方法的計算過程。

吉祥食品公司的生產過程是先將豬隻清洗後送到電宰部門，將豬肉製成供食品加工廠使用的冷凍豬肉，和供消費者調理食用的冷藏豬肉。這兩項產品是吉祥公司的主產品，除了豬肉以外的其他部位如豬尾、豬腳、豬頭的價值不如豬肉，但尚有其他用途，所以這些部位產品可視為豬的副產品。若將豬尾、豬腳和豬頭繼續加工製造，則可產出家畜用的飼料，圖 7–5 顯示吉祥食品公司簡化的生產流程，表 7–2 則詳細列示了吉祥公司 2002 年 8 月份的生產資料。

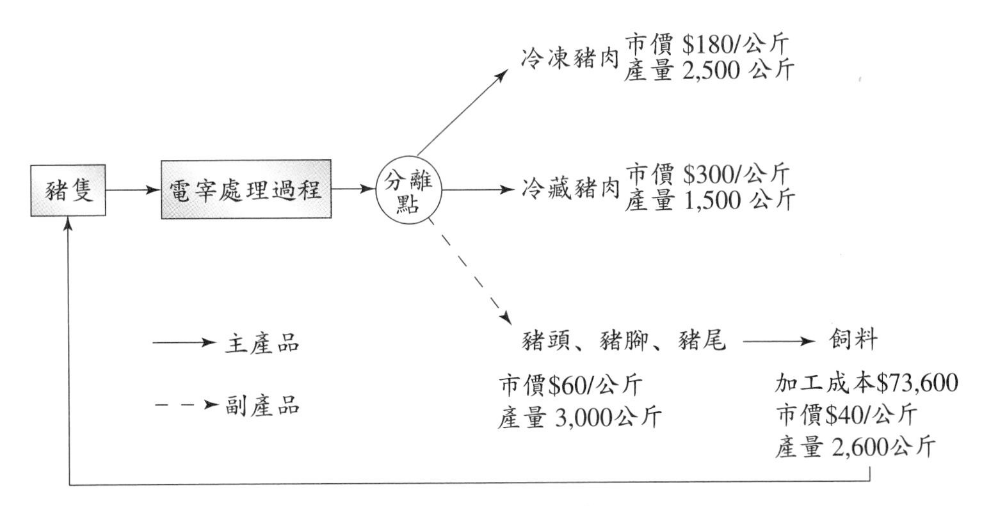

圖 7–5　生產流程簡圖

表 7–2　吉祥食品公司的生產基本資料

聯合成本:		價格:	市　價	重置成本	
直接原料	$175,000	冷凍豬肉	$180/公斤		
直接人工	30,000	冷藏豬肉	$300/公斤		
製造費用	42,000	豬頭、豬腳、豬尾	$60/公斤		
銷管費用	18,300	飼料	$40/公斤	$15/公斤	
主產品分離點後的成本	$ 80,000				
副產品分離點後的成本:		數量:	產　量	銷　量	移至其他部門
直接原料	$ 35,000	冷凍豬肉	2,500 公斤	2,000 公斤	
直接人工	18,600	冷藏豬肉	1,500 公斤	1,300 公斤	
製造費用	20,000	豬頭、豬腳、豬尾	3,000 公斤	2,800 公斤	
銷管費用	1,500	飼料	2,600 公斤	2,400 公斤	90 公斤

*假設無期初存貨。

1. 將出售副產品的收入列入損益表

在此為簡單說明起見，先假設副產品不再加工即出售，副產品的銷貨收入在損益表中可作為銷貨收入、其他收入、銷貨成本減項及製造成本減項，每種處理方法的說明如下：

⑴副產品收入列為銷貨收入：出售副產品時，其分錄如下：

現金（應收帳款）	168,000	
銷貨收入 ($60 × 2,800)		168,000

在損益表上的揭露方式如下：

吉祥食品公司
損益表
2002 年度 8 月份

銷貨收入 (2,000 × $180 + 1,300 × $300 + $168,000)			$ 918,000
銷貨成本：			
本期製成品（4,000 公斤，@$81.75）：			
直接原料	$175,000		
直接人工	30,000		
製造費用	42,000		
主產品分離後的成本	80,000	$327,000	
期末製成品（700 公斤，@$81.75）		57,225	(269,775)
銷貨毛利			$ 648,225
銷管費用			(18,300)
本期淨利			$ 629,925

⑵副產品收入列為其他收入：副產品出售時的分錄如下：

現金（應收帳款）	168,000	
副產品銷貨收入		168,000

在損益表上的揭露方式如下：

吉祥食品公司
損益表
2002 年度 8 月份

銷貨收入 (2,000 × $180 + 1,300 × $300)	$ 750,000

銷貨成本：			
本期製成品（4,000 公斤，@$81.75）：			
直接原料	$175,000		
直接人工	30,000		
製造費用	42,000		
主產品分離後的成本	80,000	$327,000	
期末製成品（700 公斤，@$81.75）		57,225	(269,775)
銷貨毛利			$ 480,225
銷管費用			(18,300)
營業淨利			$ 461,925
其他收入（副產品收入）			168,000
本期淨利			$ 629,925

(3)副產品收入列為銷貨成本減項：若副產品的銷貨收入作為成本的抵銷科目，有兩種處理方法，在此為銷貨成本減項，其銷售分錄如下：

現金（應收帳款）	168,000	
銷貨成本		168,000

有關損益表的揭露如下：

吉祥食品公司
損益表
2002 年度 8 月份

銷貨收入 (2,000 × $180 + 1,300 × $300)			$ 750,000
銷貨成本：			
本期製成品（4,000 公斤，@$81.75）：			
直接原料	$175,000		
直接人工	30,000		
製造費用	42,000		
主產品分離後的成本	80,000	$ 327,000	
期末製成品（700 公斤，@$81.75）		(57,225)	
小　計		$ 269,775	
減：副產品收入		168,000	(101,775)
銷貨毛利			$ 648,225

銷管費用	(18,300)
本期淨利	$ 629,925

(4)副產品收入列為製造成本減項：副產品的銷貨收入列作成本抵銷科目的第二種處理方法，即是將副產品的收入作為製造成本的減項，其銷售時的分錄如下：

現金（應收帳款）	168,000	
在製品		168,000

在損益表的揭露方式如下：

吉祥食品公司 損益表 2002 年度 8 月份			
銷貨收入 (2,000 × $180 + 1,300 × $300)			$750,000
銷貨成本：			
本期製成品（4,000 公斤，@$39.75）：			
直接原料	$175,000		
直接人工	30,000		
製造費用	42,000		
主產品分離後的成本	80,000		
小　計	$327,000		
減：副產品收入	168,000	$159,000	
期末製成品（700 公斤，@$39.75）		(27,825)	131,175
銷貨毛利			$618,825
銷管費用			(18,300)
本期淨利			$600,525

2. 將出售副產品之淨收益列入損益表

前面所述的副產品未繼續加工且沒有分攤聯合成本，但是若副產品於分離點後仍需再加工製造，則這些加工成本應由副產品自行吸收，而且亦需分攤部分的銷管費用。以吉祥食品公司為例，將豬頭、豬腳、豬尾再加工製造便可成為飼料，製成飼料的加工成本為 $73,600，應分攤的銷管費用為 $1,500，所以副產品的淨收益為 $20,900，其計算如下：

副產品的銷貨收入 (2,400 × $40)		$96,000
副產品的加工成本及銷管費用：		
直接原料	$35,000	
直接人工	18,600	
製造費用	20,000	
銷管費用	1,500	(75,100)
副產品的淨收入		$20,900

由於加工成本和銷管費用視為副產品的淨收入減項，故其分錄如下：

	借	貸
副產品收入	75,100	
直接原料		35,000
直接人工		18,600
製造費用		20,000
銷管費用		1,500

副產品出售時的分錄如下：

	借	貸
現金（應收帳款）	96,000	
副產品收入		96,000

至於副產品之淨收入在損益表的表達方式，亦可分為收入的增加或成本的減少兩大類，會計處理細則如前述四種方法，此處不再重複說明。

3. 淨變現價值法

到目前為止，本章所討論的副產品處理方法，皆沒將尚未出售的副產品計價列入存貨中；但在淨變現價值法之下，副產品的淨變現價值將作為主產品成本的減項，因此需將所有已製造完成的副產品之估計售價，減去估計加工成本後的餘額，列為副產品存貨及主產品成本的減項。在此仍以吉祥食品公司為例，說明有關分錄如下：

(1)估計副產品（豬頭、豬腳、豬尾）與主產品分離時的存貨價值

副產品存貨 (3,000 × $60 − $75,100)	104,900	
在製品		104,900

⑵估計副產品加工成飼料時的存貨價值

副產品存貨	73,600	
直接原料		35,000
直接人工		18,600
製造費用		20,000

⑶出售副產品(飼料)時的分錄,其單位成本 $68.65 [= ($73,600 + $104,900) ÷ 2,600]

現金(應收帳款)(2,400 × $60)	144,000	
銷售副產品收入	22,260	
副產品存貨 (2,400 × $68.65)		164,760
銷管費用		1,500

4. 重置成本法

吉祥食品公司副產品部門所產生的飼料,可供公司內部的養豬廠使用,此時副產品的計價方法適用重置成本法。在重置成本法之下,副產品的銷貨收入並未出現在損益表中,而是將副產品的重置成本作為副產品部門的製造成本減項。相對地,使用此副產品的部門製造成本亦會增加,其部門間的成本移轉如下:(假設產量中有 90 公斤移至其他部門)

在製品——養豬廠 (90 × $15)	1,350	
在製品——飼料部門		1,350

有關損益表的表達方式如下:(假設加工後的副產品——飼料採用出售的淨收益作為收入的增加)

吉祥食品公司 損益表 2002 年度 8 月份			
銷貨收入 ($180 × 2,000 × 1,300 + $20,900)			$ 770,900
銷貨成本:			
直接原料	$175,000		
直接人工	30,000		
製造費用	42,000		
主產品分離後的成本	80,000		
小　計	$327,000		
減: 副產品重置成本	1,350	$325,650	
減: 期末製成品 ($81.41 × 700)		56,987	(268,663)
銷貨毛利			$ 503,237
銷管費用			(18,300)
本期淨利			$ 483,937

5. 市價法

一般情況下，副產品不必分攤聯合成本；但在市價法之下，副產品須負擔部分聯合成本，在分離點時已知副產品之市價，則依市價計算副產品應分攤的聯合成本；若在分離點時，副產品之市價未知，則需以副產品的銷貨收入減去銷管費用及分離點後的加工成本和估計利潤，倒推至分離時副產品應分攤的聯合成本，故市價法又可稱為**倒推成本法** (Reversal Cost Method)。假設吉祥食品公司估計飼料的利潤為售價的 15%，根據表 7-2 的生產資料，計算主、副產品的單位成本如下:

	主產品 (4,000 公斤)	副產品——飼料 (2,600 公斤)	
生產成本——聯合成本	$247,000		
分離成本	80,000		
製造總成本	$327,000		
副產品收入			$104,000
副產品估計利潤 (售價之 15%)		$15,600	

副產品分離點後的成本		73,600	
副產品的銷管費用		1,625 *	(90,825)
副產品應分攤之聯合成本	(13,175)		$ 13,175
加：副產品分離點後的成本			73,600
產品的總成本	$313,825		$ 86,775
產品的單位成本	$ 78.456		$ 33.375

* $\frac{2,600}{2,400} \times 1,500 = 1,625$

由上述計算得知，副產品負擔了 $13,175 的聯合成本，應作分錄如下：

副產品存貨	13,175	
在製品		13,175

副產品加工時的分錄如下：

副產品存貨	73,600	
直接原料		35,000
直接人工		18,600
製造費用		20,000

副產品未出售以前，副產品存貨為 $86,775 (= $13,175 + $73,600)，出售時應分攤 $1,500 的銷管費用，其分錄如下：

副產品存貨	1,500	
銷管費用		1,500
現金（應收帳款）(2,400 × $40)	96,000	
副產品存貨 (2,400 × $33.375)		80,100
副產品收入		15,900

期末時副產品尚未出售部分，則以每單位 $33.375 (= $86,775 ÷ 2,600) 列示於資產負債表中的副產品存貨；已出售部分所產生的副產品收入，可以收入之增加或成本之減少來處理。

本章所討論的五種副產品處理方法，市價法較易被接受，因為副產品也是

製造過程中共同生產出來的產品，而且也會產生收益，所以應分攤部分聯合成本。但是，實務上為方便計算，不將聯合成本由副產品負擔。

本章彙總

從同一製程中產生多種產品，根據產品產出價值的高低可區分為聯產品和副產品。在處理多種產品的成本計算時，最重要的是決定分離點。分離點以前發生的成本稱聯合成本，通常由主產品（聯產品）分攤，分離點以後所發生的分離成本由個別產品自行分攤。

關於聯產品成本計算，因牽涉到聯合成本的分攤，故有多種不同的會計處理方法，本章討論了(1)相對市價法；(2)淨銷售價值減正常利潤法；(3)數量法；(4)單位成本法；(5)加權平均法等五種方法，公司需根據聯產品的特性決定採用哪一種方法。但實務上也有些公司將聯合成本視為共同成本，而不分配到各項產品。

至於副產品的成本計算也有五種方法：(1)將出售副產品的收入列入損益表；(2)將出售副產品之淨收益列入損益表；(3)淨變現價值法；(4)重置成本法；(5)市價法，其中前四項方法係屬於不分配聯合成本至副產品之方法，在第五項方法時，副產品才分攤部分聯合成本。理論上，市價法較易被接受，因副產品和聯產品產自同一製程，而且副產品也有收益，所以應負擔部分聯合成本，但在實務上副產品通常不負擔聯合成本。

無論是聯產品或副產品的成本計算，其目的皆在處理聯合成本的分攤，以便計算正確的產品成本，利於各項報表的編製，管理者依其公司的需求與業務的特性來決定合適的成本計算方法。

名詞解釋

- **副產品 (By-product)**

  由與主產品同一製程生產，只是該產品的產出價值比主產品少，所帶來的收益亦較低。

- **共同成本 (Common Cost)**

  為一成本總合的科目，不用再分攤到各項產品上，實務上有些公司將聯合成本視為共同成本處理。

- 聯合成本 (Joint Cost)

  分離點之前所投入的原料成本和加工成本總和，稱之為聯合成本。

- 聯產品 (Joint Product)

  亦稱主產品 (main product)，係指同一個製程中，該產品的產出價值相對地比其他產品的產出價值高，所帶來的收益也較高；當主產品有兩種或兩種以上，則稱為聯產品。

- 倒推成本法 (Reversal Cost Method)

  為市價法的一種，當副產品在分離點的市價未知，需以副產品的銷貨收入減銷管費用；分離點後的加工成本和估計利潤，倒推主分離點副產品應分攤的聯合成本，故稱之倒推成本法。

- 分離成本 (Separable Cost)

  分離點以後所發生的成本，可明確地辨認為屬於何種產品者，稱之為分離成本或個別成本。

- 分離點 (Split-off Point)

  係指各種產品的製程和成本，在此時點可明確地分離處理。

一、選擇題

( ) 7.1 在同一個製程中,該產品的產出價值相對地比其他產品的產出價值低者，稱之為 (A)聯產品 (B)主產品 (C)副產品 (D)次級品。

( ) 7.2 分離點前所支出的成本,稱之為 (A)分離成本 (B)聯合成本 (C)個別成本 (D)相同成本。

( ) 7.3 海山食品公司生產香腸及洋火腿等兩種聯產品， 2002 年 7 月份總共發生了 $30,000 的聯合成本，其他資訊如下:

聯產品	單位市價	數　量	權　數
香　腸	$50	1,000	2
洋火腿	$25	2,000	3

請利用相對市價法計算香腸的單位成本 (A) $7.5 (B) $10.0 (C) $15.0 (D) $20.0。

( ) 7.4 沿用第 7.3 題的資訊，請利用數量法計算香腸的單位成本 (A) $7.5 (B) $10.0 (C) $15.0 (D) $20.0。

( ) 7.5 沿用第 7.3 題的資訊，請利用加權平均法計算香腸的單位成本 (A) $7.5 (B) $10.0 (C) $15.0 (D) $20.0。

( ) 7.6 下列何者為真? (A)聯合成本可直接歸屬至各項產品 (B)分離點後的成本不可直接歸屬至各項產品 (C)聯合成本屬於間接成本 (D)分離點後的成本屬於間接成本。

( ) 7.7 下列有關副產品的描述，何者為非? (A)價值低 (B)數量少 (C)製造主產品時所附帶生產的 (D)一般情況之下， 須負擔聯合成本。

( ) 7.8 大山食品公司生產黃豆原油共 2,000 公斤，可在分離點出售，亦可選擇繼續加工成 1,600 公斤的沙拉油後出售。 黃豆原油的市價為 $200，分離點後成本 $80,000，則沙拉油的最低售價為 (A) $200

(B) $240　(C) $260　(D) $300。

(　) 7.9 沿用第 7.8 題的資訊，假設沙拉油的售價為 $260，則分離點後成本須控制在　(A) $16,000 之下　(B) $20,000 之下　(C) $24,000 之下　(D) $28,000 之下。

(　) 7.10 下列何者為非？ (A)各種產品的製程和成本在分離點可明確地分離處理　(B)聯產品為生產過程中的主要產品，亦稱為主產品　(C)副產品為生產過程中的次要產品　(D)共同成本不用再分攤到各項產品上。

二、問答題

7.11 如何區分聯產品和副產品？

7.12 針對副產品的會計處理，有哪幾種方式？

7.13 請解釋何謂聯合成本？何謂分離成本？

7.14 請說明分攤聯合成本的五種方法。

7.15 請說明副產品的成本計算與會計處理可採用的五種方法。

三、練習題

7.16 振興公司經過聯合生產程序產出 A、B 及 C 三種聯產品，其聯合成本的分攤按分離點之市價為基礎。11 月份的聯合成本為 $150,000，其他相關資訊如下：

	A 產品	B 產品	C 產品
生產單位數	1,000	2,000	3,000
分離點市價	$60	$40	$20
分離點後加工成本	$15,000	$24,000	$30,000

試求：計算 A、B 及 C 三種產品的單位成本。

7.17 美味食品公司經過第一部門的聯合生產之後，至第二、三及四部門繼續加工，分別產出香腸，熱狗及火腿等三種產品。美味公司採用假定市價法來分攤聯合成本，該公司 2002 年 1 月份第一部門的聯合成本為 $400,000，其他相關資訊如下：

	香 腸	熱 狗	火 腿
生產單位數	1,500	7,500	4,500
銷售單位數	1,200	6,450	3,750
分離點後加工成本	$32,750	$131,000	$163,750
最終售價	$150	$75	$120

試求： 1. 計算每種產品所需分攤的聯合成本。

2. 計算每種產品的單位成本。

7.18 大華公司經由聯合生產程序生產 X、Y 及 Z 三種產品。2002 年 9 月份的聯合成本為 $80,000，該公司以淨銷貨價值減正常利潤法來分攤聯合成本，有關資訊如下：

	X	Y	Z
生產單位數	300	400	200
銷售單位數	280	350	190
分離點後加工成本	$18,000	$16,000	$6,000
最終售價	$300	$200	$150

試求： 1. 計算平均正常利潤率。

2. 計算每種產品聯合成本的分攤。

3. 計算每種產品的單位成本。

7.19 大成公司生產四種聯產品，分離點前的成本為 $140,000，其他資訊如下：

	甲	乙	丙	丁
生產單位數	30,000	40,000	20,000	10,000
售 價	$2	$1	$3	$4
權 數	8	6	3	6

試求：1. 依數量法來分攤聯合成本。
2. 依單位成本法來分攤聯合成本。
3. 依加權平均法來分攤聯合成本。
4. 依市價法來分攤聯合成本。

7.20 大山公司經由聯合的生產過程，產出鳳梨切片罐頭及鳳梨汁罐頭等 2 種聯產品。2002 年 8 月份的聯合成本包括 $184,500 的原料成本，及 $138,000 的加工成本，其他資訊如下：

聯產品	生產單位數	原料成本比例	加工成本比例
鳳梨切片罐頭	5,000	5	3
鳳梨汁罐頭	4,000	4	2

試求：依加權平均法作聯合成本的分攤。

7.21 大勝公司生產主產品時，同時會產出副產品。2002 年 1 月份副產品的產銷資料如下：

生產單位數	2,000 單位
銷售單位數	1,800 單位
售價（賒銷）	$20/每單位

試求：依不同方法作副產品有關的分錄。

7.22 永安公司的會計處理政策，係將副產品的淨銷貨收入列為其他收入，2002 年 10 月份之副產品成本包括原料成本 $1,000 及人工成本 $2,000，產銷量為 10,000 單位，售價為 $1。
試求：作上述與副產品有關的分錄。

7.23 旭日公司製造一種主產品及兩種副產品 X 與 Y。該公司採淨變現價值法計算副產品，應分攤的聯合成本且將之列為主產品成本的減項。2002 年 8 月份的資訊列示如下：

副產品	銷貨收入	分離點後製造成本*	銷管費用
X	$ 7,000	$2,000	$1,000
Y	$12,000	$5,000	$1,500

* 原料佔 60%，人工薪資佔 40%。

試求：1. 計算 X 及 Y 應分攤的聯合成本。
2. 作上述與副產品有關之分錄。

7.24 鮮味公司為一魚製品加工廠，鮪魚罐頭為其主產品，魚骨及魚粉則為其副產品。2002 年 12 月份一共生產及銷售了魚骨 1,000 公斤，魚粉 1,500 公斤，其他的有關資訊如下：

副產品	單位售價	分離點後製造成本	利潤率
魚骨	$10	$2,000	20%
魚粉	$12	$3,500	25%

試求：1. 依市價法編表列示魚骨及魚粉 2002 年 12 月份的損益。
2. 假設魚骨及魚粉的期末存貨為總產量的 10%，請依市價法計算魚骨及魚粉期末存貨的金額。

7.25 樂友出版社生產及銷售「樂之友音樂雜誌」，每本售價為 $300。8 月號一共生產了 5,000 冊，總製造成本為 $1,100,000。樂友出版社擬將「樂之友音樂雜誌」售價調高為 $400，但隨書附贈 CD 一片。CD 每片的成本為 $80。

試求：評估調高售價方案的可行性。

四、進階題

7.26 忠孝公司生產 A、B 及 C 三種產品，每投入原料成本 $66 及 $46 的加工成本，可使一公斤原料產出 150 公克的 A 產品，300 公克的 B 產品及 400 公克的 C 產品。A、B 及 C 每公斤的售價分別為 $600、$120 及 $60。

試求：忠孝公司採市價法分攤聯合成本，請根據下列不同假設計算主產品每公斤所需分攤的成本。

1. A、B 及 C 均為主產品。
2. A 及 B 為主產品，C 為副產品，出售 1 公斤的 C 需支付 $7.5 的銷管費用，副產品的淨銷貨收入為主產品成本的減項。

7.27 大鳳公司為一鳳梨製品加工廠，鳳梨汁及鳳梨乾為其主產品，鳳梨皮則為其副產品。2 月份鳳梨汁及鳳梨乾的產量分別均為 8,000 公斤，銷量分別均為 7,200 公斤，鳳梨皮的產銷量則為 3,200 公斤。生產過程及其他成本資訊如下：

1. 第一部門投入 19,200 公斤的鳳梨，產出 3,200 公斤的鳳梨皮，及 8,000 公斤的鳳梨汁，剩餘的部分轉入第二部門繼續加工成鳳梨乾。第一部門總製造成本為 $472,000，鳳梨皮每公斤的售價為 $3.75，鳳梨汁每公斤的售價為 $45。
2. 第二部門將第一部門轉入部分繼續加工成鳳梨乾，本部門總製造成本為 $100,000，鳳梨乾每公斤的售價為 $80。

試求：1. 假設副產品不分攤聯合成本，銷貨收入列為其他收入，請依相對市價法計算期末製成品存貨成本。
2. 假設副產品的銷貨收入列為主產品成本的減項，請依相對市價法計算期末製成品存貨成本。

7.28 海王子公司於第一部門投入原料之後，透過聯合生產程序產出 102,000 公斤的半成品，其中的 80,000 公斤轉入第二部門繼續加工成 80,000 公斤的魚乾，另外 22,000 公斤轉入第三部門繼續加工成 20,000 公斤的魚漿及 2,000 公斤的魚粉。由於魚粉的產量不多，因此海王子公司將魚粉視為魚漿的副產品，且將其淨收入視為魚漿成本的減項。其他相關資訊如下：

1. 製造成本：
第一部門 $200,000

第二部門　50,000

第三部門　36,000 (其中的 $4,000 是魚粉的加工成本)

2. 銷量及售價：

魚乾 64,000 公斤 / @$4.375

魚漿 18,000 公斤 / @$6.500

魚粉　2,000 公斤 / @$3.000

試求：利用上述資訊計算海王子公司的：

1. 魚乾及魚漿的單位成本。

2. 期末製成品存貨成本。

3. 銷貨毛利。

7.29 農友化工公司生產殺蟲液及殺蟲丸等主產品，及副產品滅蚊香。殺蟲液在分離點即可出售，殺蟲丸及滅蚊香則需繼續加工。2002 年 1 月份一共發生了 $472,000 的聯合成本，其他的相關資訊如下：

	產　量	銷　量	單　價	分離點後加工成本
殺蟲液	50,000	45,000	$ 8.0	
殺蟲丸	40,000	36,000	$15.0	$420,000
滅蚊香	10,000	10,000	$ 2.2	$ 10,000

農友化工採用淨銷貨價值減平均正常利潤法分攤聯合成本，而且將副產品的淨收入視為主產品成本的減項。

試求：1. 計算聯產品的平均正常利潤率。

2. 聯合成本的分攤。

3. 計算殺蟲液及殺蟲丸的銷貨毛利。

7.30 民權食品公司生產三種產品：麥芽膏、麥芽汁及麥芽粉、麥芽膏及麥芽汁為主產品，麥芽粉為麥芽膏的副產品。2002 年 10 月份投入 11,000 磅的麥芽，其他的相關資訊如下：

1. 經過第一部門的聯合生產，60% 轉入第二部門，40% 轉入第三部門。第

一部門的成本為 $360,000。

2. 在第二部門將轉入的部分繼續加工，70% 轉入第四部門加工成麥芽膏，30% 製成麥芽粉可立即出售。第二部門本期所發生的加工成本為 $138,300，其中麥芽粉的部分為 $24,300；第四部門的成本則為 $70,980。
3. 在第三部門將轉入的部分繼續加工成麥芽汁，加工的過程會發生良好品之 10% 的正常損失。第三部門的成本為 $495,000。
4. 麥芽膏、麥芽汁及麥芽粉的售價分別為 $150、$360 及 $36。麥芽膏的期末存貨為 924 磅，麥芽汁及麥芽粉無期末存貨。

試求：1. 假設麥芽粉的淨收入作為麥芽膏銷貨收入的加項，請依市價法列示聯合成本 $360,000 的分攤。

2. 假設麥芽粉的淨收入作為麥芽膏成本的減項，請計算麥芽膏 2002 年 10 月份的銷貨毛利。

7.31 青水公司 2002 年 11 月份部分的生產報告資料如下：

1. 產量資料（第一部門）：

期初在製品（原料完成 100%，加工成本 70%）	40,000 磅
本月開始製造	160,000 磅
完成轉入次部門	190,000 磅
期末在製品（原料完成 100%，加工成本 50%）	10,000 磅

2. 成本資料：

	第一部門	第二部門	第三部門	副產品
期初在製品：				
原料成本	$ 38,000			
加工成本	55,000			
本月份投入：				
原料成本	$162,000			
加工成本	335,000	$180,000	$40,000	$10,000

本月份青水公司於第一部門投入原料之後，經過聯合生產程序產出 190,000 磅的半成品，其中的 120,000 磅轉入第二部門繼續加工成 40,000 單位的 A 產品，60,000 磅轉入第三部門繼續加工成 30,000 單位的 B 產

品，剩餘的 10,000 磅則加工成 20,000 單位的 C 產品， 其中 A 及 B 為主產品，C 為副產品。

A、B 及 C 每單位的售價為 $30、$24 及 $1。青水公司採市價法分攤聯合成本，副產品不分攤聯合成本，且其淨收入作為主產品成本的減項。該公司的第一部門採用加權平均法作為存貨的計價方式。

試求： 1. 計算第一部門 11 月 30 日的在製品存貨成本。

2. 作聯合成本的分攤。

3. 計算 A 及 B 的單位成本。

7.32 海裕公司為一魚製品加工廠，蕃茄魚罐頭及豆豉魚罐頭為其主產品。2002 年 2 月份製造部門的期初在製品存貨為 3,000 磅（原料完成 100%，加工成本 50%）；期末在製品存貨為 6,000 磅（原料完成 100%，加工成本75%）。2 月份海裕公司一共投入 22,000 磅的直接原料，經過製造之後，從製造部門轉出 12,000 磅到加工一部繼續製造成 24,000 罐的蕃茄魚罐頭 7,000 磅到加工二部繼續製造成 28,000 罐的豆豉魚罐頭。蕃茄魚罐頭及豆豉魚罐頭，每罐的售價分別為 $14 及 $8。其他的成本資訊如下：

	製造部門	加工一部	加工二部
期初在製品：			
原料成本	$ 13,000		
加工成本	23,000		
本月份投入：			
原料成本	$ 88,000	$15,000	$ 9,000
加工成本	352,000	33,000	23,000

海裕採用先進先出法作為存貨的計價方式， 同時並依市價法分攤聯合成本。

試求： 1. 計算製造部門 2 月份的原料之約當產量及單位成本。

2. 計算製造部門 2 月份的加工成本之約當產量及單位成本。

3. 計算製造部門 2 月底的在製品存貨成本。

4.作聯合成本的分攤。

5.計算蕃茄魚罐頭及豆豉魚罐頭的單位成本。

7.33 興有公司的倉庫內有 50,000 加侖的黃豆原油，營業部經理建議應立即將這批油出售；但是，廠長卻認為應將這批油繼續加工。總經理為了出售或繼續加工的問題深感困擾，他提供您下列資訊，希望您能幫他找出一個解決之道。

1.其中 100 加侖的油經過加工後，可產出 75 加侖的沙拉油及 15 加侖的黃豆油，其餘的部分為正常損失。

2.加工部門的正常產能為 250,000 加侖（總成本為 $600,000），目前的產能為 200,000 加侖（總成本為 $550,000）。

3.沙拉油及黃豆油每加侖的售價分別為 $7 及 $4.5。黃豆原油每加侖的售價為 $4。

試求：興有公司應將這 50,000 加侖的油出售或繼續加工。

7.34 三雁公司聯合生產出 A、B 及 C 三種主產品，每種產品均可在分離點出售或繼續加工。該公司採市價法分攤聯合成本。

2002 年 1 月份，三雁公司將 40,000 公斤的原料投入生產，總共發生了 $960,000的聯合成本，A、B 及 C 產品的產出比率分別為 30%、40% 及 30%，其他相關資訊如下：

	產品 A	產品 B	產品 C
分離點售價/每公斤	$50.0	$22.5	$20.0
最終售價/每公斤	$65.0	$25.0	$40.0
分離點後成本/每公斤	$ 5.6	$ 4.0	$14.4

試求：1.假設每種產品均未繼續加工，計算其單位成本。

2.哪種產品應繼續被加工？

7.35 臺嘉肉品現有一批豬肉，正考慮以切割成超市出售的生鮮豬肉的方式出售，或進一步加工成香腸或火腿後才出售。豬肉每公斤的售價為 $40，扣掉 $28 的成本，每公斤的利潤為 $12。

一公斤的豬肉可加工成 0.8 公斤的香腸或 0.6 公斤的火腿，但製造一公斤的香腸需再投入 $6 的成本；火腿則需投入 $11 的成本。一公斤香腸及火腿的售價分別為 $55 及 $80。

試求：臺嘉肉品應將其產品以何種方式出售?

第8章

全部成本法與變動成本法

學習目標

- 瞭解全部成本法與變動成本法的定義
- 練習變動成本法的會計分錄
- 說明全部成本法與變動成本法之下損益表的編製
- 分析兩種方法下的損益差異
- 敘述存貨數量變動對損益的影響

前 言

在前面的章節中，曾討論過分批成本制度和分步成本制度。分批成本制度適用於訂單生產方式，如同電梯訂單生產方式，分步成本制度適用於大量生產方式，如同不織布與溼紙巾產品生產方式。同時，前面章節也曾討論過存貨計價的三種方式，即實際成本法、正常成本法和標準成本法。

本章的重點在於說明成本累積的方法和財務報表的揭露方式，這裏主要是指產品成本的計算方式與損益表的編排方式。大體上，可分為全部成本法和變動成本法兩種方式來準備資料，主要差別在於固定製造成本是否要納入產品成本的計算中。

8.1 全部成本法與變動成本法的定義

產品成本的計算與損益表的編製，可採用全部成本法或變動成本法，依管理者的決策需求而定。全部成本法符合一般公認會計準則，變動成本法則適用於內部決策分析，會計系統的採用，可依管理者的決策需求而提供不同的相關資訊。

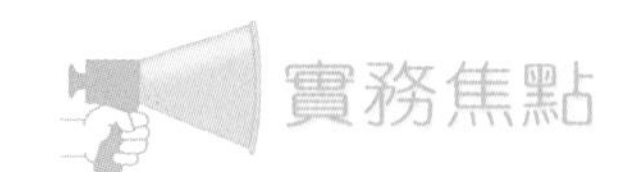

源興科技股份有限公司 (http://www.liteontc.com.tw)

源興科技股份有限公司成立於 1989 年，隸屬於光寶集團，為世界上極具專業水準的監視器生產廠商。源興現今的兩大主力產品為監視器及光碟機，在此兩種產品的產業景氣已趨成熟的情況之下，源興的經營策略便以擴大產量、爭取長期代工訂單為主要方向。主要產品為彩色螢幕及單色螢幕，技術水準由 14 吋逐年發展至 17 吋螢幕，產品品質優良，屢獲國際好評，且以通過英國 NVISO－P001 及 P002 的國際品質認證。

在監視器部分，源興現階段的監視器產品，結構為 14 吋佔 33%、15 吋佔 51%、17 吋及更高階產品佔 16%，源興目前監視器的月產能為 40 萬臺，其中包括臺灣廠的 7 萬臺、馬來西亞廠的 26 萬臺、以及大陸廠的 6.5 萬臺。源興的 OEM 主要客戶，包括了 COMPEQ、IBM、VIEW SONIC、NOKIA、NEC 等，皆為全球前十大系統廠商。

由於顯示器是成熟且擁擠的產業，因此未來的競爭利基除了需量產之外，也需研發更高階的產品才行。源興現在除了 DVD、CD－RW 等開始量產外，也由顯示器延伸至高價值的產品線，例如像「顯示器電腦」、「液晶電腦」的終端機產品，都頗為符合資訊家電的潮流。在 PC 系統方面的技術，源興則以合作、聯盟等方式取得相關技術；源興公司亦成為我國可完全獨立生產光碟機的廠商之一。為了投入終端機的研發，源興也組成了軟體的研發團隊，開發其應用的空間。在短短幾年的光景中，源興科技從成立之初的監視器專業廠商，跨越到光電產品及電腦系統領域，並進一步以全球運籌管理模式整合資源，創造跨國性的生產製造優勢。

分析源興公司的成本結構，銷貨成本所佔的比例高，其中主要成本為原料成本。就源興公司而言，原料中的映像管成本佔原料成本的大部分，由於映像管的市場價格波動很大，管理階層需要隨時掌控價格變動對利潤影響的資訊。為能提供即時資訊，會計人員採用變動成本法，可迅速計算產品的變動成本與邊際貢獻，進一步可提供損益平衡分析供管理階層作決策參考之用。此外，會計人員也同時採用全部成本法來編製損益表，以符合一般公認會計準則，供財務報表外界使用者作決策之參考。

全部成本法 (Full Costing) 為傳統的成本法，又稱為**吸納成本法** (Absorption Costing)，全部製造成本涵蓋直接原料成本、直接人工成本和製造費用。如圖 8–1，在生產線起點投入四項主要成本，在製造過程中成為在製品存貨；等製造完成後，即成為製成品存貨；待貨品一旦出售，即成為銷貨成本。至於其他與製造活動無關的成本，大部分是發生在銷售和管理部門，稱為期間成本。

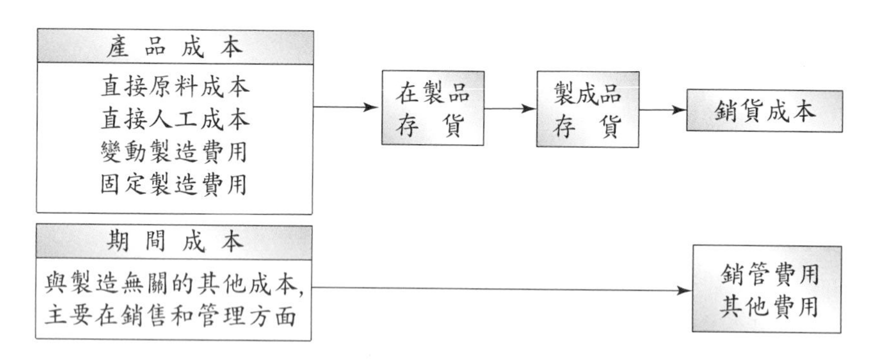

圖 8–1　全部成本法成本流程

變動成本法 (Variable Costing) 是依成本習性，將成本明確地分為變動成本和固定成本兩類，又稱為**直接成本法** (Direct Costing)。如圖 8–2，產品成本內只包括直接原料成本、直接人工成本和變動製造費用；至於固定製造費用被視為與生產無直接關係，因此將其視為期間成本的一種。除此之外，期間成本還包括變動非製造費用與固定非製造費用，這兩種費用雖皆屬於期間成本，但仍可依成本習性來區分為變動的銷管費用與固定的銷管費用。

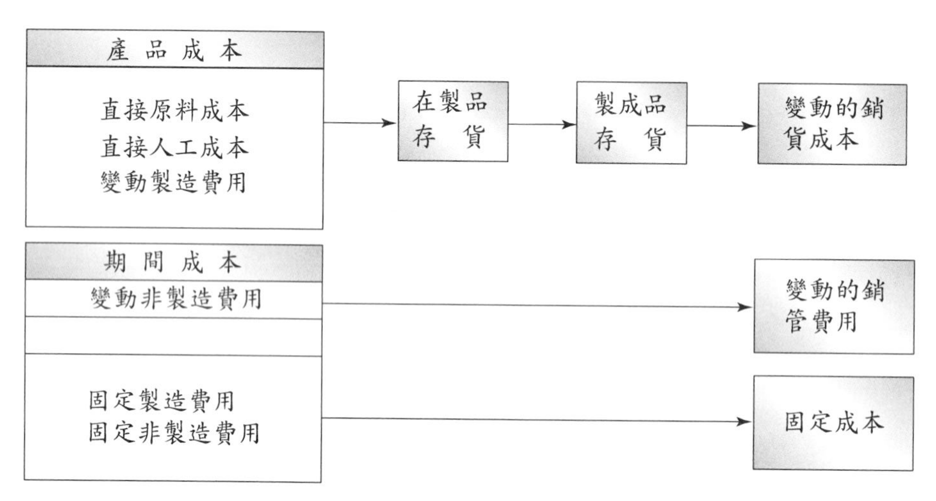

圖 8–2　變動成本法成本流程

表 8–1 為單位產品成本的計算與損益表的編製方式，列舉在全部成本法和變動成本法下的比較。在單位產品成本方面，全部成本法下的每單位產品成本

為 $39，變動成本法下的每單位產品成本為 $35，兩者的主要差別在於固定製造費用 $4。至於損益表的編製方式，全部成本法符合一般公認會計準則，銷貨成本包括了全部與製造有關的成本，損益表的編排方式則是依功能別。至於變動成本法下，損益表的編排方式，有考慮到成本習性，銷貨收入減去變動成本得到**邊際貢獻** (Contribution Margin)。在表 8–1 上，邊際貢獻為 $750,000，是指對固定成本和利潤的貢獻，有時會單獨計算出**產品邊際貢獻** (Product Contribution Margin)，即銷貨收入減去直接原料成本、直接人工成本和變動製造費用。採用表 8–1 的資料可得到產品邊際貢獻的金額為 $1,250,000，可說是對所有期間成本和利潤的貢獻，如果扣除變動銷管費用 $500,000，即可得到邊際貢獻 $750,000。

表 8–1　全部成本法與變動成本法的比較

全部成本法		變動成本法		
單位產品成本		單位產品成本		
直接原料成本	$20	直接原料成本		$20
直接人工成本	10	直接人工成本		10
變動製造費用	5	變動製造費用		5
固定製造費用	4			
小　計	$39	小　計		$35
損益表		損益表		
銷貨收入	$3,000,000	銷貨收入		$3,000,000
($60 × 50,000)		($60 × 50,000)		
銷貨成本	(1,950,000)	變動成本：		
($39 × 50,000)				
銷貨毛利	$1,050,000	銷貨成本	$1,750,000	
		($35 × 50,000)		
銷管費用	(800,000)	銷管費用	500,000	(2,250,000)
		($10 × 50,000)		
稅前淨利	$ 250,000	邊際貢獻		$ 750,000
		固定成本：		
		製造費用	$ 200,000	
		銷管費用	300,000	(500,000)
		稅前淨利		$ 250,000

為簡單說明起見，表 8–1 所採用的資料，其前提假設為生產量會等於銷售量，而且沒有存貨變動的問題存在。所以在全部成本法和變動成本法下，所得的稅前淨利皆為 $250,000。如果本期的生產量與銷售量不同時，兩種方法所得的稅前淨利就會不同，有關這方面的計算在 8.4 節內有說明。

8.2 變動成本法的會計分錄

變動成本法與全部成本法的產品成本計算，主要差異在於製造費用，在變動成本法下，產品成本只涵蓋變動製造費用，至於固定製造費用是列為期間成本。因此，在作會計分錄之前，有必要將製造費用明確的區分為變動及固定兩部分。在這舉光榮公司的例子，來說明變動成本法下的會計分錄。

假設光榮公司在 8 月份製造完成 10,000 單位的監視器，出售 9,000 單位，每單位售價為 $12,000。在 8 月份所發生的相關成本與費用的資料如下：

直接原料成本	$66,000,000
直接人工成本	10,000,000
製造費用：	
變　動	14,000,000
固　定	8,000,000
銷管費用：	
變　動	6,000,000
固　定	4,000,000

由於直接原料和直接人工部分的會計分錄，在兩種方法下皆相同，所以省略掉原料採購與直接人工發生時的分錄。

(1)直接原料的使用

在製品存貨	66,000,000	
直接原料存貨		66,000,000

(2)直接人工的投入

在製品存貨	10,000,000	
應付薪工		10,000,000

(3)製造費用的實際發生

變動製造費用	14,000,000	
固定製造費用	8,000,000	
應付帳款		22,000,000

(4)變動製造費用的分攤

在製品存貨	14,000,000	
已分攤的變動製造費用		14,000,000

(5)產品製造完成

製成品存貨	90,000,000	
在製品存貨		90,000,000

(6)產品出售

銷貨成本	81,000,000	
製成品存貨		81,000,000
應收帳款	108,000,000	
銷貨收入		108,000,000

(7)銷管費用的支出

變動銷管費用	6,000,000	
固定銷管費用	4,000,000	
現　金		10,000,000

(8)結帳分錄

銷貨收入	108,000,000	
銷貨成本		81,000,000
固定製造費用		8,000,000
變動銷管費用		6,000,000
固定銷管費用		4,000,000
損益彙總		9,000,000

由第(8)個結帳分錄，可明顯的看出，固定製造費用 $8,000,000 被視為期間成本，不像在全部成本法下，被當作產品成本的一部分。

8.3 全部成本法與變動成本法的損益表

茲以中正公司為例，說明在全部成本法與變動成本法下，損益表編製上的差異，基本資料如表 8–2 所列示。假設該公司採用標準成本法來計算產品成本，所有差異都調整到銷貨成本中。

表 8–2　中正公司基本資料：2002 年度

單位標準成本		
直接原料	$4,000	
直接人工	150	
製造費用：		
變　動	100	
固　定	150	@$4,400
預算固定製造費用		$　423,750,000
生產單位數		
本期開始且完成單位數		2,825,000 單位
期初製成品存貨		10,000 單位
期末製成品存貨		20,000 單位

本期銷售量		2,815,000 單位
差異		
直接原料價格差異		$(180,000) F
直接原料數量差異		800,000 U
直接人工工資率差異		1,170,000 U
直接人工效率差異		372,000 U
製造費用(三項差異分析):		
價格差異		24,000 U
效率差異(只含變動的部分)		120,000 U
生產數量差異		1,500,000 U
總差異	$	3,806,000 U
銷管費用(固定 $8,000,000;變動 $10,000,000)	$	18,000,000
銷貨收入(@$5,000)	$14,075,000,000	
*假設不須考慮所得稅。		

中正公司的主要業務為製造和銷售監視器,採用大量生產方式來製造。由於生產排程穩定,產銷配合良好,所以採用標準成本制度,如表 8–2 上的資料,2002 年度的產品單位標準成本 $4,400, 其中直接原料成本 $4,000 為主要生產成本要素。

2002 年度預算固定製造費用為 $423,750,000,預計在該年度本期開始且完成的單位數為 2,825,000 單位,所以每單位產品需分攤固定製造費用 $150。期初有製成品存貨 10,000 單位,加上本期製造且完成的 2,825,000 單位,減去本期銷售量 2,815,000 單位,所得期末存貨為 20,000 單位。

由於中正公司採用標準成本制度來計算產品生產成本,所以在期末比較實際成本與標準成本,所得的差異數分別列示在表 8–2 上。每單位監視器的售價為 $5,000,銷售量如前段所述,所以 2002 年度的銷貨收入為$14,075,000,000。

表 8–3 為全部成本法下的標準製造成本表, 在 2002 年度中正公司投入生產監視器的標準成本總數為 $12,430,000,000,包括了直接原料、直接人工、變動與固定的製造費用。

表 8–3　全部成本法下的標準製造成本表

中正公司 標準製造成本表（全部成本法） 2002 年		
		單位：千元
投入生產標準成本：		
直接原料成本（$4,000×2,825）		$11,300,000
直接人工（$150×2,825）		423,750
製造費用：		
變動（$100×2,825）	$282,500	
固定（$150×2,825）	423,750	706,250
總投入生產的標準成本總數		$12,430,000

表 8–4 為採用全部成本法所編製的損益表，本期的營業淨利為 $1,667,194,000。

表 8–4　全部成本法下的損益表

中正公司 損益表（全部成本法） 2002 年度		
		單位：千元
銷貨收入		$ 14,075,000
銷貨成本：		
期初存貨	$ 44,000	
加：標準製造成本（表 8–3）	12,430,000	
不利差異總數	3,806	
可供銷貨商品	$12,477,806	
減：期末存貨標準成本	88,000	
銷貨成本		(12,389,806)
銷貨毛利		$ 1,685,194
減：銷管費用		(18,000)
營業淨利		$ 1,667,194

表 8–5 為變動成本法下的標準製造成本表，總投入變動標準成本為

$12,006,250，不包括固定製造費用。

表 8–5　變動成本法下的標準製造成本表

中正公司 標準製造成本表（變動成本表） 2002 年	單位：千元
投入生產標準成本：	
直接原料（$4,000 × 2,825）	$11,300,000
直接人工（$150 × 2,825）	423,750
變動製造費用（$100 × 2,825）	282,500
總投入變動標準成本	$12,006,250

表 8–6 為變動成本法下的損益表，2002 年度的營業淨利為 $1,665,694,000。

表 8–6　變動成本法下的損益表

中正公司 損益表（變動成本法） 2002 年度		單位：千元
銷貨收入		$14,075,000
變動銷貨成本：		
期初存貨（$4.25 × 10）	$ 42,500	
加：變動標準製造成本（表 8–5）	12,006,250	
不利差異*	2,306	
可供銷貨商品	$12,051,056	
減：期末存貨標準成本**（$4,250 × 20）	85,000	
變動銷貨成本	$11,966,056	
加：變動銷管費用***	10,000	
總變動成本		(11,976,056)
邊際貢獻		$ 2,098,944
減：預算固定製造費用	$425,250	
固定銷管費用	8,000	(433,250)
營業淨利		$ 1,665,694

*不利差異	
總差異	$3,806
減：生產數量差異	1,500
不利差異	$ 2,306
**期末標準存貨（單位：元）	
總標準單位成本	$ 4,400
減：標準固定製造費用單位成本	150
標準變動單位成本	$ 4,250
***銷管費用（單位：千元）	
總金額	$ 18,000
減：固定費用	8,000
變動費用	$ 10,000

8.4 全部成本法與變動成本法的損益差異分析

在全部成本法與變動成本法下，如果本期的生產數量與銷售數量不相同時，兩個方法所得的營業淨利就不同，如前面 8.3 節所述的中正公司釋例。至於差異部分可以下列三種公式來計算：

淨利差異數

=（本期生產量 − 本期銷售量）× 預算的固定製造費用率 (1)

或

淨利差異數

= 期末存貨中的固定製造費用 − 期初存貨中的固定製造費用 (2)

或

淨利差異數

= 期初存貨與期末存貨的增減數量 × 預算的固定製造費用率　(3)

在一般實務上，較多企業採用第(3)公式來計算淨利差異數，一方面資料蒐集簡單，另一方面計算過程較容易瞭解。

從表 8–4 及表 8–6 中可發現，中正公司的營業淨利在全部成本法及變動成本，差異分析如下：

營業淨利：	
全部成本法	$1,667,194,000
變動成本法	1,665,694,000
淨利差異	$　1,500,000

淨利差異分析如下：

製成品存貨：	
期　末	20,000
期　初	(10,000)
期末存貨增加數	10,000

淨利差異 = 總存貨變動量 × 固定製造費用分攤率

$= 10,000 \times \$150 = \$1,500,000$

8.5　存貨數量變化對損益的影響

有時各年度之間的期末存貨數量不盡然相同，兩年度的期末存貨數量可能為存貨數不變、存貨數上升、存貨數減少。茲以表 8–7 列示存貨數量變化對損益的影響，可以發覺事實上每年損益的差異是來自於期末、期初存貨數量的差異數，乘以固定製造費用分攤率。當然這必須假設固定製造費用率在各個年度並不改變，否則將會使計算更複雜。

表 8–7 存貨數量變化對損益的影響

	第一年	第二年	第三年
期出存貨量	0	0	50
本期產量	200	150	200
可供銷售量	200	150	250
本期銷售量	200	100	250
期末存貨量	0	50	0
存貨量增減	0	+50	−50
(全部成本法:單位成本 50)			
期初存貨成本	$ 0	$ 0	$ 2,500
本期製造成本	10,000	7,500	10,000
可供銷售成本	$10,000	$7,500	$12,500
銷貨成本	10,000	5,000	12,500
期末存貨成本	$ 0	$2,500	$ 0
(變動成本法:單位成本 $40)			
期初存貨成本	$ 0	$ 0	$ 2,000
本期製造成本	8,000	6,000	8,000
可供銷售成本	$ 8,000	$6,000	$10,000
銷貨成本	8,000	4,000	10,000
期末存貨成本	$ 0	$2,000	$ 0
損益增(減)額	$ 0	$ 500	$ (500)

表 8–7 資料的計算列示如下:

年 度	期末存貨	−	期初存貨	=	存貨增減量	×	固定製造費用分攤率	=	損益影響
第一年	0	−	0	=	0	×	$10	=	$ 0
第二年	50	−	0	=	50	×	$10	=	$ 500
第三年	0	−	50	=	−50	×	$10	=	$ −500

本章彙總

全部成本法和變動成本法的最主要差別，在於產品成本的計算與損益表的揭露方式。在全部成本法之下，所有製造成本（包括固定和變動）都視為產品成本的一部分。變動成本法依成本習性將成本分為變動成本和固定成本兩類，產品成本只包括變動製造成本，固定製造成本則被視為期間成本的一種。

當存貨發生變動時，全部成本法與變動成本法的損益數字將會有所不同，其差異原因乃是兩者對固定製造費用的處理不同。存貨增減變動時，將會使兩種方法下的損益發生下面的差異：(1)如果本期的生產量等於銷售量（存貨沒有變動），全部成本法的營業利益等於變動成本法的營業利益；(2)如果本期的生產量大於銷售量（存貨減少），變動成本法下的營業利益較高；(3)如果本期的生產量小於銷售量（存貨增加），則全部成本法下會產生較高的營業利益。由於變動成本法的存貨評價方法並不符合一般公認會計準則，所以對外的財務報告採用全部成本法下的損益表。

雖然變動成本法和全部成本法是兩種不同的產品成本法，但各有其健全的理論基礎。全部成本法將所有固定製造費用視為產品成本，象徵著公司有這樣的生產要素；變動成本法則認為，即使不從事生產活動，這些固定製造費用仍照常發生，所以這些成本應視為期間成本，而非產品成本。

名詞解釋

- **邊際貢獻 (Contribution Margin)**

  銷貨收入減去變動成本的餘額。

- **全部成本法 (Full Costing)**

  亦稱吸納成本法，為傳統的成本法，其將直接原料成本、直接人工成本和製造費用，皆列為產品成本或存貨成本。

- **產品邊際貢獻 (Product Contribution Margin)**

  銷貨收入減去直接原料成本、直接人工成本和變動製造費用之後的餘額。

- **變動成本法 (Variable Costing)**

  亦稱直接成本法，其只將直接原料成本、直接人工成本和變動製造費用列為產品成本或存貨成本，固定製造費用視為期間成本的一種。

作業

一、選擇題

(　) 8.1 下列何種成本會計法常被稱為直接成本法? (A)攸關成本法 (B)主要成本法 (C)變動成本法 (D)全部成本法。

(　) 8.2 將固定製造費用視為期間成本，為哪一種成本方法? (A)變動成本法 (B)歸納成本法 (C)標準成本法 (D)固定成本法。

(　) 8.3 無論在全部成本法或變動成本法之下，皆被視為產品成本的是 (A)管理人員成本 (B)變動行銷費用 (C)廠房折舊費用 (D)為使機器能運轉所需耗費的電費。

(　) 8.4 耐美公司為一家製造網球拍的廠商，該公司根據預計產能計算網球拍的單位成本如下:

	單位成本
直接原料	$ 8
直接人工	14
變動製造費用	4
固定製造費用	10
變動行銷及管理費用	12
固定行銷及管理費用	8

在變動成本法下，存貨的單位成本為 (A) $22 (B) $32 (C) $26 (D) $38。

(　) 8.5 為何變動成本法不符合一般公認會計準則? (A)固定製造費用被假設為期間成本 (B)變動成本法將變動管理費用包含於存貨成本中 (C)變動成本法在產業界中不流行 (D)當進行存貨評價時，變動成本法忽略成本市價孰低的評價。

(　) 8.6 在全部成本法之下，產品成本的組成為何?

	甲	乙	丙	丁
直接人工	×		×	×
直接原料	×	×	×	
廣告成本			×	
間接物料	×	×		×
間接人工		×	×	×
銷售佣金	×			
工廠水電費	×		×	×
管理人員薪資			×	
辦公室折舊費用	×			
研發費用			×	

(A)甲　(B)乙　(C)丙　(D)丁。

(　) 8.7　通捷公司生產 5,000 單位的產品，且銷售其中的 4,000 單位。每單位的總製造成本 $50 (變動成本 $10，固定成本 $40)。假設並無期初存貨，若採用全部成本法而不採用變動成本法，則對淨利有何影響？　(A)淨利少 $40,000　(B)淨利多 $40,000　(C)淨利不變　(D)淨利多 $20,000。

(　) 8.8　中臺公司的成本資料如下：

固定製造成本	$20,000
固定銷售及管理費用	10,000
變動銷售成本 (每單位)	10
變動製造成本 (每單位)	20
期初存貨	0 單位
本期生產量	100 單位
本期銷售量 @$400	90 單位

請問變動及全部成本法下的淨利分別為何？

	變動成本法	全部成本法
(A)	$3,200	$5,200

(B)	$3,300	$5,300
(C)	$5,200	$3,200
(D)	$5,300	$3,300

(　) 8.9 維生公司在第一年的營運中生產 10,000 單位的產品，期末出售 9,000 單位，並且無期末在製品。總成本包括 $1,600,000 的直接原料成本及直接人工成本，$400,000 的製造費用（60% 為固定），$800,000 的銷管費用（80% 固定）。在變動成本法下，期末製成品存貨成本為 (A) $200,000 (B) $176,000 (C) $184,000 (D)以上皆非。

二、問答題

8.10 請說明全部成本法的成本流程。

8.11 請說明變動成本法的成本流程。

三、練習題

8.12 興技公司 2002 年存貨成本和銷管費用的資料如下：

直接原料成本	$30,000	固定製造費用	$8,000
直接人工成本	10,000	變動銷管費用	4,000
變動製造費用	5,000	固定銷管費用	2,000

試求：1. 計算 2002 年變動成本法下的存貨成本。
2. 計算 2002 年全部成本法下的存貨成本。

8.13 易勝公司於 2002 年 1 月開始生產 78,500 單位的新產品，該產品的單位變動製造費用及單位固定製造費用分別是 $30 和 $10。2002 年 12 月 31 日該產品的期末存貨有 500 單位。

試求：採用變動成本法時，期末存貨金額與全部成本法下的期末存貨金額相差數為何?

8.14 下列資料為岡山公司第一年的營運資料，該年度生產 50,000 單位：

銷貨收入（@ $50）	$1,700,000	總變動銷管費用	$300,000
總固定製造成本	400,000	總固定銷管費用	164,000
總變動製造成本	500,000		

試求：1. 請以下列二種方法計算損益。

(1)全部成本法。

(2)變動成本法。

2. 解釋(1)和(2)兩種方法所決定之損益不同的原因。

8.15 以下資訊為德成公司新產品線的資料：

變動製造成本（每單位）	$ 13
每年固定製造成本（預計產能 50,000 單位）	75,000
每年固定銷管費用	34,000
變動銷管費用（每銷售單位）	5
每單位售價	30

該公司無期初存貨，當年度生產 25,000 單位，其中 22,000 單位已銷售。

試求：1. 期末存貨成本（採全部成本法）。

2. 期末存貨成本（採變動成本法）。

3. 該公司的損益（採全部成本法）。

4. 該公司的損益（採變動成本法）。

5. 解釋 3. 和 4. 損益不同的原因。

8.16 平時 A、B 及 C 公司在正常產能（600,000 單位）的情況下、固定製造費用均為 $3,000,000。該公司內部控制所需之報表均採變動成本法，而在期末時將其調整為全部成本法。相關資料如下：

	A 公司	B 公司	C 公司
生產單位	120,400	119,600	119,000

銷售單位	119,200	120,600	119,000
變動成本法損益	100,000	104,200	99,400

試求：1. 每年期末轉換為全部成本法損益的調整數目各為多少？

2. 每年採用全部成本法的情況下，損益各為多少？(請就 A、B、C 三家公司分別列示)

8.17 大華公司的總經理請你幫忙編製該公司的財務報表。該公司平常採用變動成本法，每年的固定製造成本為 $7,000，期末均無在製品存貨。

大華公司

全部成本法下的損益表

	2002 年度		2003 年度	
銷貨收入		$ 56,000		$ 47,600
銷貨成本：				
期初存貨——製成品	$ 4,200		$ 3,150	
製造成本	31,500		28,000	
小　計	$35,700		$31,150	
期末存貨——製成品	(3,150)		(3,360)	
銷貨成本總計		(32,550)		(27,790)
銷管費用(其中 $8,000 為固定成本)		(14,700)		(13,300)
稅前淨利		$ 8,750		$ 6,510

試求：將 2003 年全部成本法損益表轉為變動成本法損益表。

8.18 鑫華公司最近一年的成本資料如下：

標準單位成本：	
直接原料成本	$ 6.00
直接人工成本	8.00
變動製造費用	2.00
固定製造費用	4.00
小　計	$20.00
生產單位：	

期初存貨	20,000
本期生產	180,000
銷售量	160,000
期末存貨	40,000
銷管費用：	
變　動	$400,000
固　定	$200,000
單位售價	$　　30

試求：1. 以變動成本法計算本期損益數。
　　　2. 以全部成本法計算本期損益數。

8.19 大中公司的產品成本資料如下：

單位銷售成本	$　　30
單位變動製造成本	16
固定製造成本	50,000
單位變動管理費用	6
固定銷管費用	30,000

該公司無期初存貨，且本年度生產 12,500 單位，其中 10,000 單位已銷售。

試求：1. 變動成本法下的期末存貨成本。
　　　2. 全部成本法下的期末存貨成本。

8.20 明達公司的資料如下：

	合　計	變動成本	固定成本
銷貨收入	$4,000		
製成品成本	$2,400	$800	$1,600
銷售及管理費用	$1,000	$400	$　600
製成品	800 單位		
期初製成品存貨	0		
期末製成品存貨	100 單位		

試求： 1. 全部成本法下的期末存貨成本。
2. 銷貨毛利。
3. 全部成本法下的營業利益。
4. 變動成本法下的期末存貨成本。
5. 邊際貢獻。
6. 變動成本法下的營業利益。

8.21 富足公司第一年的營運資料如下：

製成品	1,000 單位
銷貨收入（750 單位）	$82,500
變動成本：	
製　造	$44,000
行銷及管理	$10,000
固定成本：	
製　造	$20,000
行銷及管理	$ 8,000
期末在製品存貨	0
期末製成品存貨	250 單位

試求： 1. 邊際貢獻。
2. 變動成本法下的營業利益。
3. 銷貨毛利。
4. 全部成本法下的營業利益。

四、進階題

8.22 大仁公司上年度計劃生產 400,000 單位的產品， 變動製造成本為每單位 $60。預計及實際固定製造成本皆為 $1,200,000，銷管費用為 $800,000。大仁公司當年度銷售 240,000 單位，售價為每單位 $80。

試求： 1. 期末存貨成本（採全部成本法）。
2. 期末存貨成本（採變動成本法）。

3. 當年度營業利益（採全部成本法）。

4. 當年度營業利益（採變動成本法）。

8.23 以下是大通公司 2002 年的標準單位成本：

原料成本	$24.00
人工成本	17.00
變動製造費用	19.20
固定製造費用	6.20
變動行銷費用	6.00
固定管理費用	18.00
	$90.40

估計售價為 $120，標準產量為 36,000 單位，去年產量為 36,000 單位，其中 6,000 單位為期末存貨；今年產量為 30,800 單位，其中 28,000 單位已出售。該公司無期末在製品存貨或原料存貨。

試求：以下列兩種方法編製大通公司的損益表。

1. 全部成本法。

2. 變動成本法。

（所有小數點四捨五入，至整數位；多或少分配製造費用轉至銷貨成本）

8.24 中友公司本月生產了 15,000 臺電視機，其中 12,000 臺已銷售。該公司使用先進先出成本法處理製成品存貨。下列為部分資料：

期初在製品 (6,000 單位)：		
原料成本 (100% 完工)		$24,000
人工成本 (50% 完工)		18,000
製造費用 (50% 完工)：		
變　動	$9,000	
固　定	7,500	16,500
期初製成品		0
本月生產成本：		

原料成本		60,000
人工成本		90,000
製造費用：		
變　動	$45,000	
固　定	37,500	82,500
期末在製品（4,500 單位）：		
原料（100% 完工）		18,000

本月無支出差異或使用差異，在月底有 4,500 單位製成品存貨。

試求：　比較變動成本法及全部成本法下的期末製成品存貨成本及銷貨成本。

8.25 大德公司的總經理，要求該公司的會計主任以直接成本法及全部成本法作成本分析。其中不利的人工效率差異，分攤於存貨之中。以下資料為會計主任所編製的損益表：

	D	C	B	A
銷貨收入	$500,000	$500,000	$500,000	$500,000
銷貨成本：				
現時成本	$240,000	$227,500	$152,500	$165,000
期初在製品	19,500	19,500	11,875	11,875
期末在製品	(20,000)	(28,333.5)	(20,833.5)	(12,500)
期初製成品	4,000	4,000	5,000	5,000
期末製成品	(10,000)	(14,166.5)	(10,416.5)	(6,250)
銷貨成本合計	$233,500	$208,500	$138,125	$163,125
銷貨毛利	$266,500	$291,500	$361,875	$336,875
其他成本	(120,000)	(120,000)	(195,000)	(195,000)
淨　利	$146,500	$171,500	$166,875	$141,875

試求：1. 會計主任所編製的損益表各採用何種會計方法？

2. 在各種會計方法下的產品成本。

3. 計算固定成本。

8.26 利臺公司以全部成本法，編製該公司過去兩年度的損益表如下：

	2001 年度	2000 年度
銷貨收入	$400,000	$500,000
銷貨成本（標準成本）	160,000	190,000
多（少）分配製造費用	5,000	(5,000)
銷管費用	100,000	110,000
營業利益	135,000	205,000

試求：以變動成本法編製這兩年度的損益表。假設這兩年的產能不變，且單位變動成本不變。

8.27 大華公司為生產餐廳設備的公司，以下為該公司 2002 年的變動成本法損益表。

銷貨收入	$ 740,000
減：變動製造成本	196,000
變動銷管費用	128,000
邊際貢獻	$ 416,000
減：固定製造成本	100,000
固定銷管費用	140,000
營業利益	$ 176,000

2002 年存貨中的固定及變動成本：

	期初存貨	期末存貨
在製品：		
變動成本	$12,000	$18,000
固定成本	16,000	20,000
小　計	$28,000	$38,000
製成品：		
變動成本	$52,000	$40,000
固定成本	32,000	16,000
小　計	$84,000	$56,000

試求：1. 該公司 2002 年的全部成本法損益表，含詳細的存貨數字。

2. 假設 2002 年初的存貨為零，則變動成本法下的營業利益會大於或小於全部成本法多少？

8.28 中瑞公司生產一種汽車零件，每單位的售價為 $22。該公司一年的正常產、銷量為 500,000 單位，以下是 2002 年的成本資料：

直接原料	$2.75/每單位	變動製造費用	$1.10/每單位
直接人工	3.30/每單位	變動銷管費用	2.20/每單位

中瑞公司 2002 年的固定製造費用為 $1,925,000，固定銷管費用為 $825,000。

試求：請在產量 500,000 單位，銷量 450,000 單位的水準下編製：

1. 全部成本法的損益表。
2. 直接成本法的損益表。
3. 解釋上述兩種方法差異之原因。

8.29 大立公司採用直接成本法，編製報表供內部管理階層使用，每年年底才將內部報表調整成全部成本法的報表。最近三年該公司內部報表的相關資訊如下：

	2000 年	2001 年	2002 年
銷售數量	345,000	277,500	290,000
生產數量	350,000	280,000	300,000
淨　利	$17,250	$14,000	$15,000
預計產能（單位）	250,000	300,000	300,000
預計固定製造費用	$750,000	$825,000	$840,000

試求：計算最近三年全部成本法之下的淨利。

8.30 以下資訊係摘錄自大星公司 2002 年的公開說明書：

	2001 年	2002 年
銷貨收入	$2,500,000	$3,564,000
銷貨成本：		

期初存貨	$ 0		$ 240,000	
本期製造成本	1,200,000		1,530,000	
可供銷售成本	$1,200,000		$1,770,000	
期末存貨	(240,000)	(960,000)	(102,000)	(1,668,000)
銷貨毛利		$1,540,000		$1,896,000
銷管費用		(940,000)		(1,224,000)
營業淨利		$ 600,000		$ 672,000

該公司 2001 及 2002 年的產銷及成本資訊如下：

	2001 年	2002 年
銷售數量	20,000	33,000
生產數量	25,000	30,000
變動製造成本/每單位	$32	$36
變動銷管費用/每單位	$8	$8
固定製造費用	$400,000	$450,000
固定銷管費用	$780,000	$960,000

試求：編製大星公司 2001 及 2002 年變動成本法下的損益表。

第9章

成本——數量——利潤分析

學習目標

- 認識損益平衡分析的意義
- 計算損益平衡點
- 瞭解目標利潤對損益平衡點的影響
- 繪製利量圖
- 考慮安全邊際的影響
- 評估敏感度分析
- 衡量營運槓桿
- 分析多種產品的成本——數量——利潤關係

前 言

任何企業的經營者必須瞭解公司產品的成本，以及售價與數量之間的關係，管理者需要知道每種費用的支出，及其對銷貨收入和利潤的影響。企業在正式從事生產和銷售某一種產品以前，必須先分析該產品的銷售對利潤的影響。本章主要以傢俱製造商的例子，來說明各種產品的成本——數量——利潤分析，同時討論其中一項變數的改變對利潤的影響情況，這些分析可用於規劃和控制營運活動方面。

9.1 損益平衡分析的意義

成本——數量——利潤 (Cost－Volume－Profit, CVP)分析著重於成本與數量變動對利潤影響的探討，此分析方法有助於管理階層的營運規劃與控制工作，可適用於製造業、買賣業和服務業。從成本——數量——利潤分析中，管理者可瞭解收入、成本、數量、利潤與所得稅之間的關係，這個分析方法可用於公司的某一單位或公司整體，以計算單項產品或多項產品的損益平衡點。

從成本——數量——利潤分析， 可得到公司的**損益平衡點** (Breakeven Point)； 在此點上，總收入正好等於總成本，亦即存在某一營業水準的銷售量或銷售額，公司的收入與支出正好會平衡，處於不賺也不賠的情況。損益平衡點分析可說是成本——數量——利潤分析中，讓利潤為零的一種分析。除此之外，成本——數量——利潤分析方式也運用於計算為賺取預期利潤所需的銷售量或銷售額。在這裡所談的利潤係指稅前利潤，詳細的計算程序在本章後面的章節會再詳加以說明。

在計算損益平衡點之前，要先瞭解使用成本——數量——利潤分析方法，所需符合的各項假設如下：

(1)營運活動水準要在攸關範圍內，銷貨收入和總變動成本與銷售量呈線性關係；但總固定成本維持一定水準，與銷售量無關。

⑵組織內所發生的成本，可區分為變動成本、固定成本、混合成本三種。

⑶變動成本的特性是總變動成本隨銷售量的增減而增減，兩者呈正比的關係；單位變動成本保持不變，不受銷售量的影響。

⑷固定成本的特性是總固定成本保持不變，但單位固定成本與銷售量會呈反比的關係。

⑸在作成本——數量——利潤分析之前，要將混合成本部分明確地區分為變動成本與固定成本兩部分。

⑹銷售產品組合比例維持不變。

⑺本期的銷售量與生產量相等，亦即無期末存貨或存貨水準未改變的情形。

企業在考慮推出一項新產品時，管理階層的考慮重點在於銷售量與利潤之間的關係。尤其是具有產品多樣化特性的公司，對於成本——數量——利潤分析方法使用的頻率更高，如優美股份有限公司，營業項目多且變化性大。為了公司成長的穩定和利潤的維持，會計部門可運用成本——數量——利潤分析，來研究每一種產品的銷售情況，以提供管理者作經營決策參考用。

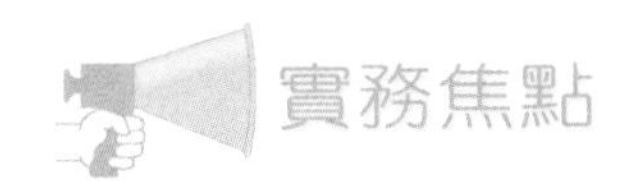

優美股份有限公司（http://www.ubos.com.tw）

優美公司成立於1973年，迄今已有29年的歷史，為臺灣第一自創品牌之辦公傢俱設備製造及銷售服務廠商，迄今不僅在臺灣辦公傢俱市場佔有領先地位，更擁有完整的亞洲行銷網絡。其設立之初，係代理銷售複印機，後來營業項目陸續加入辦公傢俱、傳真機、打卡鐘、印刷機等產品系列，逐漸發展成為辦公室自動化(OA)服務專家。秉持「不斷引進新觀念、新技術、新產品」的目標，優美公司更積極從事多元化經營，將業務範圍跨向建築、裝潢材料、室內設計等與辦公傢俱相關的行業。

近年來，服務業大幅成長，人們的工作價值觀改變，以致各企業愈來愈重視辦公環境的美觀及效率性。因此，優美公司將營業重心移向辦公傢俱的製造與銷售，以及事務機器銷售兩大類型。為迎接網路新經濟時代來臨，優美企業以「人性、空間、科技」為使命，致力滿足顧客多元化需求，除了高品質的辦公傢俱產品外，舉凡辦公環境所需要的空間設計、規劃、工程施作，到一般文具用品、全自動化 OA 設備、電腦軟體、網路通訊等，均可透過優美企業之 “Office Total Solutions” 辦公室整體解決方案， 提供企業用戶由天到地、從入口到出口之一切軟硬體設備需求，並且透過單一窗口即可得到全套服務。優美公司加入辦公傢俱市場以來，以造型新潮和品質卓越取勝，同時為因應市場上不同的需求而推出各種類型的產品。

由於產品多樣化，產品銷售組合對利潤的影響日趨重要，優美公司經營者對每一種產品的損益平衡分析，售價與成本變動對利潤的影響，以及最佳產品組合決策等方面皆十分重視。因此，會計部門需要運用成本——數量——利潤分析方法，將各項資料作有系統的分析，以提供管理者經營決策參考。

9.2 損益平衡點的計算

在正式計算損益平衡點之前，要先瞭解**邊際貢獻** (Contribution Margin) 的觀念，其衡量的方式可以使用單位或總數為基礎。所謂邊際貢獻係指售價與變動成本的差額，就單位而言，係指每單位銷售價格與每單位變動成本間的差額；就總數而言，係指銷貨收入減去總變動成本的差額。至於變動成本部分，則涵蓋了生產、銷售和行政方面的所有變動成本。在攸關範圍內，每單位的邊際貢獻是不變的，但總數會隨著銷售量的增加而增加。

換句話說，邊際貢獻為銷售收入扣除變動成本以後的餘額，也可說是對固定成本和利潤的貢獻。如果某項產品的銷售情況，其銷貨收入小於變動成本，即邊際貢獻為負值，則此產品不值得銷售。例如，青青公司的計算機，每臺的變動成本為 $300，如果售價低於 $300，則邊際貢獻為負數，此時青青公司是處於虧損的狀況。亦即，每賣出一臺，公司的虧損就會越大。因此管理者需隨時掌握此類的正確資訊，以免造成銷售情況佳，但公司卻虧損連連的情形產生。

損益平衡點的計算方法有方程式法、邊際貢獻法和圖解法三種。為使讀者瞭解計算程序，在此舉六合公司的例子說明。六合公司主要是製造和銷售辦公桌，表 9–1 為該公司 2002 年的損益表，單位邊際貢獻為 $800，邊際貢獻率為 40%。就六合公司在 2002 年營運分析而言，攸關範圍為 500 張到 3,000 張的辦公桌產品，每張桌子的售價為 $2,000，變動成本為 $1,200。變動成本的組成要素為製造桌子所耗用的原物料和所投入的人工，以及銷售部門的銷售佣金。至於固定成本部分，係指生產、銷售、行政三部門在 2002 年所發生的房屋與設備的折舊費用、保險費用、主管薪資等。

表 9–1　六合公司損益表

六合公司
損益表
2002 年度

	總　數	單　位	百分比
銷貨收入 (2,500 張)	$5,000,000	$2,000	100%
變動成本:			
生產部門	$2,500,000	$1,000	50%
銷售部門	500,000	200	10%
小　計	$3,000,000	$1,200	60%
邊際貢獻	$2,000,000	$ 800	40%
固定成本:			
生產部門	$ 800,000		
銷售部門	300,000		
行政部門	500,000		
小　計	$1,600,000		
利　潤	$ 400,000		

9.2.1　方程式法

利潤係指總收入減去總成本後的餘額，其方程式為:

$$\text{總收入} - \text{總成本} = \text{利潤} \tag{1}$$

總收入為單位售價與銷售數量的乘積，總成本則可依其成本習性區分為變動成本與固定成本。其中變動成本等於單位變動成本乘以銷售數量；然而在某一產能水準下，固定成本為一定額，所以總收入與總成本的方程式如下：

總收入 = 單位售價 × 銷售數量 (2)

總成本 = 變動成本 + 固定成本

= (單位變動成本 × 銷售數量) + 固定成本 (3)

將(2)式與(3)式代入(1)式中，可以得到下列方程式：

(單位售價 × 銷售數量) − [(單位變動成本 × 銷售數量) +

固定成本] = 利潤 (4)

在損益平衡時，利潤為零，因此

(單位售價 × 銷售數量) − [(單位變動成本 × 銷售數量) +

固定成本] = 0 (5)

銷售數量 = 固定成本 ÷ (單位售價 − 單位變動成本) (6)

六合公司銷售新型辦公桌，該新產品之單位售價為 $2,000，單位變動成本為 $1,200，每年固定成本為 $1,600,000，請問六合公司每年必須出售多少張辦公桌才能達到損益平衡？

假設損益平衡點的銷售數量為 BEQ，則依損益平衡點方程式，可得出下列等式：

$$(\$2,000 \times BEQ) - (\$1,200 \times BEQ + \$1,600,000) = \$0$$

$$BEQ = 2,000 \text{（張）}$$

由上面的結果可知，當六合公司出售 2,000 張辦公桌時，總收入為 $4,000,000，總成本也是 $4,000,000。也就是說六合公司的銷售量為 2,000 張辦公桌時，即為不賺也不賠的損益兩平情況。

9.2.2 邊際貢獻法

使用**邊際貢獻法** (Contribution Margin Approach)，需先計算銷售一單位所產生的**單位邊際貢獻** (Unit Contribution Margin)。所謂單位邊際貢獻，係指單位售價減單位變動成本，亦即：

$$\text{單位邊際貢獻} = \text{單位售價} - \text{單位變動成本} \tag{7}$$

單位邊際貢獻表示每出售一單位所產生對固定成本和利潤的貢獻。因此，將固定成本除以單位邊際貢獻，即可得出損益平衡點之銷售數量，其公式為：

$$\text{損益平衡點的銷售數量} = \frac{\text{固定成本}}{\text{單位邊際貢獻}} \tag{8}$$

$$BEQ = \frac{TFC}{@CM}$$

損益平衡點除了可以數量的方式表示，亦可以銷售金額表示。

將(8)式等式兩邊同乘以單位售價，可得：

$$\text{損益平衡點的銷售數量} \times \text{單位售價} = \frac{\text{固定成本}}{\text{單位邊際貢獻}} \times \text{單位售價}$$

$$\text{損益平衡點的銷售金額} = \frac{\text{固定成本}}{\text{單位邊際貢獻} \div \text{單位售價}}$$

上式中，分母為單位邊際貢獻除以單位售價，此一比率又稱為**邊際貢獻率** (Contribution Margin Ratio)，表示每一塊錢的銷售金額所產生的邊際貢獻，因此將上式簡化，可得：

$$\text{損益平衡點的銷售金額} = \frac{\text{固定成本}}{\text{邊際貢獻}} \tag{9}$$

$$BER = \frac{TFC}{CM\%}$$

以前面六合公司為例，則依據邊際貢獻法計算損益平衡點的銷售數量及銷售金額如下：

$$\text{單位邊際貢獻} = \$2,000 - \$1,200 = \$800$$

$$\text{損益平衡點的銷售數量 } BEQ = \frac{\$1,600,000}{\$800} = 2,000 \text{（張）}$$

若以銷售金額表示，則需先計算邊際貢獻率：

$$\text{邊際貢獻率} = \frac{\$800}{\$2,000} = 40\%$$

$$\text{損益平衡點的銷售金額 } BER = \frac{\$1,600,000}{40\%} = \$4,000,000$$

9.2.3 圖解法

以圖解法來說明損益平衡點，係將成本——數量——利潤之間的關係繪於平面座標圖上（稱為**成本——數量——利潤圖**，Cost-Volume-Profit Chart；或**損益平衡圖**，Breakeven Point Chart)，如圖 9-1，總收入等於總成本的點即為損益平衡點。

成本——數量——利潤圖係由總收入線、總成本線、變動成本線與固定成本線所構成，其中總成本線為變動成本線與固定成本線的垂直加總，茲分別說明如下：

1. **總收入線**

總收入係單位售價乘以銷售數量，當銷售數量為零時，總收入等於零。隨

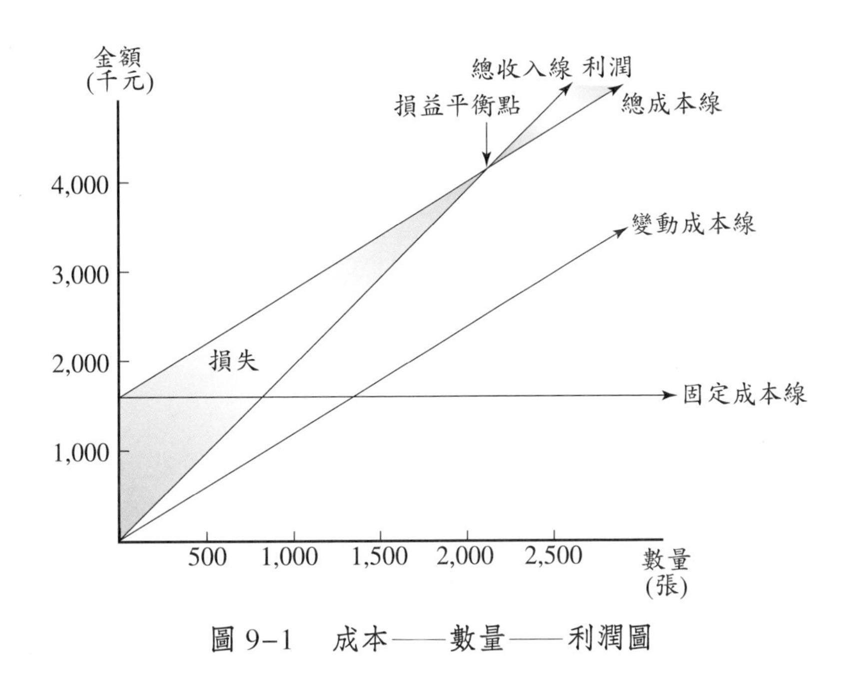

圖 9–1　成本——數量——利潤圖

著銷售數量增加，總收入亦呈等比例增加，因此總收入線為一通過原點且斜率為正數的直線。

2. 變動成本線

變動成本為單位變動成本乘以銷售數量，當銷售數量為零時，變動成本為零，隨著銷貨成本增加，變動成本呈等比例增加，因此變動成本線亦為一通過原點且斜率為正數的直線。

3. 固定成本線

固定成本在攸關範圍內並不隨著銷售數量而改變，故為一條與橫座標（銷售數量軸）平行的直線。

4. 總成本線

總成本等於變動成本與固定成本的總和，因此總成本線的畫法係將變動成本線與固定成本線垂直加總。

成本——數量——利潤圖的畫法有下列兩種方法，其主要的差異在於變動成本線與固定成本線的累加順序不同，茲以六合公司為例來說明如下 (圖 9–2)。

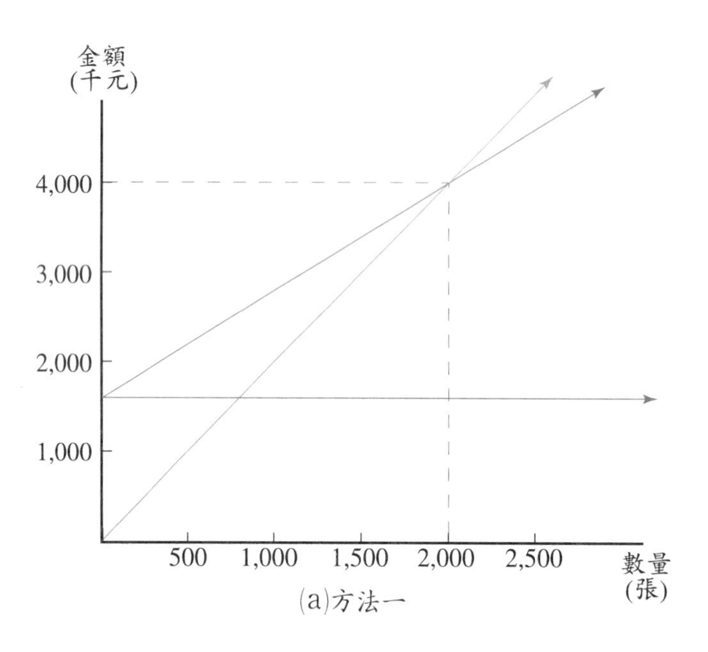

(a)方法一

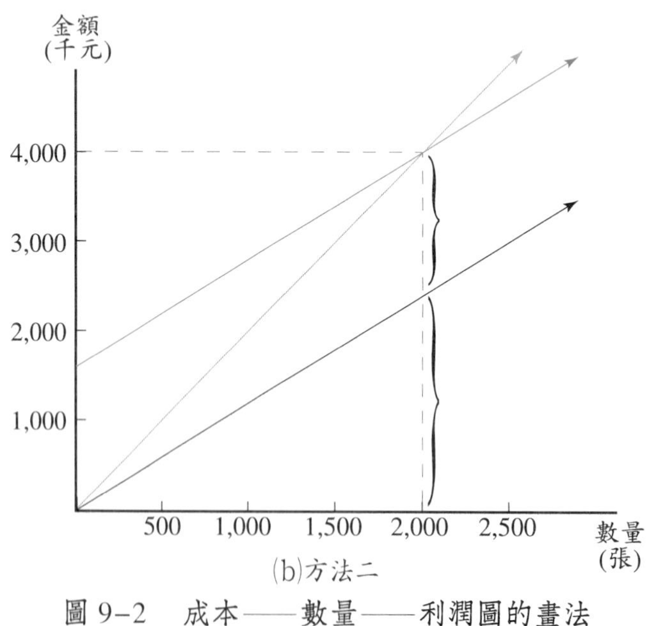

(b)方法二

圖 9–2　成本——數量——利潤圖的畫法

(a)方法一

【步驟 1】繪製固定成本線：本例中的固定成本為 \$1,600,000，因此於縱座標上找出金額為 \$1,600,000 的點，並以此點作一條與橫座標平行的直線，此線即為固定成本線。

【步驟 2】將變動成本加總於固定成本線上得出總成本線：本例中，當銷售量為零時總成本為固定成本 $1,600,000 加上變動成本 $0，亦即 $1,600,000；當銷售量為 1,500 張時，總成本等於固定成本 $1,600,000，加上變動成本 $1,800,000，亦即 $3,400,000，過此兩點畫一直線即可得出總成本線。

【步驟 3】繪出總收入線：當銷售量為零時，總收入為 $0，當銷售量為 1,500 張時，總收入為 $3,000,000，過此兩點畫一直線即可得出總收入線。

(b)方法二

【步驟 1】先繪出變動成本線：當銷售量為零時，變動成本為 $0，銷售量為 1,500 張時，變動成本為 $1,800,000，過此兩點畫出變動成本線。

【步驟 2】將固定成本加總於變動成本上得出總成本線： 在銷售量為零時，當變動成本 $0 加上固定成本 $1,600,000，即總成本等於 $1,600,000；當銷售量為 1,500 張時，總成本等於變動成本 $1,800,000 加上固定成本 $1,600,000，即 $3,400,000，過此兩點畫出總成本線。

【步驟 3】繪製總收入線：同方法一的步驟 3。

上述兩種繪製成本——數量——利潤圖的方法，所隱含的資訊並不完全相同，其中方法二中的總收入線與變動成本線皆從原點畫起，因此這二條線的縱軸距離即為邊際貢獻；但是由方法一中，無法獲得此項資訊。

9.3 目標利潤對損益平衡點的影響

由成本——數量——利潤圖中，除了得知損益平衡點的銷售數量外，亦可瞭解在其他銷售水準下，成本——數量——利潤之間的關係。就公司而言，其損益平衡點的銷售量為 2,000 張，當銷售量超過 2,000 張時即有利潤，低於 2,000 張時則發生損失。例如銷售量為 2,500 張時，將產生 $400,000 的利潤，而銷售數量為 1,000 張時，發生 $800,000 的損失。

9.3.1 稅前目標利潤

以六合公司為例，若管理當局想知道每年欲賺取稅前利潤 $800,000 時，應銷售多少張辦公桌？以 9.2 節中所列之方程式法及邊際貢獻法分述如下：

1. 方程式法

由前面第(4)式再加上稅前目標利潤的考量，即得：

(單位售價 × 銷售數量) − [(單位變動成本 × 銷售數量) + 固定成本] = 稅前目標利潤

將六合公司的基本資料代入上式，即可得到：

$$(\$2,000 \times BEQ) - [(\$1,200 \times BEQ) + \$1,600,000] = \$800,000$$

$$BEQ = 3,000 \text{ (張)}$$

2. 邊際貢獻法

在邊際貢獻法下，如前面第(8)式，將預定的稅前目標利潤代入分子，即可得下列公式：

$$\text{銷售數量} = \frac{\text{固定成本} + \text{稅前目標利潤}}{\text{單位邊際貢獻}}$$

$$BEQ = \frac{\$1,600,000 + \$800,00}{\$2,000 - \$1,200} = 3,000 \text{ (張)}$$

由上述二種方法的計算得知，六合公司每年如果要賺取稅前利潤 $800,000，應銷售 3,000 張辦公桌才能達到預期目標。

9.3.2 稅後目標利潤

在此之前，為容易說明計算過程起見，皆未考慮所得稅的部分；但實務上，各個營利事業皆需要繳納所得稅，經營者所關心的重點也就在於稅後的利潤。如果將所得稅考慮到前面第(1)式，即可得下列方程式：

$$(總收入-總成本)-(總收入-總成本)\times 稅率=稅後淨利$$

$$(總收入-總成本)\times(1-稅率)=稅後淨利$$

$$(總收入-總成本)=\frac{稅後淨利}{1-稅率} \tag{10}$$

再將

$$總收入=銷貨收量\times 單位售價$$

$$總成本=銷貨數量\times 單位變動成本+固定成本$$

代入(10)式，即可得到修正後的方程式如下：

$$(銷貨數量\times 單位售價)-[(銷貨數量\times 單位變動成本)+固定成本]$$

$$=\frac{稅後淨利}{1-稅率} \tag{11}$$

或

$$(單位售價-單位變動成本)\times 銷貨數量-固定成本=\frac{稅後淨利}{1-稅率} \tag{12}$$

由(12)式，可得到邊際貢獻法在考慮所得稅後，修正如下：

$$銷售數量稅後目標利潤的銷貨數量=\frac{固定成本+\dfrac{稅後目標利潤}{1-稅率}}{單位邊際貢獻} \tag{13}$$

此外，必須特別注意，所得稅對損益平衡分析並無影響，因為在損益平衡點時利潤為零，自然就沒有所得稅的問題。

以六合公司為例，假設所得稅率為 25%，管理當局想瞭解每年稅後目標利潤為 \$600,000 時，應銷售多少張辦公桌？

方程式法：

$$(\$2{,}000 - \$1{,}200) \times BEQ - \$1{,}600{,}000 = \frac{\$600{,}000}{1 - 25\%}$$

$$BEQ = 3{,}000 \text{（張）}$$

9.4 利量圖

在成本——數量——利潤圖中（如圖 9–1），以總收入線、總成本線來敘述成本、數量及利潤間的關係；然而，在利量圖中，以淨利線與銷售線來說明銷貨與利潤間的關係，如圖 9–3。在此，損益平衡點仍為 \$4,000,000；如果銷售額降至 \$3,000,000 會產生 \$400,000 損失。

利量圖中的淨利線，其斜率為利量率，也就是邊際貢獻率。淨利線上的每一個點，表示在不同的銷貨水準下的損益金額，管理者依其決策的需求，決定所採用的圖形，如果重點在於分析總收入與總成本的關係，則宜採用成本——數量——利潤圖；如果重點在於分析總收入與利潤的關係，則適合採用利量圖。

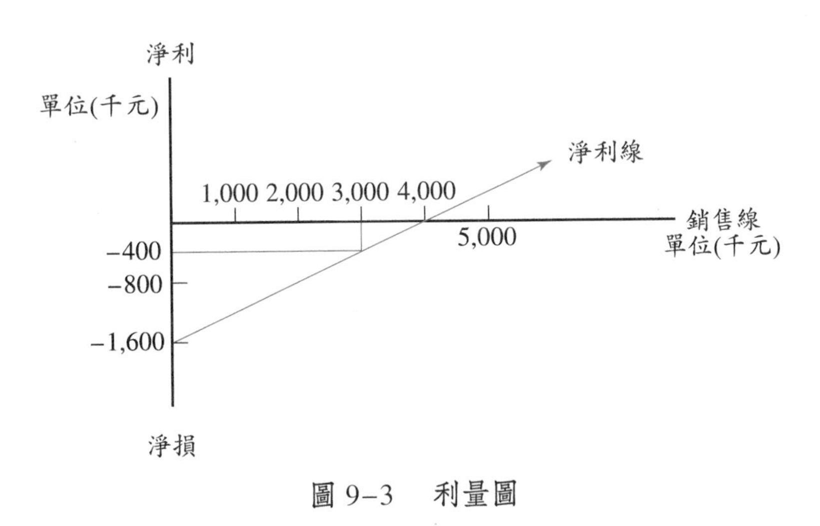

圖 9–3　利量圖

9.5　安全邊際

所謂**安全邊際** (Margin of Safety) 係指預期或實際銷貨收入（或銷售量）超過損益平衡點銷貨收入（或銷售量）的部分。假設六合公司預期的銷貨收入為 \$5,000,000，損益平衡點的銷貨收入為 \$4,000,000，則其安全邊際為 \$1,000,000，其計算式如下：

安全邊際 = 預期（或實際）的銷貨收入 − 損益平衡點的銷貨收入 ⑭

\$1,000,000 = \$5,000,000 − \$4,000,000

除此之外，還可以安全邊際除以預期或實際的銷貨收入（或銷售量），得到安全邊際率，其計算式如下：

安全邊際率 = 安全邊際 ÷ 損益平衡點的銷貨收入 ⒂

25% = \$1,000,000 ÷ \$4,000,000

如果預期的銷貨收入下降 $1,000,000，六合公司仍能達到損益平衡的情況，對營運仍無虧損的風險。

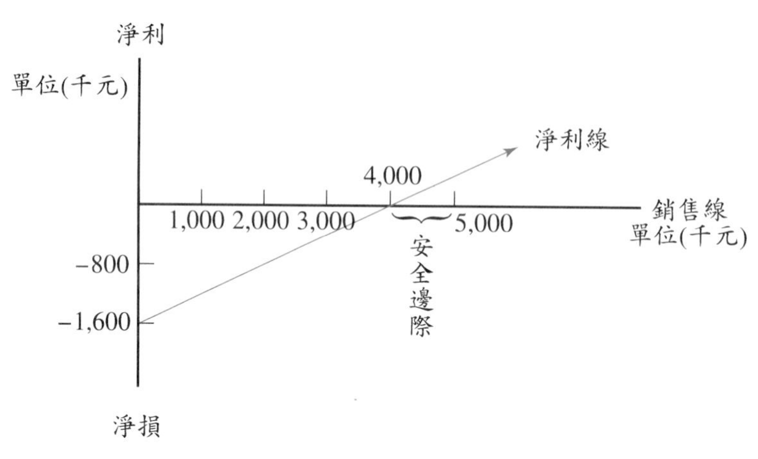

圖 9–4　安全邊際

安全邊際表示預期或實際的銷售金額超過損益平衡點的銷售金額部分，因此就安全邊際的銷售金額中，扣除變動成本即是所謂的利潤，可以下列的式子來說明利潤、安全邊際與利量率的關係。

利潤

=（預期或實際的銷售數量 − 損益平衡點銷售數量）× 單位邊際貢獻 (16)

或

利潤

=（預期或實際的銷售金額 − 損益平衡點銷售金額）× 邊際貢獻率 (17)

或

利潤 = 安全邊際 × 利量率 (18)

若將(18)式中等式兩邊同除以銷售金額，則可得到下列的關係式：

$$\frac{\text{利潤}}{\text{銷售金額}}=\frac{\text{安全邊際}}{\text{銷售金額}}\times\text{利量率} \tag{19}$$

$$\text{利潤率}=\text{安全邊際率}\times\text{利量率} \tag{20}$$

(20)式表示在某一特定銷貨水準下，利潤率等於銷售金額超過損益平衡點的部分所佔的銷售金額的百分比（即安全邊際率），乘上每一塊錢所產生的邊際貢獻（利量率）。

9.6　敏感度分析

在成本——數量——利潤的分析中，主要的三個變數為單位售價、單位變動成本、固定成本，只要其中任何一個變數或一個以上變數的改變，所計算出來的損益平衡點就不同。針對此點，可採用**敏感度分析** (Sensitivity Analysis) 來瞭解變數的改變，對損益平衡點或損益的影響程度。為使讀者熟悉敏感度分析的應用，以聯合公司為例來說明。

聯合公司為一家專門從事於家具製造的公司，該公司只生產單一產品桌子，以下是該公司於2002年的損益表（假設該公司2002年共銷售10,000張桌子）。

聯合公司
損益表
2002年度

銷貨收入		$1,000,000
銷貨變動:		
變　動	$300,000	
固　定	100,000	(400,000)
銷貨毛利		$ 600,000

銷管費用：		
變　動	$100,000	
固　定	100,000	(200,000)
		$ 400,000

由上述聯合公司損益表，可以得到下列資料：

(1)單位售價 = \$1,000,000 ÷ 10,000 = \$100

(2)單位變動成本 = (\$300,000 + \$100,000) ÷ 10,000 = \$40

(3)固定成本 = \$100,000 + \$100,000 = \$200,000

(4)損益平衡點銷售金額 $= \dfrac{\$200,000}{(\$100 - \$40)} \times \$100 \doteqdot \$333.333$

9.6.1 單位售價的改變

聯合公司管理當局為擬定行銷新策略，想知道不同售價對利潤及損益平衡點的影響；如果有三種不同的訂價，分別為 \$120、\$100、\$80，且售價並不影響銷售數量。由表 9-2 可瞭解銷售量為 10,000 張桌子時，不同的售價所產生的損益平衡點之銷售金額與利潤分析，同時在圖 9-5 上也可得到相同的資訊。

表 9-2　聯合公司損益表——單位售價改變

項目＼售價	$120	$100	$80
銷貨收入	$1,200,000	$1,000,000	$800,000
變動成本	(400,000)	(400,000)	(400,000)
邊際貢獻	$ 800,000	$ 600,000	$400,000
固定成本	(200,000)	(200,000)	(200,000)
利　潤	$ 600,000	$ 400,000	$200,000
損益平衡點銷售金額	$ 300,000	$ 33,333	$400,000

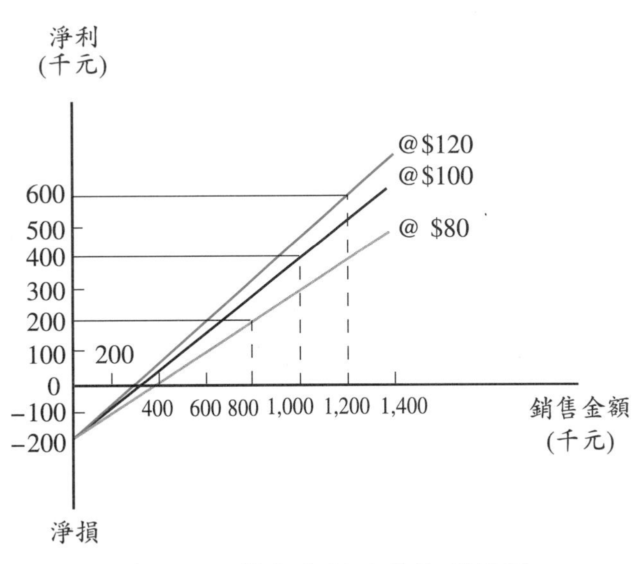

圖 9–5　單位售價改變的利量圖

由上面的圖表分析，可看出一個現象。當其他條件不變的情況下，單位售價愈高，則邊際貢獻愈高，損益平衡點的銷售金額也就愈低，同時利潤也愈來愈高。例如，表 9–2 的資料，單位售價由 $80 提高至 $100，銷售數量仍為 1,000 張桌子，使銷貨收入由 $800,000 提高到 $1,000,000，導致邊際貢獻增加 $200,000，同時利潤也增加 $200,000。

9.6.2　單位變動成本的改變

單位售價與單位變動成本的變動，對損益平衡點和利潤皆有影響，只是單位售價的影響呈正比例；單位變動成本的影響呈反比例，當單位變動成本愈高，則邊際貢獻愈低，所以損益平衡點提高，以及利潤降低。在此，以聯合公司的例子，來說明單位變動成本改變，對損益平衡點和利潤所造成的影響。

假設聯合公司預估 2003 年單位變動成本可能為 $45、$40、$35，其他狀況與 2002 年相同，則其對利潤與損益平衡點的影響如表 9–3 所示。其三種不同單位變動成本的利量圖如圖 9–6 所示。

表 9-3　聯合公司損益表——單位變動成本改變

項目＼單位變動成本	$45	$40	$35
銷貨收入	$1,000,000	$1,000,000	$1,000,000
變動成本	(450,000)	(400,000)	(350,000)
邊際貢獻	$ 550,000	$ 600,000	$ 650,000
固定成本	(200,000)	(200,000)	(200,000)
利　潤	$ 350,000	$ 400,000	$ 450,000
損益平衡點銷售金額	$ 363,636	$ 33,333	$ 307,692

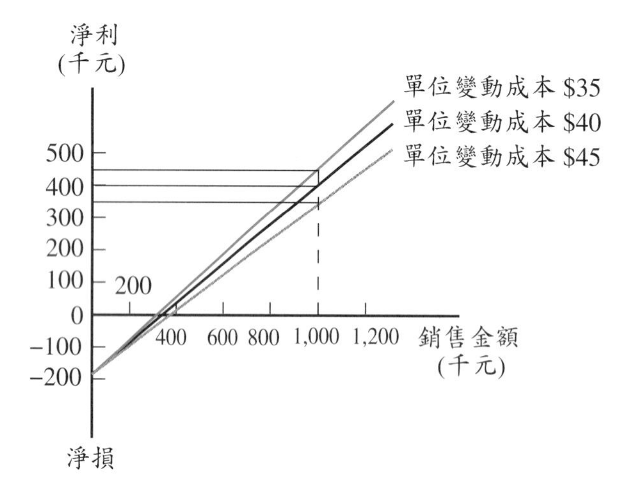

圖 9-6　單位變動成本改變的利量圖

9.6.3　固定成本的改變

假設聯合公司預估 2003 年的固定成本金額可能為 $150,000、 $200,000、$250,000，可由表 9-4 及圖 9-7 看出此三種不同金額的固定成本對利潤及損益平衡點的影響。固定成本的改變雖然對邊際貢獻沒有影響，但會使淨利線向下移動，使利潤下降和損益平衡點提高。

表 9–4　聯合公司損益表——固定成本改變

項目＼固定成本	$150,000	$200,000	$250,000
銷貨收入	$1,000,000	$1,000,000	$1,000,000
變動成本	(40,000)	(400,000)	(400,000)
邊際貢獻	$ 600,000	$ 600,000	$ 600,000
固定成本	(150,000)	(200,000)	(250,000)
利　潤	$ 450,000	$ 400,000	$ 350,000
損益平衡點銷售金額	$ 250,000	$ 33,334	$ 416,667

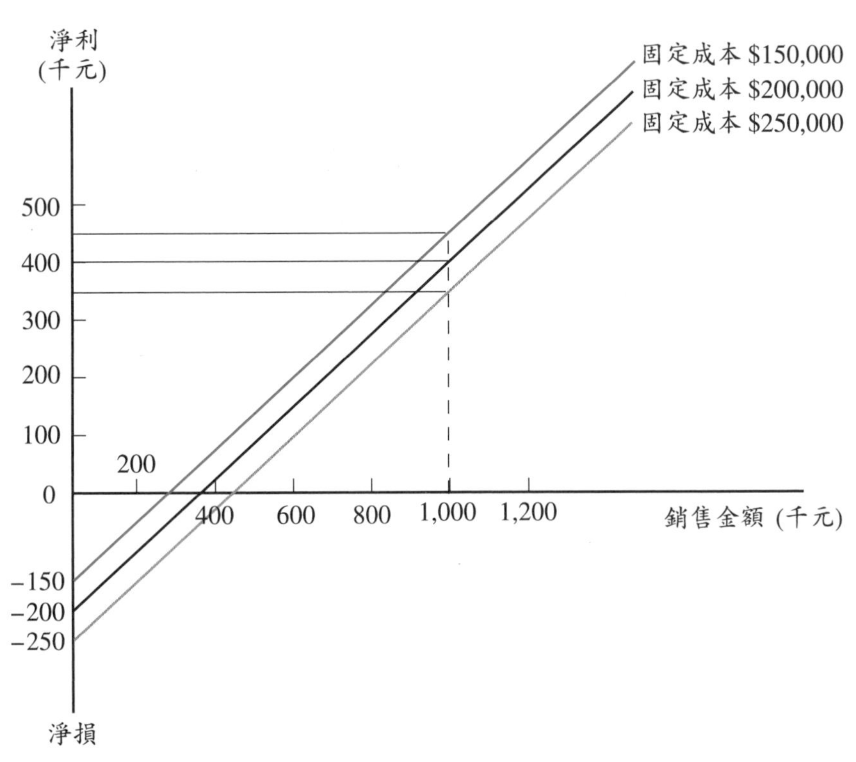

圖 9–7　固定成本變動的利量圖

9.6.4　單位售價與銷售數量同時改變

在前面三小節中，每次假設只改變一項變數，對損益平衡點和利潤的影響；

但是在實務上，有時變數之間的變化並非互相獨立的，其中較常見的為單位售價與銷售數量的互動關係。一般而言，單位售價降低可促使銷售數量增加。

假設聯合公司管理當局認為，若將 2003 年的桌子售價訂為 \$120、\$100、\$80，預計銷售量分別為 9,000 張、10,000 張與 12,000 張。此外，單位變動成本與固定成本並不受影響，則公司應採何種訂價以使其利潤最大？如表 9–5，因單價提高至 \$120 而產生利潤 \$180,000 (= \$20 × 9,000)，扣除因漲價使銷售量減少所造成的損失 \$60,000 (= \$60 × 1,000)，差額為 \$120,000，亦即兩種情況下所產生利潤 \$520,000 與 \$400,000 的差異部分。

表 9–5　聯合公司損益表

售價 項目	單位售價 \$80 銷售量 12,000	單位售價 \$100 銷售量 10,000	單位售價 \$120 銷售量 9,000
銷貨收入	\$960,000	\$1,000,000	\$1,080,000
變動成本	(480,000)	(400,000)	(360,000)
邊際貢獻	\$480,000	\$ 600,000	\$ 720,000
固定成本	(200,000)	(200,000)	(200,000)
利潤	\$280,000	\$ 400,000	\$ 520,000
損益平衡點銷售金額	\$400,000	\$ 33,334	\$ 300,000

由表 9–5 中可看出，聯合公司應將桌子的價格訂為 \$120，可產生較大的利潤。通常若售價降低，將可刺激需求。但究竟需求量會改變多少，則視市場反應而定。企業藉著敏感度分析，可以得到較為正確的答案。

除了單位售價與銷售數量有互動的影響外，單位變動成本與固定成本之間也會互相影響，例如自動化的生產方式，由機器取代人工來製造產品，使得單位變動成本降低。但固定成本提高，利潤也會因此有所變動，至於詳細內容請參考 9.7 節。

9.7 營運槓桿

營運槓桿係數 (Operating Leverage Factor) 為一比例，是用來衡量銷貨收入的改變對利潤所產生的影響，其計算公式如下：

$$營運槓桿係數 = \frac{邊際貢獻}{稅前淨利（淨損）}$$

由上述的公式可得知，邊際貢獻是主要影響營運槓桿係數的因素；然而，邊際貢獻是受到收入與變動成本的影響，如果銷貨收入在某一特定水準，則變動成本佔銷貨收入的比例會直接影響到上述的公式。

一般而言，企業營運方式可為**勞力密集** (Labor Intensive) 或**資本密集** (Capital Intensive)。當勞力密集時，變動成本的比例較高，固定成本的比例較低；相對的，當資本密集時，變動成本的比例較低，固定成本的比例較高。因此，也有人認為**營運槓桿** (Operating Leverage) 是用來衡量營運單位使用固定資產的程度。在此，以六合公司的例子來說明營運槓桿係數的計算。假設表 9–1 的資料為六合公司舊廠的資料，目前管理階層正在考慮擴建新廠，採用全自動化的生產方式，表 9–6 為六合公司的營運槓桿分析。

表 9–6　六合公司營運槓桿分析

項目＼售價	舊廠		新廠	
銷貨收入	$5,000,000	100%	$5,000,000	100%
變動成本	3,000,000	60%	1,500,000	30%
邊際貢獻	$2,000,000	100%	$3,500,000	70%
固定成本	1,600,000	32%	3,100,000	62%
利　潤	$ 400,000	8%	$ 400,000	8%

損益平衡點	$4,000,000	$4,428,571
營運槓桿係數	$\frac{\$2,000,000}{\$400,000}=5$	$\frac{\$3,500,000}{\$400,000}=8.75$

由表 9-6 的分析，得知舊廠採用人工方式為主的生產作業，變動成本佔銷貨收入的比例為 60%，固定成本的比例為 32%，損益平衡點為 $4,000,000，營運槓桿係數為 5。 至於新廠方面， 採用全自動生產作業， 變動成本比例降至 30%，固定成本比例提高至 62%，損益平衡點為 $4,428,571，營運槓桿係數為 8.75。在兩廠不同情況下，銷貨收入的改變對淨利的影響如下:

	銷貨收入	營運槓桿係數	淨　利
舊　廠	10% ↑	5	50% ↑
新　廠	10% ↑	8.75	87.5% ↑

從上述分析可瞭解，在固定成本比例高的新廠，銷貨收入只要變化 10%，淨利就會受到 87.5% 的影響。所以企業在從事高度自動化投資前，要先分析市場的需求情況，否則所遭受的風險會偏高。此外，在 9.5 節中所討論的安全邊際率，在這可與營運槓桿係數一併考慮，這兩項比率的關係如下:

安全邊際率 = 1 ÷ 營運槓桿係數

營運槓桿係數 = 1 ÷ 安全邊際率

在前面 9.5 節中，舊廠的安全邊際率為 20% (= 1 ÷ 5)，在這裏所得的營運槓桿係數為 5 (= 1 ÷ 20%)， 由此計算可使讀者更進一步瞭解這兩項比例的關係。

9.8　多種產品的成本——數量——利潤分析

在前面的章節內容皆假設廠商只生產單一產品，但實際上大部分廠商皆製造多種產品，因此要注意產品組合的問題。為使讀者瞭解多種產品的成本——

數量——利潤分析，以大通公司的例子來說明。

大通公司為一家辦公椅製造商，主要的產品為主管椅和一般椅兩種產品，其相關資料如下：

	主管椅	一般椅
單位售價	$ 400	$100
單位變動成本	(200)	(40)
單位邊際貢獻	$ 200	$ 60

大通公司每月固定成本為 $44,000，預計 2002 年 5 月份的銷售總數為 2,000 張椅子（主管椅與一般椅比例為 1∶4）。試問大通公司的損益平衡點銷售數量為多少？又該月份的預期損益為多少？

若以邊際貢獻法求大通公司的損益平衡點的銷售數量，則可計算如下：

	主管椅		一般椅
單位售價	$ 400		$100
單位變動成本	(200)		(40)
單位邊際貢獻	$ 200		$ 60
產品組合比例	1	∶	4

$$\text{加權平均單位邊際貢獻} = \frac{\$200 \times 1 + \$60 \times 4}{1 + 4} = \$88$$

則損益平衡點的銷售數量計算如下：

$$\textbf{損益平衡點銷售數量} = \frac{\text{固定成本}}{\text{加權平均單位邊際貢獻}}$$

$$= \frac{\$44,000}{\$88} = 500\text{（張）}$$

若按其組合比例加以計算，則可得到主管椅與一般椅的個別銷售數量如下：

主管椅：$500 \times \frac{1}{5} = 100$（張）

一般椅：$500 \times \frac{4}{5} = 400$（張）

若將上述結果代入下列損益表加以驗算，即可得其結果：

	主管椅	一般椅	合　計
銷售數量	100（張）	400（張）	500（張）
銷貨收入	$ 40,000	$ 40,000	$ 80,000
變動成本	(20,000)	(16,000)	(36,000)
邊際貢獻	$ 20,000	$ 24,000	$ 44,000
固定成本			$(44,000)
淨　利			$ 0

若大通公司預計銷售量為 2,000 張椅子，組合比例為 1∶4，其損益估計如下：

	主管椅	一般椅	合　計
銷售數量	400（張）	1,600（張）	2,000（張）
銷貨收入	$160,000	$160,000	$ 320,000
變動成本	(80,000)	(64,000)	(144,000)
邊際貢獻	$ 80,000	$ 96,000	$ 176,000
固定成本			(44,000)
淨　利			$ 132,000

由上可知，當公司產品的組合改變時，往往損益平衡點的銷售數量及損益金額均產生改變。以大通公司為例，假設兩種椅子的產品數量組合比分別為 1∶4、1∶3 及 1∶2 時，則可由表 9–7 與 9 – 8 分別說明損益平衡點的銷售數量，以及銷售總量在 2,000 單位時的損益金額。

表 9–7　大通公司的產品組合損益平衡分析

銷售組合比例		1∶4	1∶3	1∶2
加權平均單位邊際貢獻		$ 88	$ 95	$107
損益平衡點銷售數量	總數量	500	464	411
	主管椅	100	116	137
	一般椅	400	348	274

表 9-8　大通公司的產品組合利潤分析（千元）

	主管椅	一般椅	合　計	主管椅	一般椅	合　計	主管椅	一般椅	合　計
產品組合	1	： 4		1	： 3		1	： 2	
銷售數量	400	1,600	2,000	500	1,500	2,000	667	1,333	2,000
銷貨收入	$160	$160	$320	$200	$150	$350	$266.8	$133.30	$400.10
變動成本	(80)	(64)	(144)	(100)	(60)	(160)	(133.4)	(53.32)	(186.72)
邊際貢獻	$ 80	$ 96	$176	$100	$ 90	$190	$133.4	$ 79.98	$213.38
固定成本			(44)			(44)			(44)
淨利			$132			$146			$169.38

由上面表 9-7 及表 9-8 中可以看出，若大通公司將個別單位邊際貢獻較高的產品比重增加，則將使加權平均單位邊際貢獻提升，進而使整體利潤提升。

本章彙總

企業管理者的營運規劃工作包括產品的售價、數量、固定與變動成本，邊際貢獻與損益平衡點等項目之決策。有關於這些項目間關係的分析，即所謂的成本——數量——利潤分析，管理者需要清楚地分析這些關係，才有助於企業營運的成功。

由於成本——數量——利潤的分析模式屬於線性模式，所謂的損益平衡點即為總邊際貢獻等於總固定成本之時，也就是不賺也不賠的情況所需要的銷售數量或銷售金額。損益平衡點的基本公式為總固定成本除以單位邊際貢獻，單位邊際貢獻為單位售價減單位變動成本的差額，所以其中任何一個以上變數的改變，皆會產生新的損益平衡點。

在損益平衡點的計算方面有三種方法，即方程式法、邊際貢獻法、圖解法。無論採用任何一種方法，所得的結果相同，其中以邊際貢獻法的公式較為簡單，被使用的機會較多。損益平衡點的衡量方式，可以銷售數量或銷售金額來表示，管理者可依需求來決定。

任何營利事業的終極目標是賺取利潤，所以可將目標利潤納入損益平衡點的計算公式，亦即在分子加上預期利潤，利潤係指稅前利潤。所以如果為稅後淨利要調整為稅前淨利，在計算損益平衡點目時，要注意所得稅率，以便將稅後淨利調整為稅前淨利。

在成本——數量——利潤圖中，以總成本線和總收入線來說明成本、數量及利潤間的關係。在利量圖中，以淨利線和銷售線來說明銷貨與利潤間的關係。在這兩種圖形中，決策者依其資訊需求來決定採用哪一種圖形。

安全邊際或安全邊際率，常被用來衡量企業所能承受貨品滯銷風險的程度。安全邊際係指預期或實際銷貨收入超過損益平衡點銷貨收入的部分，當安全邊際愈高，表示企業的經營風險愈小，安全性愈高。因此，企業經營者在作利潤規劃分析時，要儘量提高安全邊際，以避免虧損的發生。

在成本——數量——利潤分析中，三個主要變數為單位售價、單位變動成本、固定成本，只要其中任何一個或一個以上變數的改變，對損益平衡點或損益的影響分析，稱之為敏感度分析。除了每次只改變單一變數外，也會同時改變兩項變數，例如單位售價和銷售數量同時改變。

營運槓桿係數為邊際貢獻除以稅前淨利的比例，用來衡量銷貨收入的改變對利潤所產生的影響。當企業的經營方式為勞力密集時，變動成本的比例較高，固定成本的比例較低，營運槓桿係數也較低；反之在資本密集的情況，固定成本比例較高，營運槓桿係數也較高。因此，有人認為營運槓桿是用來衡量營運單位使用固定資產的程度。

公司銷售單一產品或多種產品，皆可採用成本——數量——利潤分析，主要差別在於產品組合的考量。理論上，銷售單位邊際貢獻高的產品所得到的利潤，比銷售單位邊際貢獻低的產品所得到的利潤為高，所以管理者要考慮各項產品的單位邊際貢獻，將個別單位邊際貢獻較高的產品比重增加，使加權平均單位邊際貢獻提高，進而使整體利潤增加。

名詞解釋

- **損益平衡點** (Breakeven Point)

  在某一營業水準的銷售數量或銷售金額，公司的收入與支出正好平衡處於不賺也不賠的情況。

- **資本密集** (Capital Intensive)

  以機器設備為主要投入因素的生產方式。

- **邊際貢獻** (Contribution Margin)

  售價與變動成本的差額。

- **邊際貢獻率** (Contribution Margin ratio)

  單位邊際貢獻除以單位售價的比率。

- **成本一數量一利潤 (Cost – Volume – Profit, CVP)**

  分析著重於成本與數量變動對利潤影響的探討。
- **勞力密集 (Labor Intensive)**

  以人工為主要投入因素的生產方式。
- **安全邊際 (Margin of Safety)**

  預期或實際的銷貨收入（或銷售量）超過損益平衡點的銷貨收入（或銷售量）的部分。
- **營運槓桿 (Operating Leverage)**

  衡量營運單位使用固定資產的程度。
- **營運槓桿係數 (Operating Leverage Factor)**

  為一比例，用來衡量銷貨收入的改變對利潤所產生的影響。
- **利潤最大化 (Profit Maximization)**

  以賺取最高的利潤為終極目標。
- **敏感度分析 (Sensitivity Analysis)**

  分析損益平衡點公式中，固定成本、單位售價、單位變動成本任何一變數的改變，對損益平衡點所造成的影響。
- **目標利潤 (Target Profit)**

  係指某一特定金額的利潤。
- **單位邊際貢獻 (Unit Contribution Margin)**

  單位售價減單位變動成本的結果。

作業

一、選擇題

(　) 9.1 何種成本會計較適合損益平衡點的分析？ (A)加權平均成本法 (B)全部成本法 (C)先進先出成本法 (D)變動成本法。

(　) 9.2 損益平衡點的銷售數量可以經由固定成本除以何者而得？ (A)單位毛利 (B)總變動成本 (C)單位淨利 (D)單位邊際貢獻。

(　) 9.3 所謂「安全邊際」是指下列何者？ (A)銷貨收入超過變動成本的部分 (B)預期或實際銷貨收入(銷售量)超過損益平衡點銷貨收入(銷售量)的部分 (C)預計或實際銷貨收入超過固定成本的部分 (D)實際銷貨超過預計銷貨的部分。

(　) 9.4 關於成本——數量——利潤圖，下列敘述何者正確？ (A)直線 b 代表總固定成本 (B) c 點代表單位邊際貢獻增加 (C)直線 d 代表總成本 (D)區域 e（直線 b 與 d 之間）代表邊際貢獻。

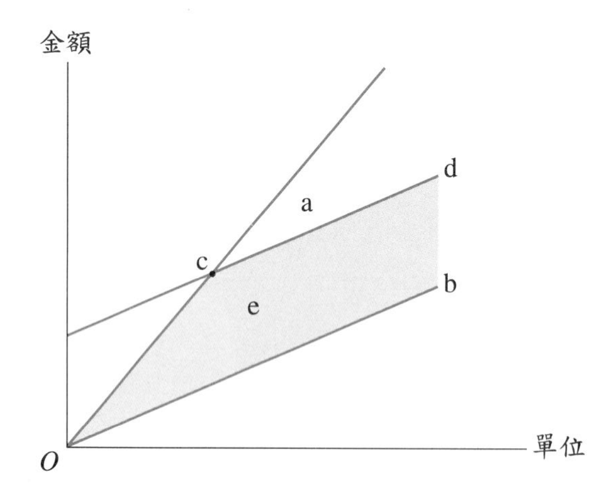

(　) 9.5 下列何者並非成本——數量——利潤分析的正確假設？ (A)固定成本增加將使損益平衡點上升 (B)不管價格是否改變，需求是固定的 (C)單位變動成本下降將使損益平衡點下降 (D)生產率改變對單位變動成本沒有影響。

(　) 9.6 下列為前瞻公司的部分資料：

銷貨收入（25,000 單位）	$500,000
直接原料及直接人工成本	150,000
製造費用：	
變　動	20,000
固　定	35,000
銷售及管理費用：	
變　動	5,000
固　定	30,000

試問前瞻公司的損益平衡點的銷售數量為多少單位？ (A) 9,286 (B) 13,000 (C) 4,924 (D) 5,000。

(　) 9.7 續上題 9.6 資料，試問前瞻公司的邊際貢獻率為多少？ (A) 65% (B) 59% (C) 35% (D) 66%。

(　) 9.8 威利公司為一家生產原子筆的公司，預計下個年度的固定生產設備共計 $6,000,000。除此之外，預計原料成本每單位 $4，人工成本每單位 $6，其他變動成本每單位 $2，售價為每單位 $20。試問下年度的損益平衡點的銷售數量為多少單位？ (A) 400,000 單位 (B) 650,000 單位 (C) 750,000 單位 (D) 850,000 單位。

(　) 9.9 遠見公司的營運資料如下所示：

銷貨收入		100%
銷貨成本：		
變　動	60%	
固　定	20	(80)
銷貨毛利		20%
其他營業費用：		
變　動	5%	
固　定	10	15
營業淨利		5%

遠見公司銷貨收入為 $4,000,000；試問遠見公司的損益平衡點的銷

貨收入為多少? (A) $3,200,000 (B) $428,571 (C) $1,666,571 (D) $3,428,571。

( ) 9.10 下列為諾威公司的成本——數量——利潤相關資料:

損益平衡點的數量單位	2,000
單位變動成本	$ 1,000
總固定成本	$300,000

試問第 1,001 單位的稅前邊際貢獻為多少? (A) $100 (B) $450 (C) $150 (D) $500。

二、問答題

9.11 何謂成本——數量——利潤分析?

9.12 何謂損益平衡點分析?

9.13 成本——數量——利潤分析需符合哪些假設?

9.14 損益平衡點的計算方法有方程式法、邊際貢獻法和圖解法三種,試列出方程式法與邊際貢獻法之計算公式。

9.15 何謂目標利潤?

9.16 試以方程式法與邊際貢獻法列出公式, 說明稅前目標利潤與稅後目標利潤。

9.17 請說明利量圖作用為何?

9.18 何謂安全邊際? 試列出計算安全邊際的公式。

9.19 當下列二者情況發生時,試作損益平衡點之敏感度分析。

(1)單位售價提高,其他條件不變時。

(2)單位變動成本提高,其他條件不變時。

9.20 何謂營運槓桿係數? 試列計算公式。

9.21 試說明企業營運方式 (勞力密集或資本密集),對變動成本、固定成本、邊際貢獻及營運槓桿係數的影響關係。

9.22 試以公式說明安全邊際率與營運槓桿係數的關係。

三、練習題

9.23 興隆公司計畫銷售一新產品，經過評估之後，該公司認為第一年可銷售 11,000 單位，單位售價為 \$4，變動成本估計為售價的 40%，固定成本為 \$12,000。

試求：損益平衡點的銷售數量及金額。

9.24 豐多公司生產兩種產品，桌子及椅子；桌子單位售價為 \$850，椅子 \$450，銷售搭配為一張桌子搭配四張椅子，變動成本為桌子每張 \$100，椅子 \$50，總固定成本為 \$2,820,00。

試求：損益平衡點的銷售數量及金額。

9.25 前程公司計劃下年度銷售額 \$5,000,000，預估獲利 \$500,000。損益平衡點的銷售金額為 \$3,750,000。

試求：安全邊際及安全邊際率。

9.26 假設甲、乙個案的資料如下：

	個案甲	個案乙
總變動成本	\$ 78,000	\$ 89,600
總固定成本	20,000	14,400
銷貨收入	104,000	112,000

試求：1. 損益平衡點的銷貨收入。

2. 假設在售價不變的情況下，欲達成營業利益 \$28,000 的目標，銷貨收入應為多少？

3. 假設在售價不變的情況下，欲達成營業利益為銷貨收入的 15%，銷貨收入應為多少？

9.27 假設甲、乙個案的資料如下：

	個案甲	個案乙
總固定成本	$54,000	$63,000
單位變動成本	165	195
單位售價	225	255
所得稅率	20%	30%

試求：1. 損益平衡點的銷售數量。

2. 欲達成稅後淨利 $16,800 的目標，銷售數量應為多少？

9.28 新春公司分析其 10,000 單位的產品成本如下：

直接原料成本	$90,000	固定製造費用	$45,000
直接人工成本	60,000	變動銷管費用	15,000
變動製造費用	30,000	固定銷管費用	12,000

試求：1. 假設單位售價 $50，試求損益平衡點的銷售量。

2. 假設單位售價 $60，若欲達成 $36,000 的利潤，銷售數量應為多少？

3. 若欲達成利潤率為 20% 的目標，且銷售量為 10,000 單位，售價應為多少？

9.29 四方公司銷售 200,000 單位的產品，售價每單位 $40，變動成本每單位 $28（其中製造成本 $22，銷售費用 $6）。固定成本共計 $1,584,000（其中製造成本 $1,000,000，銷售費用 $584,000）。該公司沒有期初及期末存貨，且採用方程式法來計算損益平衡點。

試求：1. 損益平衡點的銷貨額。

2. 若欲達成營業利益 $120,000 的目標，銷售單位需為多少？

9.30 嘉星公司計劃為新產品進行廣告宣傳，其相關資料如下：

銷售量	225,000 單位
售　價	$38/每單位
變動製造成本	$23/每單位
固定成本:	
製　造	$1,200,000
銷售及管理	$1,050,000

假設某廣告代理商認為經由宣傳後可使銷量增加 20%，試問在營業利益增加 $300,000 的目標下，嘉星公司最多會支付廣告商多少錢?

9.31 六合公司的預算資料如下:

銷貨收入(400 單位，單價 $400)		$160,000
銷貨成本:		
直接人工成本	$6,000	
直接原料成本	5,600	
變動製造費用	4,000	
固定製造費用	2,150	
銷貨成本合計		(17,750)
銷貨毛利		$142,250
行銷費用:		
變　動	$2,400	
固　定	4,000	
管理費用:		
變　動	2,000	
固　定	4,000	
銷管費用合計		(12,400)
營業利益		$129,850

試求: 1. 損益平衡點的銷售數量。
2. 假設銷售數量增加 25%，營業利益為多少?
3. 假設固定製造費用增加 $7,350，損益平衡點的銷貨收入增加多少?

9.32 中臺公司以每單位 $120 銷售單一產品，其每單位變動成本資料如下：

直接原料成本	$32
直接人工成本	24
變動製造費用	14
單位變動製造成本	$70
行銷費用	10
單位變動成本	$80

中臺公司每年固定成本為 $900,000，且適用 20% 的所得稅率。

試求：1. 假設生產且銷售 24,000 單位，計算稅後淨利（損）。

2. 計算損益平衡銷售數量。

3. 若欲達到稅後淨利 $448,000 的年目標，銷售額應為多少？

4. 假設直接原料成本及直接人工成本各增加 20%，試求邊際貢獻率。

四、進階題

9.33 天地公司生產兩種產品，產品甲及產品乙，其 6 月份的相關預算如下：

產　品	銷售單位	單位售價	變動成本
甲	300,000	$45	$18/每單位
乙	480,000	30	21/每單位

該公司的固定成本共計 $3,105,000。

試求：該公司的損益平衡點，分別以數量及金額表示。

（假設每 5 單位的甲產品及 8 單位的乙產品裝成一袋，搭配著銷售。）

9.34 勵學公司的管理當局列示下列資料：

銷貨收入		$125,000
直接原料	$15,000	

直接人工	22,500	
製造費用	25,000	(62,500)
銷貨毛利		$ 62,500
行銷費用	$ 17,500	
管理費用	25,000	(42,500)
淨　利		$ 20,000

製造費用中的 50% 為固定，40% 的行銷費用及全部的管理費用為固定費用。

試求：1. 邊際貢獻率為多少?

2. 損益平衡點的銷貨收入為多少?

3. 若採購新的生產設備，將使固定製造費用佔總製造費用的 75%（總製造費用不變）。若採購此設備，試重新計算 1. 及 2. 的項目。

9.35 忠孝公司列示下列的兩年度比較損益表：

	2001 年度	2002 年度
銷貨（單位）	30,000	40,000
銷貨收入	$600,000	$800,000
銷貨成本：		
原料成本	$300,000	$400,000
人工成本	150,000	200,000
製造費用	60,000	70,000
總　計	$510,000	$670,000
銷貨毛利	$ 90,000	$130,000
其他費用	60,000	80,000
淨　利	$ 30,000	$ 50,000

試求：1. 2002 年的淨利為 2001 年的多少（以百分比列示）?

2. 編製 2001 年和 2002 年的變動成本法損益表，假設變動製造費用為銷貨收入的 5%，其他變動成本為銷貨收入的 10%。

3. 計算 2002 年損益平衡點的銷貨收入。

9.36 三多公司的管理者希望公司有 25% 的安全邊際，預期該公司產品的售價為每單位 $60，每單位的變動成本為 $12，總固定成本為 $22,800。

試求：三多公司的銷售金額應為多少，才能達到 25% 的安全邊際?

9.37 善存企業今年度的損益表如下：

	總　額	單　位
銷貨收入	$ 450,000	$15
變動成本	(270,000)	9
邊際貢獻	$ 180,000	$ 6
固定成本	(150,000)	
淨　利	$ 30,000	

試求：在下列各項獨立假設之下，編製新的損益表。

1. 銷貨量增加 40%。
2. 每單位變動成本增加 30%，售價增加 12%，銷售量減少 20%。
3. 每單位售價減少 $2，銷售量增加 20%。
4. 每單位售價增加 $2，固定成本增加 $40,000，銷售量減少 40%。

9.38 捷通公司的產品每單位售價為 $1,500，每單位變動成本為 $600，全年固定成本為 $45,000，而該公司最大的產能為 2,000 單位。

試求：1. 繪示捷通公司之成本——數量——利潤圖。(請標明損益平衡點的銷售數量及銷售金額，並指出固定成本)

2. 繪示捷通公司之利量圖。(請標明該公司最大可能損失及損益平衡點)
3. 根據前二題之圖表，計算產量為 120 單位時，捷通公司的損益。
4. 承上題，產量為 45 單位時，該公司的損益為何?

9.39 佳新公司銷售牙線棒、牙線及棉花棒三種產品，每月的固定成本為 $228,000，預期稅率為 25%，其相關資訊如下：

	牙線棒	牙　線	棉花棒
售價（每盒）	$40	$36	$25
變動成本（每盒）	30	22	17
銷售比例	2	5	3

試求：1.計算損益平衡點時各項產品的銷售量。

2.計算在稅前淨利為 $22,800 時各項產品的銷售量。

3.計算在稅後淨利為 $8,550 時各項產品的銷售量。

9.40 新瑞化妝品公司生產乳皂及面膜兩種產品，其每單位的邊際貢獻如下：

	乳　皂	面　膜
售　價	$600	$1,200
變動成本	360	840
邊際貢獻	$240	$ 360

新瑞化妝品公司每月的固定成本為 $2,730,000，乳皂及面膜的銷售比例為 4：6。

試求：1.計算在損益平衡點時各項產品之銷售量。

2.計算在稅後淨利 $245,700 之下的總銷售金額。

（假設稅率為 25%）

9.41 趨勢研究發展基金會最近提撥 $500,000 的預算舉辦企業實務研討會。該研討會籌備小組預估今年的固定成本為 $200,000，每場研討會的變動成本為 $30,000。

試求：1.計算今年能舉辦幾場研討會。

2.假設其他條件不變，惟預算增加 30%，請計算今年能舉辦幾場研討會。

3.假設其他條件不變，惟固定成本增加 30%，請計算今年能舉辦幾場研討會。

4. 沿用第 3 小題的資訊，假設該基金會不想減少研討會的場次，請計算變動成本的減少率。

5. 假設固定成本增加 30%，變動成本減少 1/3，請計算今年能舉辦幾場研討會。

9.42 下列是萬興票券公司 2002 年第一季的損益表：

營業收入	$1,875,000
變動成本	(1,125,000)
邊際貢獻	$ 750,000
固定成本	(562,500)
營業淨利	$ 187,500

試求：1. 請列示萬興票券公司的資本結構。

2. 計算營業槓桿。

3. 若營業收入增加 15%，請由邊際貢獻率計算營業淨利增加數。

4. 若營業收入增加 15%，請由營業槓桿計算營業淨利增加率及增加數。

5. 計算當營業收入增加 15% 時的營業槓桿。

第10章

品質成本

學習目標

- 明白品質的定義
- 熟悉標竿制度的使用
- 知道全面品質管理
- 清楚品質成本的型態和計算方法
- 認識 ISO 系列標準
- 瞭解我國各種品質獎勵
- 分析產品生命週期

前　言

在競爭激烈的市場上，要爭取一席之地，公司必須重視其所提供的產品或勞務之品質，以滿足顧客物美價廉的需求。基本上，產品品質的提升與投入的成本是呈正比的關係，因此製造廠商會面臨品質水準與投入成本的抉擇，希望在可能的範圍內，採用最有效率的方法來提升產品品質。本章的重點在於說明品質的重要性、全面品質管理、以及品質成本的衡量。此外，還介紹標竿制度的意義與實施步驟，以及敘述國際品質標準的內容和我國目前已有的各項品質獎。最後，本章還討論產品生命週期的相關成本。

10.1　品質的意義

改善品質的首要工作，即是定義「何謂品質?」而且品質的定義需經大多數人認同才有實質意義。一般而言，品質係指產品或服務的所有屬性符合顧客的購買標準或需求，因此品質水準的衡量必須從使用者的觀點，而非供應者的觀點。隨著市場競爭日益激烈，社會大眾對產品安全性的要求提高，以及法律明文規定使製造廠商的責任增加，致使品質不良不再只是生產問題，而是攸關公司的獲利和法律訴訟問題。在此，品質從兩方面來討論，一方面從製造產品或提供服務的廠商層面來討論；另一方面從顧客的觀點來討論。

10.1.1　生產者的品質觀念

生產力 (Productivity) 係指衡量某段期間內產品的產出與投入比例，任何因素包括生產流程減速或中斷，或執行不必要的步驟等，都是降低生產力的因素。**作業分析** (Activity Analysis) 是常被用來控制這些影響生產力的干擾因素，作業分析將生產流程的所有作業區分為**有附加價值作業** (Value-added Activities) 和**無附加價值作業** (Non-value-added Activities) 兩大類。有附加價值作業，係指成本投入或資源投入會增加產品或服務價值的作業；無附加價值作業係指只消耗時間和成本，並不會增加產品或服務價值的作業，因此消除無附加價值作業或將其最小化，將可增加生產力和降低成本。例如檢驗進料在品質管理中是一項無附加價值作業，因其屬於供應商的品質問題，有些公司為了消除這項無附加價值作業，要求供應商只提供零缺點的零件。其他與公司內部有關的無附加價值作業包括生產瑕疵品、生產中斷、生產延誤等，往往導致執行不必要作業的因素包括修補瑕疵品、重新製造符合規定的產品等。

如果這些生產流程中的障礙被減少或消除，即可增加生產力，而且可生產更高品質的產品。所以有些公司採用**全面品質控制** (Total Quality Control, TQC)，將產品品質的主要責任延伸至製造部門或原料供應者；有些公司更使用**統計製程控制** (Statistical Process Control, SPC) 技術分析生產流程中的變動。所謂統計製程控制係應用統計方法，例如管制圖以分析製程是否有變異存在並且採取對策，使製程維持在管制的狀態下，進而改善和穩定製程能力。

製程管制的最佳工具是管制圖，發展於1920年代，其主要是蒐集製程中的資料，並且繪製成各式圖表，再利用這些圖表控制製程品質。製作管制圖的步驟如下：

1. 必要事項書面化

將產品名稱、品質特性、測量單位、規格、管制界限、製造部門、機號、工作者、期限、抽樣方法等資料填入管制圖。這些資料要書面化且記載完整，將來利用管制圖資料來研究製程，才不會發生問題。

2. 抽　樣

品管員定期抽取製程中的在製品，例如每位品管員每隔30分鐘抽取15件在製品作檢驗。

3. 分　類

按規格或品質要求，將在製品樣本區分為良品或不良品兩大類。

4.繪入控制界限

利用統計方法衡量品質，計算出控制上限、中心線和控制下限，然後將所有計算點描繪於適當的位置，即成為管制圖，如圖 10–1 所示。

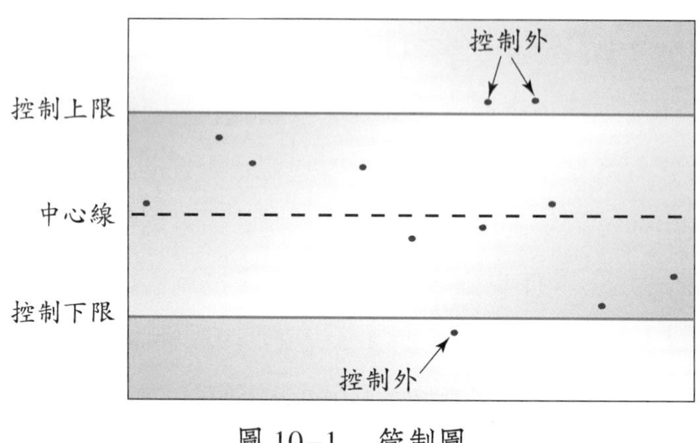

圖 10–1　管制圖

5.安定狀態的判定

確定哪些計算點落在控制區外(即落在控制上限和控制下限以外的區域)，摒除控制外的點，再重新計算控制上、下限和中心線，如此反覆作，直到所有點皆落在控制區內為止，最後建立一個新的管制圖。

6.改正措施

利用新的管制圖控制製程的未來品質，管理者對控制區外的點須加以注意，調查原因並採取措施，不但要消除現象，還要預防同樣問題的再度發生。

7.控制界限的修訂

管制工作持續一段時間以後，製程可能發生變化，此時再用原來的管制界限就不合適，需再修訂新的管制界限。

從管制圖的製作步驟可看出，計算資料的控制上、下限和中心線是重要工作，而且使用目的不同，衡量方法也會不同，所以管制圖又可分為計量值管制圖和計數值管制圖。前者管制對象是以數量為單位的，如不良品的數量；而後者則是以變數的衡量方法為主，例如鑽孔件數中，洞孔外徑變異情況或汽車沖壓件數中，模板長度變異情況。

管制圖的應用範圍很廣，除了依廠內標準規範確認為重要管制項目外，客戶指定的管制項目，或依往昔生產經驗、確認與安全、性能相關的項目皆可用管制圖來控制品質。

10.1.2　顧客的品質觀念

顧客眼中的品質不僅包括產品或服務是否按時送達，產品或服務的不良率，購買到瑕疵品的機率等。他們認為品質就是產品能滿足使用者所有的需要，企業想要進入某一新市場，品質因素對其影響很大，所以製造商必須瞭解顧客對品質的期望以及競爭者的品質標準，例如電腦製造公司開始生產主機板時，公司必須參考市場領先廠商所生產主機板的可靠性及效率性，以增加公司的競爭能力。

每一位顧客對產品品質的認定不一，有些顧客認為需要增加某些產品的屬性，以符合其特殊需求，例如產品功能多元化；有些顧客則認為需要減少某些產品的屬性以符合其需求，尤其是價格屬性方面。因此，顧客可在他們有能力且願意支付的價格內，滿足他們的購買需求。當供應廠商能以產品的最低價格來滿足顧客最多需求時，顧客將此產品視為**價值** (Value)，所以顧客所認知的品質，即為產品的價值。

10.2　標竿制度的介紹

1970年代後期，全錄公司發現該公司在影印市場的佔有率由46%下滑至22%，經營者認為其原因可能是公司產品與服務品質不良，無法滿足顧客的要求；以及日本競爭者的產品售價與全錄公司的生產成本相同，全錄公司在失去競爭力的情況下，公司的業績遠不如佳能公司 (Canon)、柯達公司 (Kodak) 等。因此，全錄公司遂於 1979 年開始推行一項品質改善的計畫，叫做**「經由品質達到領先地位」(Leadership Through Quality)**，標竿制度即為其中一項。

全錄公司組成標竿小組，並以 LLB 公司 (L. L. Bean) 為**標竿夥伴 (Benchmarking Partner)**。全錄公司的標竿小組在參觀過 LLB 公司的實際作業後，立刻草擬了一份研究報告，比較全錄與 LLB 公司的差異，並訂出改善計畫，再徹底執行。從此以後，「標竿制度」遂成為全錄公司企業文化的一部分。

雖然早在 1970 年代末期即有標竿制度觀念的提出，但是在執行的過程中，標竿制度往往需將整體作業流程做大幅度的更動。因此，各公司往往安於以往所習慣之作業流程，不願改變現狀，同時經營者也不願投資大量的金錢、時間與人力以實施標竿制度。

當初在 1980 年代採用標竿制度的公司，到了 1990 年代，已產生良好之成效。由於企業在市場上面臨越來越強大的競爭壓力，因此更多的企業致力於標竿制度的推動，例如德州儀器公司，中國鋼鐵公司等。

10.2.1 標竿制度的定義

標竿制度 (Benchmarking) 可作為提升品質的工具，其所提供的資訊可增加企業的良品率。全錄公司將標竿制度定義為：「將自己企業之產品、服務及作業程序，與同業內最強的競爭者或產業中的領導者相比較，找出差異再予以改善的一種持續性的過程。」

我國首先實施標竿制度的中鋼公司，則將標竿制度定義為：「持續地衡量企業之產品、服務及運作方法，並與最佳競爭者或產業領導者相比較，提出一種系統化及持續性的量測程序，並著重於作業流程和組織，以及與資訊科技運用的結合。其量測機能則強調追求卓越的成就，尤其是在實行過程中指出卓越成就的等級化，包括系統、方法、資訊、訓練等，並將創造成功的程序予以技術化，以尋求促進更好績效的經營手法。」總而言之，標竿制度就是一種為了企業的進步而學習表現最佳企業的一種持續性和系統化的過程。

標竿制度的種類依企業的需要不同，而有不同的分類。一般而言，可分為下列幾種，如表 10-1 所示。標竿的選定有幾種方式，包括：

(1)在同業中尋找最好者，如競爭性標竿制度、產品標竿制度、策略性標竿制度、成本標竿制度；

(2)在公司內部選出最好的單位，如內部標竿制度；

(3)衡量公司表現與顧客滿意程度，如顧客標竿制度。

表 10-1　標竿制度的種類

標竿制度種類	解　釋
競爭性標竿制度 (Competitive Benchmarking)	學習產業競爭者的產品設計、生產流程能力、或管理方法、尤其著重於衡量競爭者的能力而非直接實行競爭者的作業流程。
內部標竿制度 (Internal Benchmarking)	在公司內部找尋學習的對象，其可能是一個廠、部門或分公司。
功能性標竿制度 (Functional Benchmarking)	在不同產業中找出有相似作業且表現優異的公司，並學習其生產流程。在此情況下，通常學習的對象並非為公司的競爭者。
產品標竿制度 (Product Benchmarking)	以其他公司之產品為學習對象的標竿制度。
策略性標竿制度 (Strategic Benchmarking)	以其他公司的策略或決策為學習對象的標竿制度。
成本標竿制度 (Cost Benchmarking)	學習其他公司以幫助自身公司提高成本衡量的有效性及效率性，可透過三個層次來衡量： 1. 作業性標竿制度：注重在同業間產品與直接成本結構的衡量，通常越詳細越好。 2. 組織性標竿制度：主要是著重於同業間的間接成本結構與員工效率。 3. 程序標竿制度：主要是調查交易程序與訂定政策及決策過程的效率。
顧客標竿制度 (Customer Benchmarking)	主要是衡量顧客滿意度與以接近公司表現及顧客標準之間的距離。

10.2.2 標竿制度的實施步驟

實施標竿制度的步驟，因公司的需要而有不同。全錄公司實施標竿制度的步驟，大致分為四個階段與十個步驟：

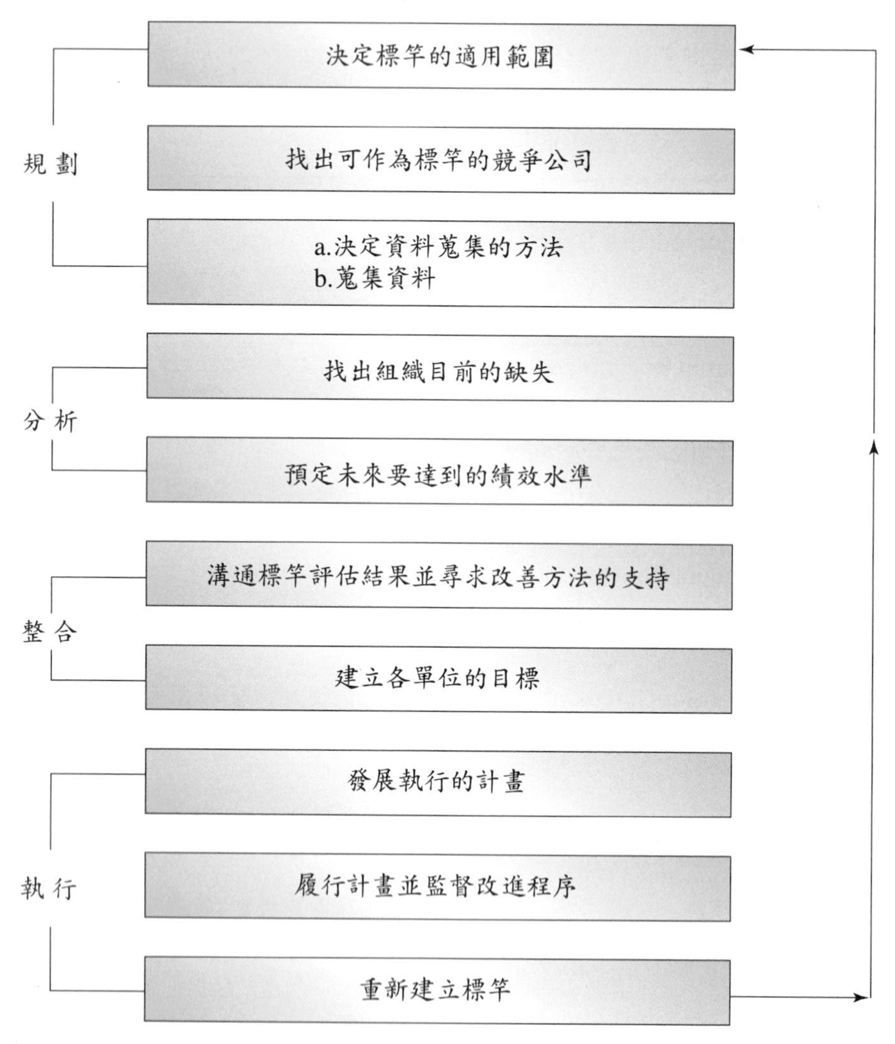

資料來源：Camp C. Robert, "Benchmarking — The Search for Industry Best Practices That Lead to Superior's Performance," *Quality Press*, Milwaukee, 1989.

圖 10–2　標竿制度訂定程序

1. 規劃階段

⑴確定納入標竿制度之範圍。

⑵確定可作為標竿的競爭廠商。

⑶確定資料蒐集方法再開始蒐集資料。

2. 分析階段

⑷衡量目前績效水準。

⑸預期未來績效水準。

3. 整合階段

⑹溝通比較結果以及獲得改善辦法的認同。

⑺建立功能性目標。

4. 執行階段

⑻發展出行動計畫。

⑼執行特定行動以及監督實施的過程。

⑽重新建立標竿。

以生產鋼鐵的華興公司為例，說明標竿制度的實施步驟。華興公司為了因應鋼鐵業不景氣之困境，致力提高生產力及組織重整，再加上近幾年日本鋼廠大力推展標竿制度的影響，華興公司自 2001 年 1 月 1 日起開始推行一系列的標竿運動，其實施的步驟如下：

1. 規　劃

研究華興公司內各主要工廠之成功關鍵因素，找出適當人員組成標竿制度推行小組，其中包括專家、公司中實際執行者以及主要決策主管。首先決定預定追趕的各項績效目標（如高爐之出銑比）、排定改善的優先順序與選定可比較的公司（如日本五大鋼廠、燁隆、惠普、中鋼等），為取得日本公司的資料，委託日本顧問公司蒐集標竿鋼廠之生產實際績效資料，以作為研擬追趕目標之依據。在蒐集資料時，需考慮資料蒐集的時間與成本，不需過度地計較數據的精密程度。

2. 分　析

計算公司目前的績效水準，並瞭解自身與目標公司不同之處，同時分析造成差異的原因，並找出促成目標公司績效良好的因素，最後應用前面研究的結果設定未來之績效水準。

3. 整　合

藉由與部門經理溝通以取得標竿水準的共識，並成立參謀作業小組，以規劃推動的作業，將企業使命、方針、目標逐步展開宣導，與全體員工溝通，促進瞭解並取得承諾，並將標竿制度融入企業經營計畫之中。

4. 執　行

規劃執行項目與完成日期，設定控制點以便控制進度。將各單位規劃的標竿值列入責任中心績效衡量指標項目，以期與責任中心結合，並有利於標竿運動之推行。接著，將標竿制度與中長期投資計畫配合，以標竿競爭項目為最優先投資標的，將有限資源作最有效之利用。同時監控實施進展，修訂與提升標竿水準。

10.3　全面品質管理

產品若沒有品質就沒有價值，企業如果想要所提供的產品或服務品質，超越顧客所預期的品質水準之目標，必須不斷地發展持續改進的程序。要改善缺失的根本之計不外乎從教育做起，因為只找出問題但沒有因應的對策，對產品品質的改良沒有幫助。品質改善的第一步，便是把問題處凸顯出來；除此之外，亦需有必要的矯正措施，來控制現有的缺失。在採用矯正措施以前，需要先分析錯誤的原因，再判斷是人為或非人為因素所造成。若是非人為因素，可進一步討論是否為機器老舊或是製造方法不良，以便未來改善硬體或變更製程；如果是人為因素造成，則有必要研究如何減少既有錯誤再發生，採取必要的矯正措施。此外，對於消除潛在問題的預防措施，也要予以重視，才較能保持品質的穩定性。

要根本改善產品品質，員工的在職訓練非常重要，因為預防勝於治療。有計畫地培養員工專業知識與技術，一方面有助於員工操作技術的提升，另一方面則加強了員工對公司的向心力。**全面品質管理** (Total Quality Management, TQM) 即是創造組織人員全面參與持續改進程序之規劃與執行的一種結構化方法。由此來看，全面品質管理包含了下列幾項特性：

(1) TQM 是一種內部的管理系統，包括規劃、控制和決策。
(2) TQM 不是一個零碎的過程，而是一個有系統的過程。這意味著兩個重要的意義：(a)在過程中必須具有一貫性，且組織應避免錯誤的開始；(b)應包含組織中全部部門，而不是只有一個職務或部門。
(3) TQM 必須包含所有員工的參與，並促進團隊精神的建立，以確保組織持續為品質而努力，這些作法需要組織中高階人員的領導與支持。通常，執行的工作是向下委任的；員工可能會覺得這又是另一種必須強迫接受的流行趨勢。
(4) TQM 把品質水準的設定標準集中在消費者身上，不論企業是公營或民營，品質水準的衡量都是由消費者角度對預期結果之滿意程度來定義。這也表示了必須鼓勵事前思考可能發生的問題，以減少不必要的缺失。
(5) TQM 包含了人力資源的功能，因為 TQM 需要合適的人力資源政策及啟蒙計畫來激勵員工。最後由意見的回饋、持續的增強和更新 TQM 的價值與過程，來決定其是否成功。

全面品質管理是項持續性執行的工作，要能隨時注意品質的穩定性，也要把顧客抱怨的意見納入考量。針對不同的問題，要研擬適度的矯正措施，有效地執行各種計畫，並且需要定期檢查矯正措施的執行成果。至於教育訓練的內容，除了為矯正現有問題的部分外，還可以增加一些新知識，使生產線上的作業人員對產品品質可達到自我點檢的目標。

綜言之，TQM 需要一個能提供品質程序資訊，給管理者作規劃、控制、評估績效及決策之用的全面品質系統。該系統強調的是事前預防，而非事後的檢驗，因此能指出目前存在的任何品質問題，幫助管理者設定品質改善的水準和確定改善品質的目標。此外，全面品質系統也可透過統計方法衡量品質，並且回饋品質改善的成果給管理者參考。同時，全面品質系統鼓勵在品質改善程序中，採用團隊工作的方式。換言之，全面品質系統將組織從以前到生產程序最後階段才作產品檢驗的方式，轉變為利用製程控制的方法來改善品質。因為時時監督生產程序，所以可降低最後發生問題的機會，並且 TQM 強調產品或服務品質的責任，應由組織中所有員工共同分擔。同時也要求高階層主管一定要參與品質管理程序，以身作則才能將 TQM 發展成企業文化的一部分。並且公佈品質改善的正面回饋結果， 讓員工覺得他們對公司產品品質的改善有所貢獻，而非問題的製造者。同時鼓勵員工提出建議，並且訓練員工成為多功能工人，藉此提升改善的效率和品質。

TQM 強調管理者應注意內部產品或服務的生產過程和外部顧客之間的關係，所以 TQM 要求公司辨識與瞭解他們的顧客群。在分析顧客群的過程中，有些公司可能需要停止服務一些對公司不具效益的顧客群。在決定具有附加價值的顧客群之後，公司需要進一步知道他們的需求。雖然不同的人有不同的需求，但服務品質是最重要的。有不少研究結果顯示，大部分的顧客會因公司員工的服務態度不佳而與該公司斷絕生意往來，只有少部分的顧客會因價格或產品品質因素而與該公司停止交易。

當公司提升產品或服務品質時，有些成本（例如，失敗成本）會降低，有些成本則會增加（例如，預防成本）。全面品質管理實施的結果使成本的結構改變，最終的淨效益為降低成本，同時藉由消除無附加價值活動和安裝先進自動化設備，促使生產力增加。成本下降意味著公司的獲利空間變大，而且顧客可以相同價格或更低價格購買到更高品質的產品，公司實施全面品質管理的品質效益循環如圖 10-3 所示。

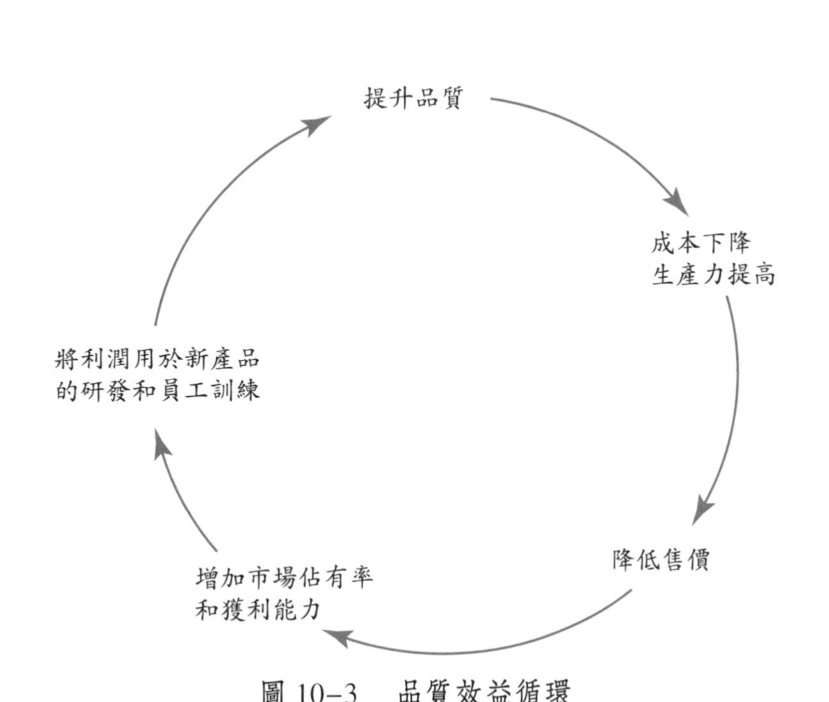

圖 10-3　品質效益循環

由圖 10-3 可推論出公司提高品質後所產生的各項良性循環，藉著有效率的生產方式促使成本下降、生產力提高，連帶使得產品的單位售價降低，增加公司在市場上的競爭能力，擴大了市場佔有率以及提高生產利潤。公司將所賺得的利潤再投入新產品的開發與員工訓練中，使產品品質不斷提升，再進入另一個良性的效益循環。如此不斷延續下去，自然使得公司能因為實施 TQM 而帶來了許多有形與無形的效益，這也是為越來越多公司採取 TQM 的原因。

10.4　品質成本

全面品質管理哲學係指當組織實施品質改善發生成效時，會導致總成本下降。所謂「**零缺點**」(Zero Defect) 意指產品或服務的品質不用從事任何錯誤更正作業，即已滿足顧客的需求。由於全面品質管理也包括處理不良品質的作業，所以瞭解品質成本發生的原因和種類，有助於管理者排定各種改善品質專案的順序和提供改善成效資訊，以支援和確定品質改善的努力。

10.4.1 品質成本的型態

一般而言，全面品質成本包括**品質保證成本** (Cost of Quality Compliance) 和**非品質保證成本** (Cost of Quality Non-compliance) 兩大類，品質保證成本為鑑定成本和預防成本兩項。這些成本可消除目前的失敗成本，並且未來的品質水準可維持零缺點的水準，因此這兩項成本屬於事前的作業成本。非品質保證成本是因瑕疵品而發生的成本，等於內部與外部失敗成本的總和。如華碩電腦股份有限公司以生產主機板為主要產品，由於華碩公司對產品的品質管理十分重視，因此該公司的產品頗受業界好評，經常有供不應求的情況，如此充份顯示購買者對華碩產品的信賴度高。

華碩電腦股份有限公司（http://taiwan.asus.com.tw/index.asp）

「華碩品質．堅若磐石」，華碩電腦股份有限公司於 1990 年 4 月成立，創立之初即設計 ISA－BUS 的 CACHE 386/33 及 486/25 個人電腦主機板，這兩項產品在當時是位階高、難度高的高價位產品，同時是與 IBM、ALR 同步推出之最新產品。並且，在 *Asian Sources Mag.* 專業雜誌 1995 年對臺灣十大主機板廠評比結果中，華碩連續在 1994 年、1995 年皆被評為技術創新第一名。

創業不到十年的時間，「華碩主機板」即成為下游電腦裝配廠商所認定高品質產品的代名詞，可見華碩在品質方面的投入不遺餘力，有別於一般公司只強調製造過程的品管。華碩認為需要「溯游而上」追察在研發階段隱藏的品質問題，亦即在研發階段注入品質管理理念，故推行「設計檢討」(Design Review) 制度，並於 1994 年 12 月獲頒 ISO 9002 認證。華碩電腦公司堅強的研發陣容，以及優良的服務品質和高度的員工向心力，讓華碩一直以穩定的步伐向前邁進，也因此能領先競爭者提供最先進的產品，以及提供有利的商機給其合作的夥伴。

華碩專心致力於產品品質的維護，且有一套完整的品質監控程序。在設計階段，華碩研發部門即經常舉行設計和測試程序研討會議；在生產階段，採用高品質的 SMT 和自動化測試設備，讓所有華碩的產品在產品線皆須通過非常嚴格的品檢和燒機測試。華碩電腦的品質控制程序包含有進廠零件品質監控、生產過程品質監控、可靠性測試和環境測試等。

「追求世界第一的品質、速度、服務、成本；躋身世界級的高科技領導群」是華碩的生活圭臬。華碩秉持與上下游夥伴互惠互利的合作關係，在日新月異的科技領域，共同開創未來。總而言之，華碩的競爭力源自「品質、速度、創新」，而且品質為主要關鍵。作好品質制度必須花費成本，稱之為「品質成本」，瞭解品質成本的類型和發生原因，可編製品質成本報告表，也可作為管理者排定改善品質計畫的參考。華碩電腦公司的品質成本類型和發生原因，可分為下列三大類型：

一、預防成本：

預防成本發生的原因又可分為兩方面：一為在研發階段具有**設計品質保證** (Design Quality Assurance) 部門，專對新產品進行測試；一為平時對員工的品質教育，如品質圈、靜電防治宣導等不定期活動，和零件承認活動所發生的成本。所謂零件承認，乃指零件投入量產前，須經由工程部門再度確認後才能列入**物料清單** (Bill of Material, BOM)。

二、鑑定成本：

華碩的鑑定成本發生於製造階段的檢驗與測試活動，其中製造部門首先採用**燒機測試** (Aging Test)，雖然過程中會耗損大量的 IC 元件，但可確保產品出廠品質。

三、失敗成本：

失敗成本又可分為內部失敗成本和外部失敗成本。在內部失敗成本方面，華碩公司設有專業維修工程師負責製造階段不良品的維修；在廠內各生產線間的檢修人員，包括線上檢修人員及離線維修工程師。在外部失敗成本方面，為了處理交貨後的不良品，設有專業維修工程師，包含國內和國外的部門。另外，售後維修牽涉進出口工作，包括暫押關稅、運輸、聯繫協調等，所以加設數位專人負責此項工作。

為使讀者對品質成本的組成要素有所認識，以康明電腦股份有限公司為例，來說明一般製造廠商所採用的品質成本型態，如表 10-2 所示。

表 10-2　品質成本型態

品質保證成本	非品質保證成本
預防成本:	內部失敗成本:
教育訓練成本	量試失敗成本
品管圈活動成本	重工成本
統計製程品管課程訓練成本	呆料成本
方針管理訓練課程成本	報廢成本
防火措施成本	員工流動成本
實驗器材設備成本	外部失敗成本:
ISO 9000 內稽成本	退回品維修成本
協力廠品質輔導成本	銷貨退回成本
鑑定成本:	運輸成本
內部鑑定成本:	貨物保險成本
檢驗設備折舊成本	貨物遺失成本
加工設備折舊成本	交貨延遲成本
檢驗設備維修成本	
加工設備折舊成本	
檢驗人力成本	
外部鑑定成本:	
檢驗設備儀器校正成本	
使用原料品質鑑定成本	
可靠度成本	

預防成本 (Prevention Cost) 指預防生產不符合規格產品時所發生的成本，例如設備定期維修、製程設計改良、評估供應商、人員訓練等。**鑑定成本** (Appraisal Cost) 指檢查每一個產品是否符合規格時所發生的成本，例如檢驗進料、產品測試等，**內部失敗成本** (Internal Failure Cost) 指將產品送達顧客手中以前，發現瑕疵品後，予以修改時所發生的成本，例如重新生產、測試、檢驗等。**外部失敗成本** (External Failure Cost) 指產品送到顧客手中後，發現瑕疵品後所發生的相關成本，例如退貨成本、訴訟成本、零件更換成本等。每一種品質成本於生產過程中所發生的時點都不一樣。如圖 10-4 所示，品質成本發生的順序為預防成本、鑑定成本、內部失敗成本、外部失敗成本。

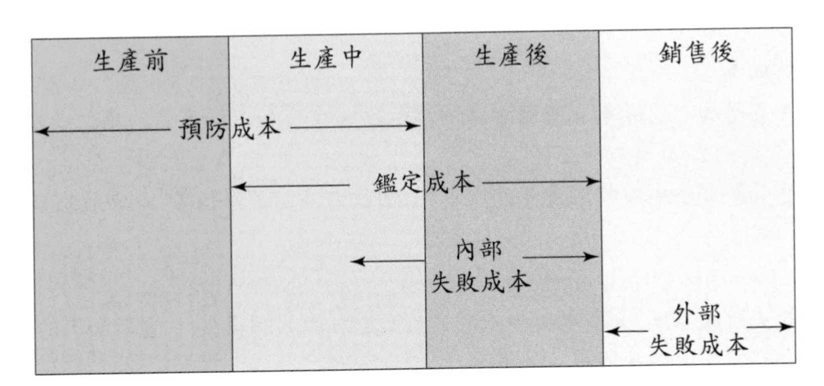

圖 10-4　產品品質成本的發生時段

10.4.2　衡量品質成本

如果企業想要實施全面品質管理，需將品質成本和其他成本分開記錄與報告，以協助管理者根據品質成本發生的原因，來規劃、控制、評估所需的品質改善活動。但是，只有品質成本資料仍無法提高品質，同時管理者和員工必須一起積極地努力，以所獲得的品質成本資料作為創造更佳品質的基礎，共同致力於品質水準的提升。

品質成本衡量並不像一般會計處理所採用的權責基礎，等到交易發生時將實際數目登入帳戶中；相對地，是利用公式推算而得，其中某些數字是估計值並非實際值。為及時提供品質成本資料給管理者，所以部分數字採估計值是必要的。表 10-3 說明品質成本的計算過程，首先計算出售重新加工瑕疵品而造成的利潤損失，再加上內部失敗成本和外部失敗成本，即成為全部的失敗成本；將預防成本和鑑定成本加上失敗成本，即可得品質成本。

表 10-3　品質成本計算

1. 計算利潤的損失

出售瑕疵品而造成的利潤損失

=（全部瑕疵品的單位總數 − 重新加工的單位數）×（完成品每單位的利潤 − 瑕疵品每單位的利潤）

$Z = (D - Y)(P_1 - P_2)$

2. 計算失敗成本

⑴重新加工的成本＝重新加工的單位數×重新加工瑕疵品的單位成本

$R = (Y)(r)$

⑵從顧客手中回收瑕疵品的成本＝回收瑕疵品的單位數×回收瑕疵品的單位成本

$W = (D_r)(W)$

⑶失敗成本＝出售重新加工瑕疵品而造成的利潤損失＋重新加工的成本＋從顧客手中回收瑕疵品的成本

$F = Z + R + W$

3. 計算品質成本

預防成本與鑑定成本可由經驗估計而來或依實際發生為基礎。

品質成本＝預防成本＋鑑定成本＋失敗成本

$T = K + A + F$

以生產主機板的康明電腦公司為例，說明品質成本的計算過程。康明電腦公司生產的 586 電腦主機板每片市價 $13,000，品管部門統計 2002 年 8 月份共有 150 片瑕疵品，其中 100 片可再加工後，以每片 $8,000 出售，而每片再加工的成本為 $2,000。此外，客訴處理部門於 8 月份共回收了 15 片有瑕疵的主機板，回收一片主機板的單位成本為 $2,500，假設康明電腦公司每月的鑑定成本為 $500,000，預防成本為 $950,000，則品質成本的總額計算如下：

$$Z = (D - Y)(P_1 - P_2) = (150 - 100)(\$13,000 - \$8,000) = \$250,000$$

$$R = (Y)(r) = (100)(\$2,000) = \$200,000$$

$$W = (D_r)(W) = (15)(\$2,500) = \$37,500$$

$$F = \$250,000 + \$200,000 + \$37,500 = \$487,500$$

$$T = K + A + F = \$950,000 + \$500,000 + \$487,500 = \$1,937,500$$

關於品質成本所新增的會計科目，可以在原有的財務報表中單獨揭露，或另外編製品質成本報告表。品質成本報告表（如表 10-4 所示）能詳細揭露各項品質成本發生的原因，並且能比較本期和上期品質成本的差異。這些資訊可幫助管理者決定改善品質的活動，是全面品質管理的重要資訊來源，但是只有在企業的生產量穩定，並且能接受以月為單位的會計報告系統時才適用。生產量或服務水準變化很大的情況之下，上期與本期無法比較，除非以百分比加以調整，否則品質成本報告表的功用就降低了。此外，某些廠商改變製造環境（例如及時系統的實施），因此會計系統需要以週為單位的報告資訊，以配合其持續性的監督，故不適用以月為單位的品質成本報告表。

表 10-4　品質成本報告表

康明電腦股份有限公司

單位：千元

	前期成本	本期成本	變動 (%)
預防成本：			
教育訓練成本	$ 4,500	$ 6,000	+33
品管圈活動成本	350	1,000	+186
統計製程品管課程訓練	100	200	+100
方針管理訓練課程	100	100	0
防火措施成本	250	400	+60
實驗器材設備成本	800	1,200	+50
ISO 9000 內稽成本	200	300	+50
協力廠品質輔導成本	1,200	2,000	+67
小　計	$ 7,500	$11,200	+49
鑑定成本：			
內部鑑定成本：			
檢驗設備折舊成本	$ 500	$ 800	+60
加工設備折舊成本	200	300	+50
檢驗設備維修成本	200	300	+50
加工設備維修成本	300	500	+67
檢驗人力成本	8,000	10,000	+25
小　計	$ 9,200	$11,900	+29
外部鑑定成本：			
檢驗設備儀器校正成本	$ 1,200	$ 1,500	+25
使用原料品質鑑定成本	500	900	+80
可靠度成本	10,000	20,000	+50
小　計	$11,700	$22,400	+91

內部失敗成本：			
量試失敗成本	$ 1,500	$ 1,500	0
重工成本	4,000	3,000	−25
呆料成本	8,000	8,000	0
報廢成本	5,000	3,500	−30
員工流動成本	2,000	250	−88
小　計	$20,500	$16,250	−21
外部失敗成本：			
退回品維修成本	$ 9,600	$ 8,000	−17
銷貨退回成本	2,400	2,000	−17
運輸成本	100	90	−10
貨物保險成本	6,000	8,000	+33
貨物遺失成本	500	400	−20
交貨延遲成本	1,200	1,000	−17
小　計	$19,800	$19,490	−2
合　計	$68,700	$81,240	

10.5　國際品質標準 ISO 系列介紹

企業將其產品市場擴展至世界各地，不再侷限於本國市場，進而在國際市場上競爭，企業必須認識和遵守各國產品品質標準。因此，企業需要瞭解**國際標準組織** (International Organization for Standardization, ISO) 的技術委員會所擬訂的國際標準。自從 1987 年起，歐洲國家的公司開始採用 ISO 9000 系列的認證，至今世界各國有很多公司跟進。由於 ISO 的基本精神是說、寫、做三者都能一致，如此有助於公司作業流程標準化，可避免因某位員工未上班而使公司日常營運作業受影響；亦即減少因人不同所造成的品質差異。就長期而言，公司實施 ISO 認證，會產生提高營運績效。

10.5.1　國際品質保證標準

歐洲共同市場是最早使用 ISO 9000 系列作為全球性的品質保證標準，來保證產品與服務的品質水準。如今 ISO 系列是最廣泛地被瞭解及接受的品質標準，這些種種理論的發展，改變了商業活動中的品質管理系統架構，並且標準作業流程要逐漸被組織實際地執行，不像過去只是表面修辭而已。近年來企業界所推動的 ISO 9000 系列的品質管理與品質保證標準制度，重點在於使全體員工明白品保的重要性，藉著全面品質管理觀念的推動，將公司的各項作業流程予以合理化和標準化，並且建立完善的工作職掌說明書、管理制度、內部稽核系統，期望使缺失能即早發現並且能矯正錯誤。

一般 ISO 9000 系列的整體推動方式有計劃、執行、考核與修正四種；依實施過程的時間順序可分為宣導期、進修期、輔導期、執行期、考核期、修正期，當制度建立完成後要持續地評估各項制度的適用性。所謂 ISO 系列的認證，是針對影響製造業與服務業「產出物」之作業活動，為保持一定品質水準，所進行一系列過程標準化的查核，其中包括標準化的規劃、控制與文件保管。實施 ISO 認證的重點不應是只為拿證書，應該是真正的品質提升，並且效益需要長期才能明確顯示，例如成本降低和品質提升。如果要落實 ISO 精神，需要投入很多的人力與物力，因此在規劃期要仔細地考慮各個相關因素。

一項產品品質保證系統之最低要求，就是個別品質條款。如果「品質」意味著產品或服務的供應商，於提供預期的產品或服務時，在可接受的價格及運送時間內需要遵守的標準。這些 ISO 標準對個別條款建立了最低的作業組成要素，可當作品管專家檢查品質的標準，因為這些條款是基本概念且難以反駁的。亦即讓品管人員有一套簡單、文件化及可訓練的方法，來檢查及測試產品。

另一方面，評估品管系統有效性必須與該組織的品質政策及目標有關，因其是品質管理系統發展的中樞。經由內部審查和監視，來建構出差異情況的趨勢圖，但須掌握具有完全一致的目標。另外，品質管理系統需要有標竿或標準來衡量，以評估一項工作程序之績效。它可以表達邏輯性和數量性結果，同時一個好的衡量系統開始於高階主管的工作績效評估。基本上，品質政策必須轉變成可衡量的目標，範圍包括企業的經營角度、股東的需求及期望方面。這些目標可能是針對部門或功能、作業程序的可衡量性、攸關性和時效性之指標。

ISO 品質認證則表示組織內的作業流程要標準化和文件化，確保流程內的每一位人員皆能遵照既定的程序執行，作業品質能維持一定的水準。ISO 品質認證重點在於說、寫、作三者保持一致，要求作業流程中的所有步驟，需要有詳細的書面說明，並且要有工作指導書來說明實施細節。因為在流程再造的過程中，會受到各種因素而改變，針對每一個流程以及任何的改變要有書面說明，如此才不會因為流程再造的過程因人的異動而產生變數，阻礙既定的進度與成果。

隨著市場競爭與資訊科技發展的變化，經營管理方式需要更新才能趕上時代的潮流。尤其在多元化的競爭環境下，企業必須事事求新，以降低被淘汰的機率。因此身為企業經營者或專業經理人，需要先瞭解自己企業的競爭優勢與現有瓶頸，還要進一步預期未來的發展計畫，經過種種的思考過程，以決定不同階段所需採用的管理方法。

由於 ISO 品質認證著重於品質管理系統，要求營運流程內各項作業的執行步驟需要符合一定標準，然而這些標準不是通盤性制式化標準，應與作業執行工作相關人員共同討論，產生出大家較能接受的合理標準。藉著 ISO 制度的推動，使各項作業流程中的控管點有明確標準，作為內部控制的評估標準，有助於問題的改善。企業經營者要能將 ISO 品質認證制度與內部控制觀念相結合，靈活地應用於流程再造的過程中，顧及流程步驟與執行成果的整體績效，亦即採用科學方法降低管理工作的複雜程度。如此一來，企業經營者僅需較少時間來控管例行性工作執行結果，才有足夠精力規劃與控管新經營策略的執行程序，組織才能日益茁壯。

10.5.2 TQM 與 ISO 9000 之比較

全面品質管理的架構日益重要，作法應從理解 ISO 9000 的本質開始，此觀念在市場上掀起的波濤。企業組織可活用 ISO 9000 的優點，並以此優點來改變 TQM，有助於推動 ISO 9000 制度。有關 TQM 與 ISO 9000 的比較，在表 10-5 有明確的說明。

表 10-5 TQM 與 ISO 9000 的比較

要 素	TQM	ISO 9000
產生背景	企業競爭，1980 年（美）	企業合作，1987 年（英）
屬 性	策略性	制度性
目 的	結合團隊力量，改善品質	建立顧客對公司的品質管理信心
動 機	1. 改變企業文化 2. 爭取競爭優勢	1. 維持工作紀律 2. 符合合約需要 3. 獲得國際認證
組 織	機能別的組織	部門別的組織
管 理	1. 方針管理 2. 領導型	1. 目標管理 2. 監督型
審 查	高階管理者	高階管理者及第三者
作業重點	1. 策略規劃 2. 團隊形成 3. 統計方法應用	1. 文件化 2. 品質稽核 3. 系統認證
關心對象	1. 企業與非企業的顧客 2. 全體員工	1. 企業與非企業的顧客 2. 員工、過程、設備
顧 客	相當重視	並未強調
工具與方法	強調	不強調
評價指標	管理成熟度	重點為是否獲得驗證登錄資格
評估方式	依指導原則自行實施	經第三者認證
優 勢	具選擇性與擴張性	具主控性與一致性
期望利益	顧客滿意	國際市場承認

資料來源：岳林 (1996)，《TQM 之標準與模式》，p. 294。

10.5.3 ISO 與內部控制的關係

有關 ISO 的實施，使公司作業活動標準化，促使經營績效的改善，並可監督營運成果，這些特性正符合公司採用內部控制制度的基本特性。事實上，公司通過 ISO 認證與設置完整的內部控制制度都對公司有益；但是，有不少公司願意盡力通過 ISO 認證，卻無法擁有完善的內部控制。

其實 ISO 認證與內部控制制度的基本精神，皆是設計良好的作業流程與制度，定期查核員工是否確實執行其任務，定期評估制度對經營環境的適用性。內部控制的五項要素，可用來評估企業財務方面的表現；然而 ISO 可用來評估產品品質控制，提供非財務的資訊。兩者如能落實於企業營運過程中，有相輔相成的功用。如圖 10-5 顯示出 ISO 與內部控制的關係，公司在設計內部控制制度時，應同時兼顧 ISO 的 20 項條款。

ISO 9000品質要求

管理責任
品質系統
合約審核
設計控制
文件與資料管理
採　購
顧客提供產品之管制
產品之鑑別與追溯性
流程管制
檢驗及測試

檢驗、測量及測試設備之控制
檢驗及測試狀態
不合格品之管制
矯正及預防措施
處理、儲存、包裝及運送
品質記錄
內部品質稽核
訓　練
服　務
統計技術

資料來源：Ridley, Jeffrey, 1997, Embracing ISO 9000, *Internal Auditor* (August): pp. 44 – 48.

圖 10-5　ISO 與內控的關係

在審計人員執行查核程序的過程中，專業判斷是最重要的，如果內部控制環境佳，可減少查核時間。不論是書面或電子資訊系統提供的證據，在流程設計時都必須考慮到風險的評估。公司如果能將 ISO 條款、全面品質管理、內部控制制度三者作適度的整合，同時擬定執行步驟，並且定期評估各項功能的有效性和效率性，如此公司的整體績效能保持一定的水準。

10.6　我國品質獎勵的介紹

在各國努力提升品質之際，我國產品要繼續在國際市場上具有競爭能力，必須增加產品附加價值以及提升經營品質。經濟部工業局為協助企業加速整體品質升級，特設立「國家品質獎」和「全國團結圈活動競賽」，這為我國目前政府單位所頒發的兩項品質獎，其相關內容如下：

10.6.1　國家品質獎

經濟部為協助企業加速整體品質升級，提高國際形象，特設立「國家品質獎」。國家品質獎為國內最高的品質榮譽，其設立之宗旨為：「樹立一個最高的品質管理典範，讓企業界能夠觀摩學習，同時透過評選程序，清楚的將這套品質管理規範，成為企業強化體質，增加競爭實力的參考標準。」自 1990 年開始頒獎，由行政院延聘有關機關首長及專家，組成國家品質評審委員會，負責評審及處理有關表揚業務，經濟部長為主任委員。設立此獎勵之目的在於鼓勵推行全面品質管理有傑出成效者，樹立學習楷模，提升整體品質水準及建立優良企業形象，國家品質獎可分為三類，企業獎、中小企業獎（中小企業認定標準為：營造業及製造業的實收資本額在新臺幣六千萬元以下或經常僱用員工數未滿 200 人，至於其他行業則為前一年營業額在新臺幣八千萬元以下，或經常僱用員工數未滿 50 人者）、個人獎等，每個獎項的頒獎名額每年各以四名為限，其中個人獎還分為研究、推廣及實踐三類，名額分配，由委員會決定。

國家品質獎的評審分為初審、複審、決審三階段，初審為書面評審，複審為現場評審，決審則由「委員會」進行綜合審核。初審及複審由委員會遴聘專家就申請資料及推行績效進行評審，經入選後再由委員會委員會議決審；決審名單應報請行政院核定。前項評審之標準及作業程序，由委員會定之。獲獎者頒予「國家品質證書及獎座」。「國家品質獎」，2002 年邁入第十三屆，國家品質獎的頒發、得獎企業的示範發表與觀摩活動，除可激發企業追求高品質的風氣，更是引導企業邁向高標竿。如表 10-6 所示，歷屆得獎人為國內企業樹立了優良的品質管理典範，而且參與的企業與個人日益增加，顯示這個獎項已受到各界的肯定與支持。

表 10-6　國家品質獎歷居得主

得獎屆數	企業獎	中小企業獎	機關團體獎（新增）	個人獎
第一屆	德州儀器工業股份有限公司	從缺		宋文襄
第二屆	中國鋼鐵股份有限公司	從缺		鍾清章
				鍾朝嵩
第三屆	臺灣國際標準電子股份有限公司	慶泰樹脂化學股份有限公司		劉漢容
第四屆	中華汽車工業股份有限公司	柏林股份有限公司		王治翰
	泰山企業股份有限公司			
第五屆	臺中精機廠股份有限公司	從缺		白賜清
	美台電訊股份有限公司			林信義
				羅益強
第六屆	臺灣國際商業機器股份有限公司	從缺		謝天下
	英業達股份有限公司			盧瑞彥
	智邦科技股份有限公司			
	聯華電子股份有限公司			
第七屆	臺灣松下股份有限公司	健生工廠股份有限公司		簡明仁
	臺灣通用股份有限公司			陳文源

	光陽工業股份有限公司			
	東元電機股份有限公司			
第八屆	臺灣山葉機車工業股份有限公司	信通交通器材股份有限公司		李詩欽
	臺灣麗偉電腦機械股份有限公司			楊錦洲
第九屆	金寶電子工業股份有限公司	車王電子股份有限公司		廖福澤
	裕隆汽車製造股份有限公司			
第十屆	從缺	從缺		許勝雄
第十一屆	中華映管股份有限公司	太乙印刷企業股份有限公司		邱文達
	正新橡膠工業股份有限公司	友旺科技股份有限公司		徐志漳
				鄭春生
第十二屆	玉山商業銀行股份有限公司	從缺	國立臺灣大學醫學院附設醫院	蘇朝墩
	金興工業股份有限公司			歐陽自坤
	泛亞電信股份有限公司			

10.6.2　全國團結圈活動競賽

根據經濟部工業局的定義:「所謂團結圈活動，就是一種品質改善的活動，係指由工作性質相似或有相關之人員，共同組成一個圈，本著自動自發的精神，運用各種改善手法，啟發個人潛能，透過團隊力量，結合群體智慧來群策群力，持續的從事各種問題的改善，使每一成員有參與感、滿足感、成就感，並體認到工作的意義與目的。」由此定義可知，團結圈活動泛指品管圈、小集團、自主管理、工作圈、品質改善/創新團隊(QIT)及生產保養(PM)圈等團隊改善活動，其活動性質亦相類似。經濟部工業局為促使團結圈活動能在全國各公民營企業機構徹底推展，以發揮團隊改進精神，強化組織體質，自1988年起，公開舉辦「全國團結圈活動競賽」，藉以相互觀摩與交流，提升整體活動水準，強化國際競爭能力；並於1990年7月成立「財團法人中衛發展中心」，設立「全國團結圈活動推廣處」。參加對象為已向中衛發展中心登記之團結圈推行分會、支會，依報名圈所屬部門之工作性質又分為二類，生產部門類及非生產部門類；競賽分為預賽與決賽二階段，預賽採現場評審方式，決賽分為現場評審和決賽發表會評審兩種，最後依決賽成績分發殊榮獎、銅塔獎、銀塔獎、金塔獎。

根據中衛發展中心的資料顯示到目前為止，全國已知至少有一萬八千餘圈在活動之中；換言之，已有近四十萬的從業人員在企業，不斷的從事品質、設備、作業、生產力、成本等改善，全國性的團結圈推行活動，除工業局主辦的活動外，並結合國內各公民營機構，學術界共同組成「全國團結圈活動推行委員會」，整合國內各項資源，期能適切配合實務界推展落實團結圈活動的需求。

10.7 產品生命週期

傳統成本會計對於產品邊際利潤的衡量，是以會計期間內產品售價減產品變動成本所得的結果為基礎，衡量期間僅限於一個會計期間，並沒考慮到產品生命週期的整個階段。產品就像人一樣，會經過一系列的生命週期階段，學者將之分為發展、導入、成長、成熟和衰退五階段，稱之為**產品生命週期** (Product life Cycle)。雖然並不是每一種產品都會經過這五個階段，但是同一種產品在每一階段的銷貨收入並不一樣，如圖10–6所示。企業必須瞭解其各種產品位於生命週期的哪一階段，因為不同的產品生命週期階段有不同的銷貨收入、成本和利潤關係，如表10–7所示。

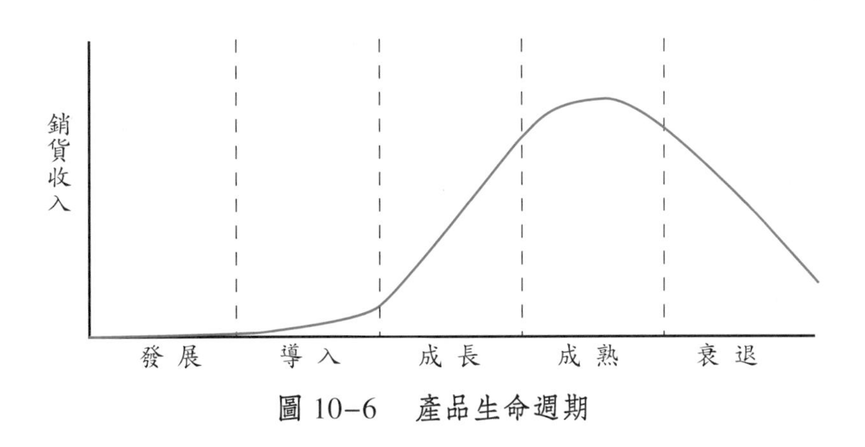

圖 10–6　產品生命週期

表 10–7　產品生命週期對成本、銷貨收入和利潤的影響

階段	成　本	銷貨收入	利　潤
發展	沒有產品成本，但是研究發展成本很高。	沒有	沒有；因研究發展成本支出很多，但此時沒有收入，故造成很大的損失。
導入	可能會發生工程改變成本；廣告成本很高。	銷售量很低；單位售價很高（賺取早期利潤）或很低（以爭取市場佔有率）。	收入不穩定，且可能因高額的廣告成本而導致虧損。
成長	每單位產品成本下降（因學習曲線和大量生產結果）。	銷售量增加；調整售價與競爭者相同。	升高
成熟	每單位產品成本穩定。	銷售量達到顛峰，售價降低。	降低
衰退	每單位產品成本上升（因產量減少）。	銷售量降低；短期內提高售價以增加利潤或降低售價刺激銷售量增加。	面臨虧損的危機。

10.7.1 發展階段和目標成本

從成本的觀點來看，產品生命週期中的發展階段很重要，但是這部分被傳統財務會計所忽略。以尖端科技公司為例，假設公司自 2002 年開始研發超薄型個人筆記型電腦，預定到 2007 年為止，該公司尚未從此產品獲得任何利潤。財務會計的處理方法則將研發成本於發生時列作費用，但是有些學者指出發展階段中所作的決策會影響產品總生命週期成本的 80% 到 90%。換句話說，於發展階段中所決定的所需原物料規格和製造程序，會影響其他階段的製造成本。

因為技術革新和競爭激烈縮短了研發時間，所以有效地研發成果是產品在整個生命週期中獲利的關鍵。假如在規劃和發展程序中投入心血，通常可造成較低的生產成本，減少從設計到製造的時間、較高產品品質、較低的產品生命週期成本等結果。日本企業很重視產品發展階段，並且以推出新產品上市時間為重要的績效衡量指標，以日本汽車業為例，平均每三年推出新車種，現在他們想要將新車上市時間縮短為二年。由此可見，經營者多重視產品發展階段，則產品獲利就比競爭者多。

一旦新產品構想成形，便進行市場調查以決定顧客想要的產品屬性。在產品設計之後，若以傳統方法決定產品成本和產品售價，當產品上市後，市場往往無法接受此等價格 (因為競爭者的售價更低)，公司只好企圖降低產品成本，或者降低預期利潤目標。相對地，日本企業界則藉由市場調查，得知市場顧客願意付給具有特殊屬性產品的價格，然後倒推估計可接受的產品成本，此種技術稱之為**目標成本法 (Target Costing)**。美、日兩國對發展產品成本流程的看法有顯著差異，如圖 10–7 所示。

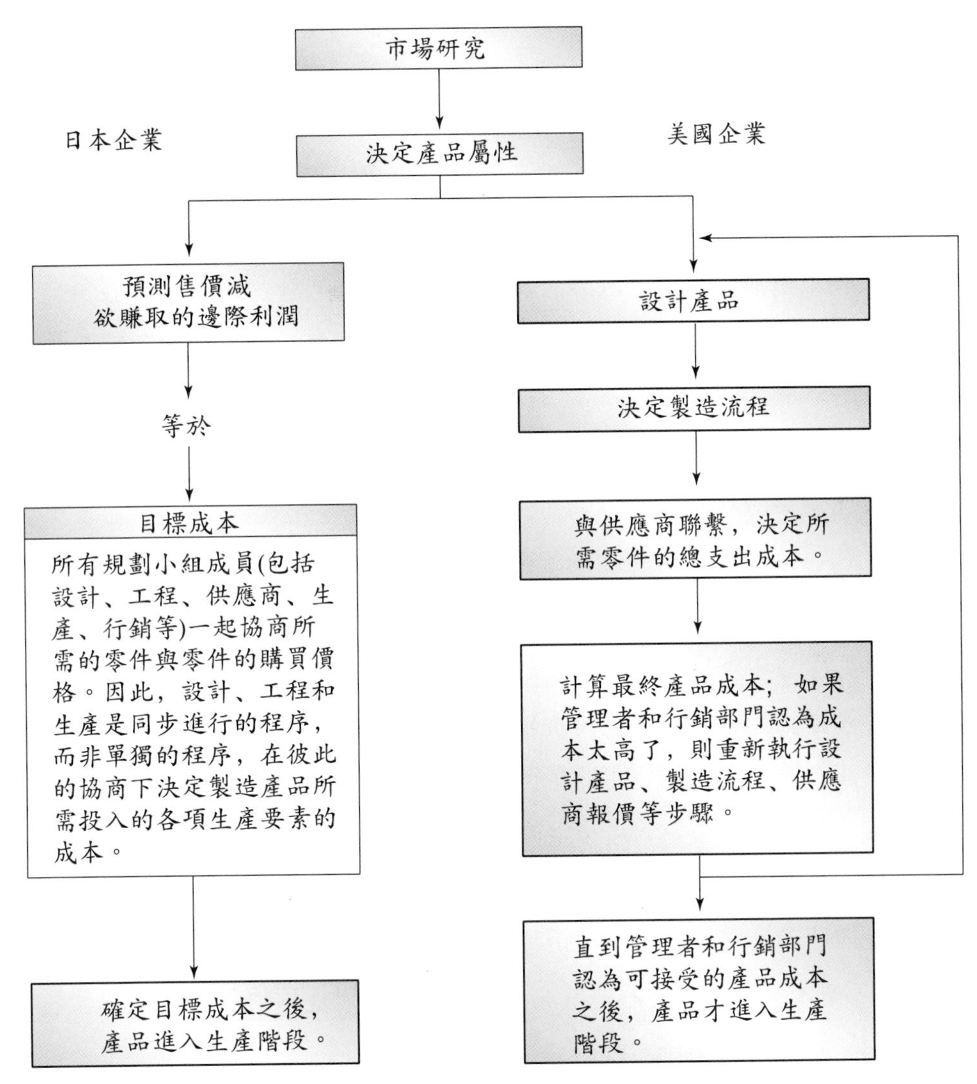

圖 10–7　發展產品成本的過程

美國企業的特性通常為，如果公司所預估的成本大於目標成本，可採取下列幾種可行方案。第一方案是改變產品設計或製造流程以降低成本，可利用成本表列示調整前和調整後的成本差異；第二方案是減少預期的邊際利潤；第三方案則是延後新產品上市的時間，因為此時公司無法獲得預期的邊際利潤。

日本企業的特性為，如果公司決定要進入市場，需在產品生命週期一開始時計算目標成本，不能等到最後階段。在整個產品生命週期中，目標成本成為持續改善實際製造成本的標準。但是目標成本隨著產品生命週期遞減，到了成熟階段以後，售價可能會調降，為了維持穩定的預期邊際利潤，所以目標成本會持續地減少。

目標成本法也可應用於服務業，例如樂康超市最近研擬一項傳真服務，由顧客將食品雜貨的訂購單傳真給超市，超市人員按照傳真訂購單撿貨包裝，等到顧客來領取貨品時，再付款給店員即可。樂康超市針對這項傳真服務進行市場調查，發現顧客願意支付這項服務的價格為為 $100，超市管理者認為服務每張訂單的合理利潤為 $40，所以對每張傳真訂購單可接受的目標成本為 $60。如果管理者認為每月接到的訂單量足夠支付提供此項服務所需增列的成本，則可投資實施傳真服務所需的設備。

為了在可接受的成本範圍內設計產品，工程師和管理者可能要努力消除生產過程中所有不必要的無附加價值作業，因為消除不必要的作業可降低成本。首先，由工程師和產品設計師一起討論生產流程，以及符合品質規定和成本要求的零件種類。此時供應商也可提供有關產品設計的意見，因為他們可說明目前有何種庫存零件可應用，可避免因使用昂貴的特殊零件而增加成本。如果產品在發展階段就設計妥當，往後生產過程中可能只需要少數的修改以配合製程即可。每次製程改變，會造成牽一髮而動全身的影響，不僅會產生意料外的問題，更會增加額外成本，如文件單據重新列印、重新訂購零件造成庫存零件過時、員工重新學習技能、機器擺設必須改變等。所以任何設計改變越早做越好，最好在開始生產以前便可完成。

使用目標成本法時，管理者對傳統的成本、售價和利潤三者關係的認知需要改變。傳統成本會計認為要先設計產品，然後定義和衡量產品成本，接著決定售價。一般可能只是追隨市場價格，至於虧損或盈餘是被動的結果，無法事先預知。如果採用目標成本法，則成本、售價和利潤三者的計算順序和傳統成本會計有所不同，亦即先設計產品，然後決定售價與預期利潤，以便計算最大可接受的成本範圍。所以成本可說是根據市場售價而得的，與傳統成本會計的認知完全相反。

10.7.2　其他產品生命週期階段

產品導入階段的銷貨收入通常很少，如果市場上有類似的代替品，此項新產品的價格通常和代替品的市場價格有關係，可能高於、等於或小於代替品的市價；另一方面，此階段的成本很高，在產品設計、市場研究、廣告和促銷等方面的支出龐大。

當新產品被市場接受時，產品生命週期邁入成長階段，此時開始產生利潤。在此階段產品品質可能需要改善，尤其當競爭對手改善原有的產品設計時更要注意。此時產品的售價也開始穩定，因為「良幣驅逐劣幣」效用，將代替品淘汰，或者因為顧客對該產品培養出忠誠度，願意付費買原產品而非代替品。

進入成熟階段後，銷貨收入開始穩定或慢慢往下滑，而且價格戰成為競爭的型態。此時成本很低、利潤很高，是投資新產品的回收期。最後到衰退階段，公司會因產量減少導致每單位的生產成本增加，所以會儘可能從剩餘的產品中賺取利潤，也有廠商採取賤價出售的方式來出清存貨。

10.7.3　生命週期成本法

顧客關心的是以合理的價格取得品質優良的產品或服務，所以顧客在作購買決策時，是以生命週期的觀點衡量產品價值。例如選購電腦時，不僅考慮售價也關心軟體成本、售後服務、保證期間、電腦升級成本、淘汰頻率等，這些都是決定電腦購置總成本的要素。

從製造商的角度來看，因為產品售價和銷售量隨著產品生命週期改變，而且目標成本法要求的是長期利潤而非短期利潤。因此，製造商和服務業者應該關心產品生命週期的利潤最大化，因為產生的總收入必須超過產品總成本才是實質的利潤。

為了財務報表的目的，於研究發展階段所發生的成本，在支出時是當作費用處理。但是研發成功會使產品具有市場價值，所以研發成本應視為生命週期投資而非期間費用。為管理目的，應將研發成本資本化或將其分攤至產品，如此可提供更好的長期利潤資訊，而且可決定產品設計和製造過程中因製程改變所造成的成本影響。因此，企業如果想強調生命週期成本和獲利能力，需要改變企業內部對成本的會計處理方式。

生命週期成本法 (Life Cycle Costing) 係指累積產品生命週期中所有作業的成本，再計算單位成本。從製造商的觀點來分析，生命週期成本的分攤基礎是預估生命週期中的銷售量。在生命週期成本法下的內部損益表，以編表期間為基礎，計算當期產品（可能處於生命週期中的任一階段）的銷貨收入，扣除總銷貨成本，研究發展計畫總成本和總行銷成本；如果編製外部損益表，則以當期銷貨收入扣除當期銷貨成本，但是將所有正式生產以前的成本總數資本化（包括研發成本），並且估計風險準備以衡量這些遞延產品成本回收的機率。

生命週期成本法對面臨技術快速改變的產業尤其重要，如果投入大量的研發成本，但是技術改變太快，或者顧客需求量的下降速度比銷售收入成長的速度快，這項研發是否具有價值需要深思。因此，公司需要知道並且嘗試控制產品生命週期中所發生的總成本，例如採用作業分析法，將產品或服務的相關作業區分為有附加價值和無附加價值兩大類，針對可避免的無附加價值作業可加以管理。

本章彙總

品質的定義需從生產者和顧客兩方面來討論，從生產者角度來看，首先要消除無附加價值作業，才能生產出符合規格或要求的產品或服務，最常使用的控制工具是管制圖。若從顧客的角度來看，所謂品質就是產品或服務滿足使用者所有的需求。如果企業想在國際市場上經營成功，持續品質改善是必要的，而且提升品質的方法有很多種，最常被提及的是標竿制度和全面品質管理。標竿制度是一種具有比較意味的品質改善方法；全面品質管理則是一種系統，包括組織全體一起追求超越顧客期望的品質改善程序。

從事品質改善活動必須花費成本，稱為品質成本。品質成本可分為鑑定成本、預防成本、內部失敗成本和外部失敗成本四種型態。管理者可藉由品質成本報告表知道品質成本發生的原因和金額，進而決定採取何種品質改善措施，品質成本報告表是全面品質管理的重要資訊來源。

越來越多企業將其市場擴展至世界各地，所以對國際標準規範應該有所認識，國際標準組織(ISO)的技術委員會擬訂各種國際標準，作為品質認證的參考標準。為有效地控管組織營運品質水準，ISO與全面品質管理、ISO與內部控制皆可作適度的整合。世界知名的品質獎在不同國家頒發，我國為了提升國內企業的整體品質也舉辦了「全國品質獎」和「全國團結圈活動競賽」，對提升產品品質貢獻良多。

傳統財務會計以會計期間為基礎計算產品利潤，完全沒有考慮產品生命週期的觀念，產品生命週期可分為發展、導入、成長、成熟和衰退五階段。每一階段的成本、銷貨收入和利潤都不一樣，生命週期成本法則是累積產品生命週期內各階段所有的作業成本，再以合理的基礎分配到產品上，有助於客觀地計算企業各個期間的利潤。此法尤其注重發展階段的研究發展成本，認為應將研發成本資本化或分攤至產品上，不該當作期間費用處理。發展階段為一切的開始，所以目標成本應建立在發展階段。目標成本是由日本企業發展出來的，先由市場研究得知新產品的可能市價，再扣除預期利潤得到可接受的產品成本，作為產品生命週期中成本控制的標準。

名詞解釋

- 作業分析 (Activity Analysis)

  將生產流程的所有作業，區分為有附加價值作業和無附加價值作業兩大類。

- 鑑定成本 (Appraisal Cost)

  指檢查每一個產品是否符合規格時所發生的成本。

- 標竿制度 (Benchmarking)

  將自己企業之產品、服務及作業程序，與產業內最強的競爭者或產業中的領導者相比較，再予以改善的一種持續性的過程。

- 品質保證成本 (Cost of Quality Compliance)

  指鑑定成本和預防成本兩項事前的作業成本，這些成本可消除目前的失敗成本，並可維持未來品質零缺點。

- 非品質保證成本 (Cost of Quality Non-compliance)

  指因瑕疵品而發生的成本，等於內部和外部失敗成本的總和。

- 外部失敗成本 (External Failure Cost)

  指產品送到顧客手中後，發現瑕疵品後所發生的相關成本。
- 內部失敗成本 (Internal Failure Cost)

  指將產品送達顧客手中以前，發現瑕疵品後予以修改所發生的成本。
- 國際標準組織 (International Organization for Standardization, ISO)

  由各國國家標準團體所組成的世界聯盟，組織中的技術委員會擬訂各種國際標準。
- 生命週期成本法 (Life Cycle Costing)

  係指累積產品生命週期中所有作業的成本，再計算單位成本。
- 無附加價值作業 (Non-value-added Activities)

  指消耗時間和成本，並不會增加產品或服務價值的作業。
- 預防成本 (Prevention Cost)

  指預防生產不符合規格產品時所發生的成本。
- 生產力 (Productivity)

  衡量某段期間內產品的產出與投入比例。
- 產品生命週期 (Product Life Cycle)

  分為發展、導入、成長、成熟和衰退五階段。
- 統計製程控制 (Statistical Process Control, SPC)

  指應用統計方法如管制圖，以分析製程是否有變異存在，並採取對策使製程維持在管制的狀態下，進而改善和穩定製程能力。
- 全面品質管理 (Total Quality Management, TQM)

  即指創造組織人員全面參與持續改進程序之規劃與執行的一種結構化方法。
- 附加價值作業 (Value-added Activities)

  指成本投入或資源投入會增加產品或服務價值的作業。
- 零缺點 (Zero Defect)

  意指產品或服務的品質不用從事任何錯誤更正作業，即已滿足顧客的需求。

作業

一、選擇題

(　) 10.1 應用數量方法，找出製程中的變異，進而改善其缺失，達到穩定製程能力的技術稱為 (A)品管圈 (B)最小平方法 (C)統計製程控制 (D)全面品質管理。

(　) 10.2 統計製程控制的最佳工具為 (A)品質環圈 (B)提案制度 (C)迴歸分析 (D)管制圖。

(　) 10.3 競爭性標竿制度為何？ (A)學習產業競爭者的產品設計 (B)生產流程能力 (C)尤其著重於衡量競爭者的能力而非直接實行競爭者的作業流程 (D)以上皆是。

(　) 10.4 以其他公司之產品為學習對象之標竿制度稱為 (A)內部標竿制度 (B)產品標竿制度 (C)競爭性標竿制度 (D)功能性標竿制度。

(　) 10.5 下列何者非全面品質管理的特性？ (A)全面品質管理是一種內部的管理系統 (B)全面品質管理需由所有員工全力配合才可 (C)全面品質管理的實施需涵蓋組織中的全部部門 (D)在全面品質管理的觀念之下，品質水準係僅由工程人員及品管人員的角度而設定。

(　) 10.6 下列何者為品質保證成本？ (A)內部失敗成本 (B)外部失敗成本 (C)預防成本 (D)報廢成本。

(　) 10.7 永太電子公司 7 月份與品質成本有關的資料如下：

利潤損失	$100,000
重新加工成本	90,000
收回瑕疵品的成本	120,000
鑑定成本	300,000
預防成本	250,000

永太電子公司 7 月份的失敗成本為 (A) $190,000 (B) $210,000 (C) $310,000 (D) $550,000。

( ) 10.8 沿用第 10.7 題的例子，永太電子公司 7 月份的品質保證成本為 (A) $310,000 (B) $550,000 (C) $610,000 (D) $860,000。

( ) 10.9 沿用第 10.7 題的例子，永太電子公司 7 月份的品質成本為 (A) $310,000 (B) $550,000 (C) $610,000 (D) $860,000。

( ) 10.10 下列何種品質保證模式適用於指導企業建立品質管理體系？ (A) ISO 9001 (B) ISO 9002 (C) ISO 9003 (D) ISO 9004。

( ) 10.11 ISO 9000 系列實施過程的時間順序可分為 (A)宣導期、進修期、輔導期、執行期、考核期、修正期 (B)宣導期、進修期、考核期、修正期、執行期 (C)考核期、修正期、宣導期、進修期、輔導期、執行期 (D)進修期、輔導期、執行期、考核期、修正期、宣導期。

( ) 10.12 下列關於產品生命週期的敘述，何者正確？ (A)發展期的產品成本為零 (B)導入期的廣告成本很低 (C)成長期的單位成本會上升 (D)成熟期的利潤不穩定。

( ) 10.13 藉由市場調查取得顧客可接受的價格，進而倒推來估計企業可接受之產品成本的方法稱為 (A)作業基礎成本法 (B)倒推成本法 (C)生命週期成本法 (D)目標成本法。

( ) 10.14 下列關於生命週期成本法的敘述，何者不正確？ (A)適用於研究發展成本很高的行業 (B)主張將研究發展成本資本化 (C)可以和作業分析法互相配合 (D)符合現行的一般公認會計準則。

二、問答題

10.15 何謂品質？

10.16 請說明統計製程控制 (SPC) 技術。

10.17 何謂標竿制度？

10.18 標竿制度的實施步驟為何？

10.19 何謂全面品質管理？

10.20 請說明品質成本的型態。

10.21 何謂國際品質標準 (ISO)？

10.22 請簡略說明 ISO 與內部控制的關係。

10.23 TQM 與 ISO 9000 之比較?

10.24 我國目前頒發哪些品質獎?

10.25 何謂產品生命週期?

10.26 在產品生命週期中，銷貨收入、利潤和成本如何變化?

10.27 傳統成本法和目標成本法有何差異?

10.28 何謂產品生命週期成本法?

三、練習題

10.29 新迪公司為一家生產電腦週邊產品的廠商，該公司 2002 年 12 月份的品質成本相關資料如下:

瑕疵品	2,500 單位	鑑定成本	$4,000
瑕疵品再加工	2,250 單位	預防成本	$6,000
回收瑕疵品	100 單位	良品的單位利潤	$15
瑕疵品再加工的單位成本	$3	瑕疵品的單位利潤	$5
回收瑕疵品的單位成本	$6		

試求: 1. 銷售瑕疵品，新迪公司損失多少利潤?
2. 計算失敗成本。
3. 計算品質成本。

10.30 雅登傢俱公司的品管部門將 2002 年 11 月份的品管資料彙總如下:

瑕疵品	100 單位	瑕疵品的單位利潤	$6,000
瑕疵品再加工	70 單位	良品的單位利潤	$10,000
回收瑕疵品	15 單位	瑕疵品再加工的單位成本	$8,000
鑑定成本	$40,000	回收瑕疵品的單位成本	$7,500
預防成本	$36,000		

試求: 1. 重新加工的成本。

2. 回收瑕疵品的成本。

3. 出售瑕疵品該公司損失多少利潤?

4. 失敗成本。

5. 品質成本。

四、進階題

10.31 旭日公司專門生產燈泡，燈管等照明設備。該公司於 2002 年生產 90,000 個燈泡，其中透過經銷商賣出 89,500 個，其他 500 個為瑕疵品，經過經濟效益評估之後，500 個瑕疵品不再重新加工，以較低價出售。2002 年底該公司沒有完成品期末存貨，品管部門統計 2002 年的預防成本為 $900,000，鑑定成本為 $450,000，而且客訴部門並沒收到任何顧客退件。旭日公司 2002 年的損益表如下:

銷貨收入（良品）	$4,475,000	
（瑕疵品）	10,000	$4,485,000
銷貨成本:		
原始生產成本	$2,250,000	
再加工成本	330,000	
品質預防和鑑定	1,350,000	(3,930,000)
銷貨毛利		$ 555,000
銷管費用（皆為固定成本）		(600,000)
淨 損		$ (45,000)

試求: 1. 銷售瑕疵品，旭日公司將會損失多少利潤?

2. 失敗成本。

3. 品質成本。

10.32 鼎新公司 2002 年的品質成本相關資料如下:

預防成本:	
品管訓練成本	$ 45,000

品管技術成本	150,000
品管圈活動成本	96,000
鑑定成本:	
品質測驗成本	54,000
檢驗儀器設備	42,000
檢驗人力成本	27,000
內部失敗成本:	
報廢成本	19,500
重新加工成本	6,300
外部失敗成本:	
運送成本	28,500
維修成本	22,800

鼎新公司 2002 年共生產 24,000 單位，其中 750 單位為不可重新加工的瑕疵品，單價以低於良品售價的 $120 出售。此外，花費 $18,000 重新加工 600 單位的瑕疵品，然後透過經銷商出售。該公司管理者為落實全面品質管理，決定 2003 年的預防成本預算增加 40%，鑑定成本預算增加 20%，失敗成本預算則減少 10%。

試求：1. 鼎新公司出售 750 單位瑕疵品，損失多少利潤?

2. 失敗成本。

3. 品質成本。

4. 編製品質成本報告表。

第11章

企業e化對成本會計的衝擊

學習目標

- 瞭解自動化設備的種類與效益
- 說明電子商務交易模式
- 敘述供應鏈管理
- 分析顧客關係管理
- 介紹新成本會計系統

前 言

隨著科技的進步，自動化設備和資訊科技的日新月異，使製造業面臨第三次的工業革命，有不少廠商改變生產方式，由勞力密集改為資本密集，甚至走上企業營運電子化的經營模式。如此一來，一方面可解決人力不足的問題，另一方面可提高生產效率與產品品質。隨著自動化和電子化層次的提高，產品成本的結構發生變化，再加上國際市場的競爭日益強烈，傳統成本會計的適用性令人質疑。有鑑於此，本章針對傳統成本會計在新世紀所面臨的問題，提出新成本會計系統的建立要點。

11.1 自動化設備的種類與效益

在 1960 年代初期，電腦首先應用到製造業的數值控制器，產生了**電腦數值控制器** (Computer Numerically Controlled, CNC)，使部分生產作業的操作由電腦來代替人工。接著，自動裝配機的產生，使製造技術漸漸提升，在 1970 年代，電腦更應用到產品設計和製造過程，使品質水準提高。到了 1980 年代後期，工廠內的物流與資訊流逐漸相結合，不僅使產品品質大為提升，且單位生產成本下降。

11.1.1 自動化設備的應用

綜觀電腦技術的發展史，早在 1950 年代由美國麻省理工學院發展出**自動排程工具** (Automatically Programmed Tools, APT) 的程式語言，使機器設備的操作由電腦來控制。接著電腦被運用在製圖和產品設計方面，尤其在建築業的使用逐漸普遍。到了 1960 年代中期，企業界運用電腦來規劃、執行和控制產品的製造過程，包括原物料的需求規劃和機器設備的生產排程。接著，美國的航太工業製造商率先將電腦繪圖和電腦製程控制相結合，尤其在 1970 年

代，**電腦輔助設計** (Computer Aided Design, CAD) 和**電腦輔助製造** (Computer Aided Manufacturing, CAM) 的發展十分迅速。

產品設計要隨著顧客的喜好而改變，以迎合市場的需求，再加上製程時間縮短，便於爭取較高的市場佔有率。將電腦同時應用在產品設計與製造方面，其主要功能在於縮短產品製造週期，例如汽車製造業由新車設計到製造完成，在過去需要五年以上的時間，現在可於三年內完成全部程序。電腦輔助設計與製造的運用，使生產線上的直接工人數目大為減少，且產品品質提高和生產力提升，同時交貨日期縮短，更加強企業對市場的應變能力。

接著，在 1980 年代中期，有些製造商把電腦輔助製造系統擴展為**彈性製造系統** (Flexible Manufacturing System, FMS)，藉著電腦來控制生產過程中的機器設備和輸送系統。由於一套生產設備可運用來製造幾種不同的產品，使生產部門可因應客戶的要求而很快的調整生產排程，達到產品少量多樣的製造目標。

在完整的彈性製造系統下，生產線藉著無人搬運車、天車或自動輸送帶與自動倉儲連接，原料從供應商送到倉庫，由電腦控制原物料的輸送、生產排程和成品入庫的全部程序，可說是達到生產無人化的境界。這種高度自動化的設備，有降低人工成本、避免工人短缺問題、降低不良率和製造費用等優點。在我國的輪胎鋼圈業，已將彈性製造系統功用發揮得相當好，可隨顧客需求而調整生產排程，製造出各種不同型態的產品，使其市場的競爭能力增強，以機械取代人工作業，可促使成本下降，進而因品質提升促使售價上漲，藉此獲得較高的利潤。

11.1.2　電腦整合製造系統

在彈性製造系統下，已朝向生產合理化的方式來規劃與執行製程，也就是說生產效率較以前大為提升，但是管理階層如果不在工廠現場，仍然無法掌握生產狀態。隨著企業的擴展，管理者不可能每天親臨各個工作場所，來瞭解營運狀況。因此，一個融合物流和資訊流的系統，為管理者所迫切需要的。**電腦**

整合製造 (Computer Integrated Manufacturing, CIM) 系統也就是在這種環境下所產生，其為電腦輔助設計 (CAD)、電腦輔助製造 (CAM)、彈性製造系統 (FMS) 的整合體，再加上結合管理系統與資訊系統，使管理者不必親臨工廠，而能掌握製程方面的資訊。

1. 電腦整合製造系統架構

從表 11–1 上可明確瞭解電腦整合製造系統中包括哪些功能項目，由組織結構的基層開始來說明。大部分高度自動化的廠房，都有**檢驗** (Inspection)、**倉儲** (Storage)、**製造** (Processing)、**裝配** (Assembly) 和**輸送** (Shipment) 等設備。在這些組織單位中，包括製造用的數值控制器和機器人，保存原物料和成品的自動倉儲，以及在生產過程中負責搬運原料的輸送設備，使得各項設備之間可互相連接。

表 11–1　電腦整合製造系統架構

組織單位	功能項目	
公　司	・規劃和控制營運活動 ・銷售計畫和控制 ・設備計畫和控制 ・管理資訊控制	
工　廠	・訂單處理 ・生產排程 ・物料需求規劃 ・訂單和生產指令 ・採購和外包管理	・運送控制 ・成本控制 ・生產資料庫控制 ・生產成果控制 ・庫存控制
生產線	・生產排程 ・生產控制 ・成果控制 ・品質控制	・倉儲管理 ・製造資訊控制 ・操作指令 ・物流控制
工作站	・運送控制系統 ・倉儲控制系統 ・機器人控制系統 ・數值控制器控制系統	・製造站控制系統 ・裝配站控制系統 ・製造和裝配資訊 ・控制系統
設備單位	・運送設備	・機器人

(檢驗、倉儲、製造、組裝、輸送)	・自動倉儲	・數值控制器

資料來源：整理自 Pearson, David, Computer Integrated Manufacturing for the Engineering Industry, London：FT Business Information Ltd., 1990.

每個工作站是由數項設備所組成，藉著各項控制系統，如表 11–1 所列的各項設備控制系統，再加上製造和裝配資訊控制系統，在各個工作站之間可自行運作，同時可與其他工作站相聯繫。將工作站串連而成的生產線，其中所涵蓋的功能項目也就更多。對生產過程中的各個步驟要加以控制，且品質控制需要注意，加上生產排程要穩定，和原物料的倉儲管理更要即時更新資料，這樣生產部門主管才能確實掌握製程資訊系統。

在電腦整合製造系統架構中，上面第二層為工廠，除了有上述的各項控制外，還加上訂單處理、物料需求規劃、採購和外包管理，成本控制和生產資料庫控制。在各項功能的執行與協調下，工廠內有關於製造過程的物流和資訊流，可被各個相關單位主管充分的掌握。如此一來，有助於效率的提升和問題的追蹤。

將電腦整合製造系統與公司的管理系統相結合而成為**電腦整合製造/管理** (Computer Integrated Manufacturing/Management, CIM/M) 系統，使管理者對公司營運資訊所能掌握的範圍更加擴大。由表 11–1 可看出，製造與其他幾項功能的整合，使企業活動的規劃和控制更有效率和效果。由此發展下去，奠定**企業資源規劃系統** (Enterprise Resource Planning, ERP) 的發展基礎。

2. 與傳統製造系統的比較

綜合多位學者對製造環境的研究，就製造資源、生產程序、生產策略和成本資訊四方面，整理出表 11–2 的傳統系統和電腦整合系統的製造特性之比較。傳統製造系統偏向於生產大量且較標準化的產品，因為儲存大量的原料、在製品和製成品存貨，易造成存貨積壓的現象。傳統製造系統是將生產線的各個工作站，依生產程序來安排，一個部門結束後再進入另一個部門，也就是說廠房佈置缺乏彈性，容易造成生產瓶頸的現象。

表 11-2　製造環境的特性比較：傳統系統 vs. 電腦整合系統

	傳統系統	電腦整合系統
製造資源	・原物料件數較多 ・製造人工佔多數 ・低度自動化設備	・原物料年數較少 ・支援人員佔多數 ・高度自動化設備
生產程序	・製程較零亂且不穩定 ・缺乏彈性的製造系統 ・機器穩定性低 ・人為因素較易影響製造效率	・製程較合理化且穩定 ・彈性製造系統 ・機器穩定性高 ・人為因素不易影響製造效率
生產策略	・重視規模經濟生產 ・產品單調化 ・產品生命週期長 ・檢查點的品質管制	・重視範圍經濟生產 ・產品多元化 ・產品生命週期短 ・全面品質管理
成本資訊	・成本資訊定期更新 ・強調人工效率 ・主要以標準成本為計算產品成本基礎	・成本資訊即時更新 ・強調整廠總生產力 ・主要蒐集實際成本和可追溯成本作為產品成本的計算基礎

相對地，電腦整合製造系統最大的優點是高度自動化設備使生產排程十分具有彈性，所以工廠能在有限的時間內製造出各種不同類型的產品。在各個工作站之間可以互相支援，不會因某一工作站停頓或負荷過量而影響其他工作站的進度。在電腦整合製造系統的環境下，**規模經濟** (Economies of Scope) 生產的最大優勢，為在同一個製造系統下，可彈性的安排製程，以生產各種不同類型的產品，達到少量多樣的生產目標。除此之外，還有生產策略的差異、資訊系統的不同、以及生產效率的差異。

從表 11-2 的兩種系統比較看來，電腦整合製造系統與傳統製造系統截然不同，從產品設計到製造完成的各個階段都有顯著差異，電腦整合製造系統的建立可增加工廠的應變能力。不少世界級的製造商，在近幾年來投入大量資金於高度自動化設備，來提高生產效率、提升產品品質和降低製造成本，藉以增加其競爭能力。

11.2　電子商務交易

企業需利用資訊以快速反映市場需求，才能在新世紀佔有一席之地。**電子商務** (E-commercial) 交易是一種即時、全球性的交易方式，交易速度很快且可發生在任何時間與地點。顧客無論是一般人或是公司行號，可從網路上透過訂購系統訂貨，待訊息確認後即輸入信用卡號碼以完成付款手續，再透過物流體系將書籍送至顧客手中，即完成此次交易。這種電子化的交易系統，在二十一世紀會逐漸普及化。

11.2.1　電子化交易

在新經濟時代，逐漸為大家所接受的交易類型，可說是零時差、零距離、有效率的新交易通路，也就是所謂的企業間 (B2B) 及企業與消費者間 (B2C) 兩種交易類型。B2B 電子化是企業利用資訊和網路科技進行彼此間的經濟活動；B2C 電子化是指企業透過網路對消費者進行服務及商業行為。電子化交易的定義，可說是利用電話線、電腦網路或其他媒介來進行資訊、產品、服務、金錢收支的傳送；就流程而言，它是將商業交易作業流程資訊電子化，在網際網路或企業內網路進行一貫作業服務，包括銷售、生產、採購、財務、查詢等方面。企業資源規劃、供應鏈管理、顧客關係管理、物流製造配銷及系統整合等，是進行電子商務的基礎建設。藉著與供應鏈及需求鏈的結合建置，使企業內部的電子商務能進一步延伸至上、下游的供、銷貨物關係，自然會增加不少商機。

一套完整的電子交易系統所需包括的主要功能，大致上可分為交易面和非交易面兩種。交易面部分涵蓋的範圍很廣，從電子網路行銷開始以吸引顧客上門，然後買方將所要購買的物品圈選下來，待所需物品皆放入購物車後，即確認訂單上所有資訊的正確性，此時買方完成必要的程序。接著賣方要將訂單上訊息傳送到接單系統，規劃完成訂單所需的各個配合項目，即準備貨品再安排物流配送系統，使得顧客能在約定期間內收到貨品，賣方才算履行應盡的義務。此外，可提供顧客訂單處理查詢系統，使顧客隨時可瞭解所訂貨品至目前的處理狀況，也有助於存貨庫存管理。

至於非交易方面，大致包括網路保密控管機制和一些統計性的管理報表兩大類。為避免顧客交易資料外洩，有關資料的輸入和存取動作都要有嚴謹的控管機制，亦即訂單資料在正式進入交易系統之前，要有一個顧客確認的動作，以確保所進入電子交易系統的資料皆正確。同時，交易資料的查詢與更新，要經一定的授權程序，以避免資料被竄改。另外，為顧及電子交易系統的管理功能，與交易相關的資料需要做系統化的整理，可包括訂單排程表、營業額分析表、物品庫存表、產品利潤分析、顧客來源分析等項目。這些訊息可提供經營者做決策參考，使其有足夠營運資訊來提高決策品質。

企業過去傳統模式大多是人情交易，許多價格和交易條件都是以電話溝通就決定了，後續才展開進行交易程序的必要動作。這種觀念在電子商務交易上必須改變，凡事要依照既定的程序進行。所以企業主及業務同仁應改變口頭交易的習慣，應該在公司網頁上公佈價錢及產品規格，讓所有客戶可能查詢比價，甚至客戶可在網路下單。綜言之，唯有標準化的作業流程，才能有效地推動電子商務交易。

11.2.2　電子商務的效益

導入電子商務的效益，主要是藉著營運成本降低和流程效率提高的綜效，來提升企業整體利潤，如同美國 Amazon 和 Dell 採用網路經營策略以爭取商機。在網路新世紀，會突破傳統大企業吃小企業的局面，取而代之是快企業戰勝慢企業的情景。換句話說，企業能運用資訊科技來即時掌握市場訊息，快速回應顧客需求，提供客製化的產品或服務，自然會擁有一定的市場佔有率。由於經營訊息資料庫的建立，經營者很容易瞭解顧客需求，充分落實市場導向的經營模式，資源分配著重於生產為公司帶來較高價值的產品。如此，自然會降低滯銷品數量，因為不符合顧客需求的產品根本就不應該製造。這種有效率的經營方式，一方面增加營業收入，另一方面控管營運成本，公司整體利潤就會提高。

近年來，網際網路的發達和關連性資料庫的建立，促使經營跨地區或員工人數百人以上的公司紛紛導入企業資源規劃系統，希望藉此整合企業內各部門的資訊，讓管理階層能適時取得決策所需的訊息。綜觀資訊科技在企業應用的發展史，從早期發展的辦公室自動化和部門資訊電腦化，到現在所熱門的跨部門整合型資訊倉儲系統，可說是將資料庫加上人工智慧專家系統，使經營者在很快的時間內能掌握營運過程中生產、銷售、管理各方面的資訊，以作出明確的決策。

電子商務 (EC) 在全球正快速地起飛，使得企業營業區域無國界，尤其網上購物使消費者有更多的選擇機會，同時可在網路上比價，貨比多家自然不會吃虧。國內中小企業絕對不能忽視此電子化交易的趨勢，必須及時作企業資訊系統升級的準備，才不會被拋棄於電子商務的交易圈之外。產業未來發展趨勢將走向全球化、顧客化、數位化及速度化，企業將不能以傳統產業社會的想法與做法，去因應網路世界的遊戲規則；相對地，更要重視自己的核心能力、組織學習與彈性，並將企業自己嵌入價值鏈中的重要環節內，以作好網路管理與知識管理的工作，才能提升企業整體競爭力。

透過網際網路和企業內網路進行公司營運知識管理，並以最快速度、最佳效能和優質服務為顧客創造價值，以達到企業整體競爭力的提升。知識管理所涵蓋的範圍是由需求鏈、供應鏈與支援鏈所構成，需求鏈著重於消費者的訂購、收帳、銷售、服務和不同關係管理；供應鏈則著重於供應商體系的建構、管理、強化及訂單後的產銷、流通、輸送等的自動化運作；支援鏈則包括標準與政策訂定、科技與人才培育、商業和環保法令及資訊與通訊基礎建設等。在這一支援鏈的基礎上，業界競爭的重點放在如何將衛星工廠到顧客的價值鏈簡化為最短、最快、最經濟的模式，包含在其間流通的資訊流、商情流、金錢流與實體流。

11.3　供應鏈管理

網際網路的發展改變了企業經營模式，擴大了營運管理的範疇。**供應鏈管理 (Supply Chain Management, SCM)** 理念便是運用網際網路技術與供應商作聯繫。如此可使物流順暢，更可以做到將顧客需求透過供應鏈的每一環節，迅速傳到上游供應商。一個最有效的供應鏈體系，可以使供應鏈內每一成員，包括顧客、零售商、製造商以及上游原物料供應商均共蒙其利，將是二十一世紀企業集體合作的典範。在供應鏈體系內，透過交易流程銜接每個環節並且環環相扣，成為相互依存的虛擬企業網。

供應鏈管理所涵蓋的範圍包括企業各個階層，並涉及企業外部交易的往來，一般始於產品的設計，經過研發、採購、製造、業務、行銷等過程，終於配送到客戶手上為止。如圖 11-1 所示，在這整個供應鏈體系，結合了物流、資訊流與金流的訊息。

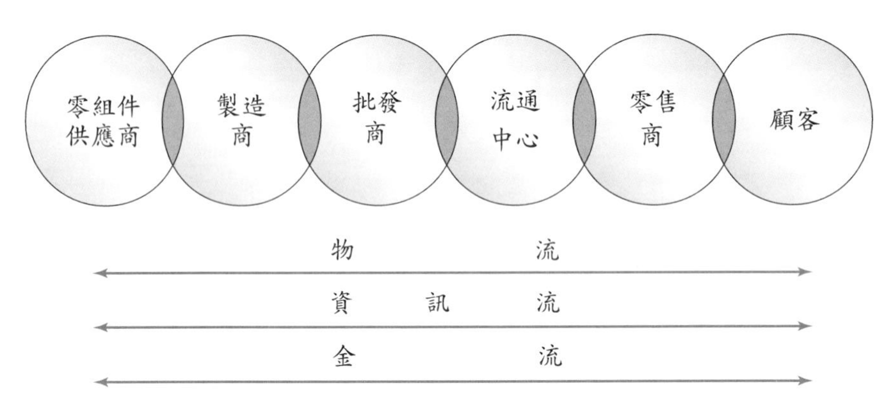

圖 11-1　供應鏈管理的簡圖

(1)物流：從採購進料入倉庫，到配送體系將產品送到客戶手中，以及包括退貨、售後服務、產品回收……等相關活動皆屬之。

⑵資訊流：包含將第一層的原物料供應商，經過製造商、批發商、零售商、消費者……等單位的供給計畫、需求計畫、產銷資料，利用網路傳送方式到各單位，以便做到需求預測、訂單傳送、交貨狀態報告等資訊交換，作為參與經營者的決策依據。

⑶資金流：包含各層級間之資金付款方式、條件、時間、信用狀況以及實際付款條件……等相關資料處理及整合建構，以便做到自動對帳和自動轉帳的功能。

許多企業為加強競爭能力，往往透過企業間的策略聯盟，結合各方面的市場資訊與智慧技術，才能掌握消費者善變的需求。這些聯盟的通路可能是垂直的或是水平的，彼此希望互相利用對方的資源，產生許多成本降低或是模仿學習的機會，進而形成經營綜效。臺灣已經有些企業採行聯盟與通路整合的策略，形成一層關係緊密的「供應鏈」。藉此，使企業在市場上獲得更多商機，以及降低市場不確定性的風險，甚至於將通路重新調整或配置。

經濟部商業司為了促進我國產業上中下游商業系統的整合，於 1997 年編列了「商業快速回應計畫」五年計畫，於 1998 年併入行政院 NII 計畫中的「網際網路商業應用計畫」，期望推動 40 個產業的上中下游企業，彼此應用 QR/ECR 技術改進其核心營運方式，並且建構供應鏈體系，以提高整體產業的競爭力。

11.4　顧客關係管理

在競爭激烈的市場內，消費者有多項商品的選擇機會，自然對品牌的忠誠度會降低，因此公司的經營策略必須要隨時掌握市場動態，才能實質地增加營收和利潤。過去行銷學上常說的話「顧客永遠是對的」，表面上看起來是對的，實際執行上卻是需要修正的，最好修正為「與顧客能溝通才是對的」。因為從溝通的過程中，期望能得到顧客的意見與需求，彼此產生共識，再針對良好的傳統予以保留，同時也可以改善不良之處。因此，行銷的基礎理論架構，需要從傳統的以產品為主軸的 4P 理論——**產品** (Product)、**價格** (Price)、**通路** (Place)、**促銷** (Promotion)，改變為以消費者需求為主軸的 4C ——**消費者的需求** (Consumer Needs)、**願意支付的代價** (Cost)、**方便性** (Convenience)、**溝通方式** (Communication)。換句話說，新世紀的行銷策略為提供符合市場需求的產品，單位價格必須考慮到消費者所願支付的成本，貨品販售地點要便於消費者採購，促銷的語言是消費者能聽懂的表達方式。

在資訊科技發展尚未成熟之前，一般都是靠人工的方式來經營顧客關係，但是現在應該善用資訊科技，來維繫使得客戶的長久關係。所謂**顧客關係管理** (Customer Relationship Management, CRM) 係指一種全方位的企業策略，以一種整合的觀點提供企業內各部門員工有關公司客戶的資訊，並且部門之間的資訊彼此相互交流。

11.4.1 顧客關係管理工作的特性

顧客關係管理可被視為一種循環的過程，將客戶的**資訊** (Data) 轉化為客戶**關係** (Relationship)，以建立**客戶知識** (Customer Knowledge)，進而與客戶進行**互動** (Interaction)。為幫助企業建立長期的客戶關係，從事於顧客關係管理工作的特性敘述如下：

1. 區分消費的差異性

企業要與客戶建立關係，必須瞭解客戶認同的價值、所需的服務、購買的管道、購物的偏好等訊息。通常企業可以透過公正單位所公布的人口統計、消費習性、購物偏好等調查資料，來區分不同的顧客群。瞭解客戶的差異性後，企業必須針對不同屬性的客戶群提供不同的商品或服務。

2. 規劃產品個人化

以顧客為導向的市場，著重商品和銷售管道都要符合顧客的需求。雖然企業在成本與效益的考量下，未必可作到完全個人化的商品，但至少可針對不同的顧客群提供不同的產品。

3. 保持良好的互動

良好的互動是顧客關係管理中不可或缺的要素，藉此才能與顧客建立關係。對一般消費者而言，顧客對商品的價值認定，除了價格外還有很多因素，例如品質、外觀、服務態度、方便性等。所以企業在內部要能流通與客戶相關的資訊，同時加強員工與顧客互動的訓練，讓互動結果來提高客戶對企業商品價值的認定。

4. 維持長期性關係

企業對顧客瞭解得愈多，愈可以分辨出哪些顧客是企業的長期顧客，企業需要運用方法來留住他們。一般而言，企業與顧客建立的關係有兩種：直接關係與間接關係，前者係指公司擁有完整的顧客資料，有專人與顧客直接聯絡，如同直銷體系；後者則為企業無法掌握消費者的基本資料，多半是對社會大眾促銷，例如飲料公司以廣告促銷產品，不是一對一的行銷模式。無論企業與顧客維持哪一種的關係，企業需要透過各種管道來瞭解顧客的需求、感覺、抱怨，其目的在於藉著產品滿足消費者需求，並且進一步希望維繫長遠的關係，以實現企業永續經營的目標。由此推論，顧客關係管理的基礎理論是價值行銷，藉著提高消費者的價值而維持彼此長久的關係。

由於舊客戶的維持與新客戶的開發，兩者皆有其重要性且不容忽視。公司行銷企劃部門需要運用各種方法，一方面瞭解客戶對現有產品的意見，可從一般性市場調查得知訊息；另一方面可從客訴案件分析出顧客對產品的滿意程度與需求。因此，公司在客訴處理過程中。要有監控系統以儘量確保使顧客能得到滿意的回應，同時綜合各方意見，可作為新產品開發的參考。至於新客戶延攬方面，可運用不同的促銷方式來吸引不同的族群，也可考慮運用另類的通路來增加配銷範圍，使客源的範疇擴大，自然會增加營運績效。

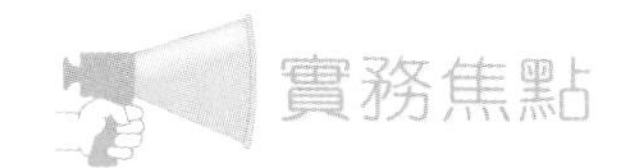

雄獅旅遊（http://www.liontravel.com.tw/）

1977 年雄獅旅行社的前身「東亞旅行社」成立，以 6 名員工披荊斬棘加入旅遊市場的行列。1989 年榮獲觀光局評鑑為優良旅行社，1990 年 7 月自行開發的民航電腦定位系統與旅遊資訊管理系統正式啟用，引進 ABACUS 定位系統，便利國際航線定位。1994 年全省旅遊電腦系統連線正式啟用，1998 年通過 ISO 9002 品質認證，並在 2000 年以零缺點通過 ISO 9002 國際品質認證第二次複檢；在 2001 年雄獅旅遊網 liontravel.com.tw、TRS 團體旅遊線上報名系統、CRS 全球航空線上訂位系統正式啟用。雄獅旅遊企業旗下擁有北美洲 2 家、大洋洲 2 家、大陸港澳 2 家旅行社執照，臺灣則有 3 家甲種旅行社及 1 家綜合旅行社；員工數約 500 名，年營業額超過 2 億美金，在業界名列前茅。二十幾年來，雄獅旅遊已成為華人旅遊的領導品牌，致力於提供全球華人優質的旅遊服務；在二十一世紀的今天，更率先啟動 e-Service，領先進入“e”世紀！

旅遊產業因為上游種類繁多，各式各樣旅遊服務供應商分散；同時，消費者的旅遊型態多元且複雜。因此，旅遊業大盤商有其整合「加值」的關鍵地位。大型旅行社一方面藉通路上的合作或直營店的經營，掌握消費者多元化的需求，以「創意加值」、「資訊加值」、「服務加值」來提供優質的服務，成為消費者的代言人；一方面向上游的服務供應商爭取優厚的資源及有利的條件，故能創造商機。雄獅旅遊企業致力於同時滿足消費者及供應商的需要，創造雙贏及多贏的供需關係。

雄獅旅遊企業在下游的多元化實體通路，觸角遍佈全球各主要城市，並和各地經銷商與大型企業進行策略合作。透過各種方式貼近消費者，瞭解各種不同的顧客心聲，才能整合及設計多元化的產品，來滿足市場多元化的需求。在中上游的旅遊服務供應商方面，由於雄獅旅遊擁有全球化的市場佔有性、全產品的專業人才，才能以大盤商的談判優勢，取得豐厚的旅遊服務資源條件，來嘉惠雄獅旅遊的合作夥伴與消費者。

雄獅旅遊在全球擁有 500 多名專業員工，負責蒐集各地的旅遊資訊，共同建構全球的旅遊智庫，經過系統整合及 Internet 的環境，以分享開放的觀念提供服務。構築全球網路知識，以（ES 的 S 次方）（專家 + 系統分享）的自動化網路系統，分享知識與產品資訊。依服務對象建置 B2C 網站，服務消費者；B2P 網站，服務大型企業的合作夥伴；B2B 網站，服務旅遊經銷商及原料供應商；B2E 網站，服務並教育員工。

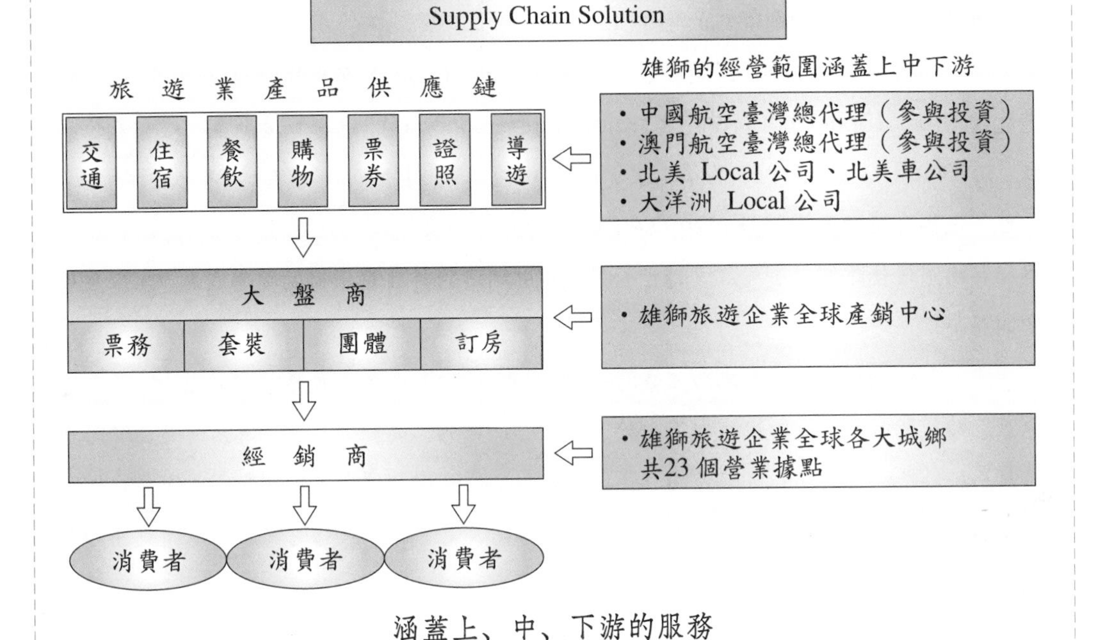

涵蓋上、中、下游的服務

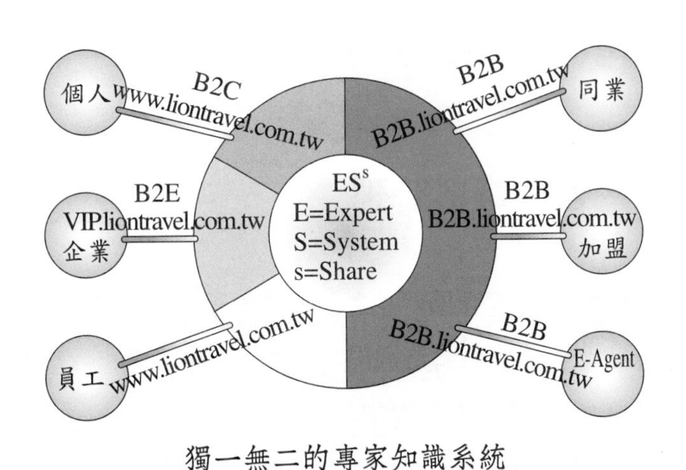

獨一無二的專家知識系統

為了提供完整多樣化的旅遊產品，全年無休 24 小時不打烊的服務，雄獅旅遊網提供了一站購足及網上查詢、採購的自動化機制服務，旅客可以利用 TRS (Tour Reservation System) 團體旅遊線上報名系統，從出團動態查詢、線上報名、到刷卡付費作業一次完成。旅客除可在網路上得到最詳盡的航班資料及優惠售價外，還可利用線上自動交易機制，透過 CRS (Computer Reservation Service) 全球航空訂位系統，從航班查詢、線上訂位至刷卡付款作業一次完成，令人省時方便又快速。另外，雄獅旅遊網還有全球訂房、海外租車、個人旅遊紀錄等旅遊相關資訊的建置。

在邁向新紀元的今日，經濟發展轉向**創新** (Innovation)、**全球化** (Globalization)、**快速化進入市場** (Speed) 與**知識經濟** (Knowledge Economic)。雄獅旅遊企業為迎向數位挑戰，從 2000 年初便著手內部的第二次 e 化工程，包括了對 10 年前就有的 MIS 進行升級，也就是進行**企業資源規劃** (Enterprise Resource Planning)，以及電子商務的網路發展。終極目標是促使雄獅旅遊成為全球性企業，善用網路的特性讓雄獅的夢想成真，未來發展空間將是無限遼闊。

進入新經濟時代，以客戶為主導的經濟活動，將會成為企業致勝的關鍵因素。面對客戶互動時代的來臨，雄獅旅遊亦著手於客服中心的評估、規劃與建置，善用電腦、網路及電話科技，將以往被動的旅遊查詢服務，轉變為主動且機動的全方位服務。透過整合性客服中心的運作來贏取新顧客、鞏固保有既有顧客，以及增進雄獅旅遊與顧客之間更友好的關係。

另一方面，自 2000 年起，雄獅旅遊以現有的實體系統資源為基礎 (資源類分為：A/L 資源、海外 LOCAL、臺灣出境旅遊市場領導、通路、MIS 系統)，發展一個全球 INTERNET & INTRANET 的價值鏈資訊網路系統，共同致力來達到差異化的優勢經營。

11.4.2 客戶資料管理

與顧客維繫長期的消費關係，實施全方位的顧客關係管理是必然的執行步驟。企業需要善用資訊科技和網路通訊，才能有效地與顧客達成持續性的交流活動。在推動顧客關係管理的過程中，至少需具備三項基本功能：**資料擷取** (Data Mining)、**資料倉儲** (Data Warehousing)、**電訪中心** (Call Center)。資料擷取部分是用來挖掘營運資料中的某種特徵或趨勢，作為管理者決策參考。資料倉儲部分是指大量資料的整理與儲存，加速資訊尋找的速度，使管理者易於獲取即時的資訊；至於電訪中心的任務則是與消費者保持聯繫，從中得知顧客的意見與需求，可作為企業改善和創新的參考。

因為資訊技術的進步，企業內部資訊系統的整合成為發展趨勢，所以未來將強調建置企業資源規劃系統與建立良好顧客關係管理的整合。由於技術的進步與網路的發達，企業需要使用電腦或是網路，來蒐集顧客資料或是建立顧客資料檔，以作好企業內部的知識管理。有關顧客資料使用的管理，我國現行有「電腦處理個人資料保護法」（個資法）加以規範，歐美各國亦有類似的相關法令，可見保護顧客資料及限制不當傳輸或利用已是國際趨勢。

11.5　新成本會計系統

製造業採用生產自動化是必然的趨勢，每個公司採用自動化的時點不同，且各家公司的成本結構受自動化影響的程度不一，所以各行業的成本結構變化趨勢亦有所不同。在自動化製造環境下，產品成本中三項要素，仍為原料、人工和製造費用，各項成本佔總成本的比例，會依產業特性而不同，有些學者認為原料成本是主要成本，尤其是航太、資訊電腦、金屬產品、汽車與零組件、照相器材等行業，原料成本佔產品成本的比例約在五成以上，其中有些資訊電腦業廠商的原料成本比例高達 70% 左右。有些學者認為隨著自動化程度的提昇，製造費用的重要性逐漸增加。例如惠普公司 (Hewlett Packard) 把人工成本自成本系統中刪掉，將其直接列入製造費用，由此看來，人工成本與產品製造的關係愈來愈間接，尤其在高度自動化的工廠，人工成本已成為支援成本的一部分。例如，整備工作，製程監控和品質檢驗方面所耗用的人工成本，已納入間接製造費用內。工廠愈走向自動化生產作業，製造費用佔產品成本的比例也就愈來愈高，其中以與機器設備購置和操作相關的成本發生最多。

除了產品成本各項組成元素之間比例的改變外，生產自動化對成本分類方面，也有所影響。自動化結果使成本分類的重點不在於區分成本習性為變動成本和固定成本，其重點應為直接成本和間接成本，自動化程度的提高，間接成本的重要性相對地增加，除了原料和能源成本外，大部分成本屬於間接成本。由於生產線上所需人數越來越少，藍領階級的人員被支援部門的白領階級人員所取代，人工成本由早期的變動成本轉變為現在的固定成本，即成為只隨期間發生而與產量水準無關的成本。

由於自動化程度的高低對公司的成本結構有所影響，無論在產品成本組成要素方面或成本分類方面皆產生變化。這些科技進化所造成的生產方式改變，促使成本會計人員需要重新思考傳統的會計方法在新經濟時代所要面臨的挑戰。

11.5.1 傳統成本會計所面臨的問題

傳統的產品成本計算方法是最受學者們批評的一項，尤其是製造環境的改變，由過去勞力密集到現在資本密集的生產方式，使成本會計系統中與產品成本相關的各種方法，都面臨著適用性的挑戰。傳統成本會計系統常被認為會誤導管理者採用錯誤的策略，而無法改進製造方面的績效，特別是針對製造費用，只考慮費用分攤的問題，忽略了消除浪費的重要性。

在傳統成本會計系統中，最經常被批評的是**成本扭曲 (Cost Distortion)** 問題，尤其對製造費用的分攤不當，造成製程簡單的產品負擔較高的費用；相對的，製造過程需要經過多次轉換的產品，所負擔的費用反而較少。如此的分攤方法，使某些產品的利潤偏低，另一些產品的利潤偏高。這些成本扭曲的問題，使傳統成本會計系統中的產品成本計算和成本控制，成為最受爭議的課題。

1. 產品成本計算

製造環境的改變是個明顯的趨勢，尤其在 2000 年以後，科技快速進步使整個製造環境作大幅度的更新。美國學者 Johnson 和 Kaplan 聲稱：「國際市場的激烈改變、技術與資金作全球性的快速移動，使得 1925 年以前所發展的成本會計系統和管理控制系統，已不適用於新世紀的今天。」此外，Kaplan 強調：「在這多元化的環境下，即使是十年前所採用的成本會計與管理控制系統，也不適用於今天。」

工廠愈走向自動化生產作業，製造費用佔產品成本的比例也就愈來愈高，其中以與機器設備購置和操作相關的成本發生最多。製造費用所涵蓋的項目很多，例如整備成本、維修成本、折舊費用、電費和保險費等，這些費用與產品之間沒有明確且直接的因果關係，但卻是生產過程中所必需的。為正確計算產品的單位成本，必須把這些製造費用予以適當地分攤。

過去以人工作業為主的生產方式，機器設備的使用較少，所以傳統上把製造費用的分攤基礎，採用全廠單一的分攤基礎。常用的分攤基礎有直接人工小時或直接人工成本，重點在於只要把所發生的製造費用，全部分攤到產品上即可。在單一產品大量製造的生產導向之製造環境下，這種單一分攤基礎，並沒有不適用的問題產生。但是在需求導向的競爭環境下，產品多樣化促使產品生命週期較前縮短，製造商紛紛投入資金於產品開發和自動化設備，以期改善製造效率。在這多變化的時代，產品製造方式漸漸朝向少量多樣，且產品間的相同性減低，因此製造費用採全廠單一分攤基礎的觀念已不適用。其實，在新製造環境下，製造費用的發生大部分是與生產過程中的各項作業有關，並非主要與生產數量相關，所以在計算產品成本時，要考慮製造費用的分攤問題。

2.成本控制

差異分析是將實際成本與預算成本相比較，找出其差異部分，以控制成本支出。在傳統的產品成本系統中，主要是控制變動成本和固定成本的支出。變動成本會隨著生產量呈正比的改變，其中以直接原料和直接人工為主，所以在降低成本方面，主要是控制人工成本，進而使製造費用隨之下降，其原因為人工成本為製造費用的主要分攤基礎。

一般而言，產品成本的增減會受到四項因素的影響：⑴單位成本的改變；⑵生產效率的改變；⑶產量的改變；⑷產出組合的改變。要使產品成本大幅下降，必須將上述因素詳細分析，把改變的原因加以探討，並將改善差異的責任明確地歸屬到各個單位，再實施糾正方案，且定期查核改善情況。就這四項因素而言，除了第一項因素外，其他三項皆為非財務面的因素。由此看來，在成本控制方面，不能如同過去，只是作成本比較而無法改善當期的績效，應該採用全面控制所有與生產過程相關的因素，隨時採取糾正行動。

在高度自動化生產系統下，所有的製造程序大都由電腦來控制，漸漸走向無人化的生產境界。人工成本已不是昔日的直接成本，反而轉變為支援生產作業的間接成本。因此，生產單位主管對成本控制的項目由直接人工成本，轉移到與生產相關的各項成本，例如原物料、模具、整備、監控和檢驗等成本。為便於成本控制起見，成本分類上由傳統的變動與固定成本分類法，改變為直接和間接成本，依**成本標的** (Cost Object) 來決定成本的性質。另一方面，為使成本控制能發揮功效，以免流為空談，所以將成本依管理者的權限範圍，區分為可控制和不可控制成本，有助於成本差異的責任歸屬。

傳統上差異分析的資料，僅限於供管理者參考，然後再由管理者擬訂改善方法，交由線上工人去執行。近年來，很多製造商為提高生產效率，採用**及時生產** (Just-In-Time Production) 系統和**全面品質管理** (Total Quality Management)，並且要求全工廠的各個單位要密切配合，以發揮整體功效。有些人士認為可將差異分析所得的資訊，傳達給與生產有關的所有工作人員，可集思廣益來想改善績效的方法，如此能使問題迅速的解決。

11.5.2 新成本會計系統的建立要點

成本會計系統中的成本活動包括了四項主要重點：(1)成本辨識；(2)成本記錄；(3)成本分配；(4)成本報告。在營運活動中，找出與成本相關的憑證，作為會計記錄入帳的基礎，再將所有的成本適度地分配到各個成本標的，以編製成本分析與控制的報告。針對這四個要點，分別敘述如下：

1. 成本辨識

編製任何會計報告或報表時，第一件所需做的事即為找出與營運相關的各項資料。亦即，先蒐集成本資料，決定合適的會計科目名稱，作為會計分錄的準備。在勞力密集的製造環境下，生產方式以人工作業為主，製程步驟較簡單，所以成本辨識方面比較容易，對於原料和人工成本，只要把生產過程中所有單據蒐集好，作為成本入帳的基礎即可。製造費用方面計算出總數，再採用一個分攤基礎分配到各個產品上。由於人工小時的資料容易得到，所以大部分企業採用人工小時為製造費用分攤基礎。

為增加企業在市場上的應變能力，製造商投資建立具有彈性的高度自動化工廠，可隨時配合市場需求來調整製程，以生產少量多樣的產品。在此類現代化的工廠，全部製造成本除原料成本可直接歸屬到各種產品上，其他成本與產品之間的關係，不易直接辨識。尤其在電腦整合製造環境下，製造費用為主要成本，大體上可將其分為二大類：⑴自動化設備折舊費用；⑵支援生產活動的各項成本。這些成本的金額大且項目多，為使成本分攤較為客觀，在這成本辨識的階段要特別注意各種生產活動的細節。

基本上，電腦整合製造系統下的成本辨識工作，與傳統製造系統下的成本辨識工作相比較，主要差異在於資源成本項目多，成本科目的名稱和歸類不同。會計人員可採用**作業分析** (Activity Analysis) 方式，來找出每一項成本的發生原因。例如在高度自動化的製造環境下，會計人員將生產過程中所發生的每一項成本詳細列出，並給予適當的成本科目名稱，如模具成本、機器維修材料成本、操作電腦人員成本等，將成本科目作有系統的歸類與整理再編成一份完整的**成本科目表** (Chart of Cost Accounts)。

2. 成本記錄

成本記錄是指將工廠所發生的成本記載下來，作為編製財務報表的資料。各項交易活動在正式登錄到帳冊之前，會計科目要先決定，並且成本要有客觀的基礎來衡量。基本原則是成本科目分類的愈細，愈可提高產品成本計算的正確性。

資源的使用成本可列為費用科目或資產科目，要依其使用目的和經濟效益期間而定。如果經濟效益在同一個會計期間承認，則歸屬於費用科目；如果經濟效益可遞延到下一個會計期間，則歸屬至資產科目。在電腦整合製造系統下，所使用的資源項目較傳統製造系統多且複雜，所以成本會計科目較多，發生變更的頻率會隨著製程改變而增加。製造商可藉著貨品的條碼系統、生產管理資訊系統和自動倉儲管理系統，使工廠內產品實體流程的資訊，讓管理者能即時確實掌握。在企業資源規劃系統環境下，使得原物料的購買和耗用成本、製造過程的動力費用、以及其他與生產相關的支援成本，在實際發生時藉著電腦輸入設備（例如光筆、電子掃描器、刷卡機等），成本資料立即輸入電腦資料庫，以便於成本的分析與控制工作。如此一來，成本會計系統較能反應實際成本，並且如有異常現象可即刻發覺，馬上採取糾正行動，可減少浪費的機會。

3. 成本分配

如前所述，在新製造環境下，成本項目多且大部分與產品無直接關係。所以在成本分配之前，要把全部生產成本予以有系統的分類。在作業基礎成本法下，美國學者 Cooper 和 Kaplan 提出下列四種類型的成本：

⑴**單位相關成本 (Unit Level Costs)**：即生產每一個產品所需的成本，包括直接原料、直接人工與機器運轉有關的動力成本等。

⑵**批次相關成本 (Batch Level Costs)**：指製造每一批產品所需的成本，包括採購手續、原料處理、機器整備、物品移動等作業所花的成本。

⑶**產品相關成本 (Product Level Costs)**：為生產某一種產品，製造過程中所需的各種成本，包括製程改變、機器設備維修、產品開發與設計等各個步驟所耗的成本。

⑷**廠務成本 (Facility Costs)**：維持一個廠區所需的成本，包括廠房折舊費用、工廠各個主管的薪資和公司廣告費等項目。

如上所述，製造業的成本大致可區分為四大類，再仔細觀察成本科目，製程愈複雜者成本科目的項目愈多、變化性也愈大。在高度自動化彈性製造系統下，大部分成本與產品無直接關係，如果要把全部製造費用客觀的分配到產品上，需要有合理的分攤基礎。

4. 成本報告

成本經過辨認、記錄和分配後，還需要作成報告的形式，才能提供管理者有用的資訊。成本報告的使用者為公司內部的相關人士，所以在格式和內容方面，會因為使用者目的不同而不一樣。傳統的成本報告上，全部資料為財務面且數量化的資料，可看出支出的總額與整體績效，且報告形式較標準化，報告的發表頻率以月為基礎。這種傳統式的成本報告，無法提供管理者即時有效的資訊，來控制無效率活動。

在電腦整合製造系統下，物流與資訊流同步運行，所以生產活動的訊息與所發生的成本資料，管理者可隨時掌握。成本報告的內容項目，除了財務面因素外，還有非財務面資料，例如產品不良率、製造彈性、生產力等。報告單位可為一個作業中心，也可為一個部門，隨著決策者的需要而作適度的調整。從成本報告上，管理者可以明確找出無效率的支出活動，客觀地判斷某個單位或組織整體的績效。在一個完整的電腦整合製造/管理系統下，每一個生產活動的發生，可明確的辨識出相關成本科目的增減，每一個科目的資料隨時更新；一些間接成本，可藉著合理的分攤基礎分配到合適的成本標的上。因此，管理者可依其決策所需的資訊，來決定成本報告的格式與內容。

本章彙總

隨著科技的進步，自動化設備和資訊科技的日新月異，使製造業面臨第三次的工業革命，有不少廠商改變生產方式，由勞力密集改為資本密集，甚至走上企業營運電子化的經營模式。如此一來，一方面可解決人力不足的問題，另一方面可提高生產效率與產品品質。製造環境的改變是無法否認的事實，尤其在 1990 年代以後，科技更迅速發展使整個製造環境作大幅度的更新，例如 CNC、CAD、CAM、FMS、CIM/M、CRM、SCM、EC 等。傳統製造環境與電腦整合系統的差異可分為四類：(1)製造資源；(2)生產程序；(3)生產策略；(4)成本資訊。

在新經濟時代，電子商務交易類型，可說是零時差、零距離、有效率的新交易通路，也就是目前逐漸盛行的企業間 (B2B) 及企業與消費者間 (B2C) 交易行為，企業利用資訊和網路科技進行買賣之間的經濟活動。供應鏈管理便是運用網際網路技術與供應商作聯繫，可以做到將顧客需求透過供應鏈的每一環節，迅速傳到上游供應商，將是二十一世紀企業集體合作的典範。同時應該善用資訊科技，來維繫使得客户的長久關係，所謂應用顧客關係管理提供企業內各部門員工有關公司客户的資訊，為幫助企業建立長期的客户關係。

由於每個公司採用自動化的時點不同，所以各家公司的成本結構受自動化影響的程度不同。一般而言，產品成本各項組成元素（原料、人工和製造費用）之間的比例會改變，而且成本分類的重點也從變動和固定成本換成直接和間接成本。隨著自動化和電子化層次的提高，產品成本的結構發生變化，再加上國際市場的競爭日益強烈，促使一些人質疑傳統成本會計的適用性。為了配合新製造環境，必須建立新的成本會計系統。建立新的成本會計系統包括四項主要重點，分別為成本辨識、成本記錄、成本分配、成本報告。

名詞解釋

- **電腦輔助設計 (Computer Aided Design, CAD)**

  是指由電腦程式執行設計過程中的每一步驟。

- **電腦輔助製造 (Computer Aided Manufacturing, CAM)**

  是指用電腦規劃、執行和控制產品的生產程序。

- **電訪中心 (Call Center)**

  電訪中心的任務則是與消費者保持聯繫，從中得知顧客的意見與需求，可作為企業改善和創新的參考。

- **電腦整合製造 (Computer Integrated Manufacturing, CIM)**

  是指將電腦輔助設計、電腦輔助製造、彈性製造系統三者加以整合，再結合資訊系統和管理系統，使物流、資訊流和成本流三者同步進行。

- **電腦整合製造/管理系統 (Computer Integrated Manufacturing/Management system, CIM/M)**

  將電腦整合製造系統與公司的管理系統相結合而成，可使管理者對公司營運資訊所能掌握的範圍更加擴大。

- **電腦數值控制器 (Computer Numerically Controlled, CNC)**

  電腦和一部工具機連線，藉由不同的處理器產生不同的數值控制碼，供不同的控制器轉換成電器信號。

- **顧客關係管理 (Customer Relationship Management, CRM)**

  指一種全方位的企業策略，以一種整合的觀點提供企業內各部門員工有關公司客戶的資訊，並且部門之間的資訊彼此相互交流。

- 資料擷取 (Data Mining)

  是用來挖掘營運資料中的某種特徵或趨勢，作為管理者決策參考。

- 資料倉儲 (Data Warehousing)

  資料倉儲部分是指大量資料的整理與儲存，加速資訊尋找的速度，使管理者易於獲取即時的資訊。

- 廠務成本 (Facility Costs)

  維持一個廠區所需的成本。

- 彈性製造系統 (Flexible Manufacturing System, FMS)

  用電腦控制各獨立加工站和輸送系統，成為網路架構，使生產過程達到高度自動化。

- 供應鏈管理 (Supply Chain Management, SCM)

  是運用網際網路技術與供應商作聯繫，如此可使物流順暢，更可以做到將顧客需求透過供應鏈的每一環節，迅速傳到上游供應商。

作業

一、選擇題

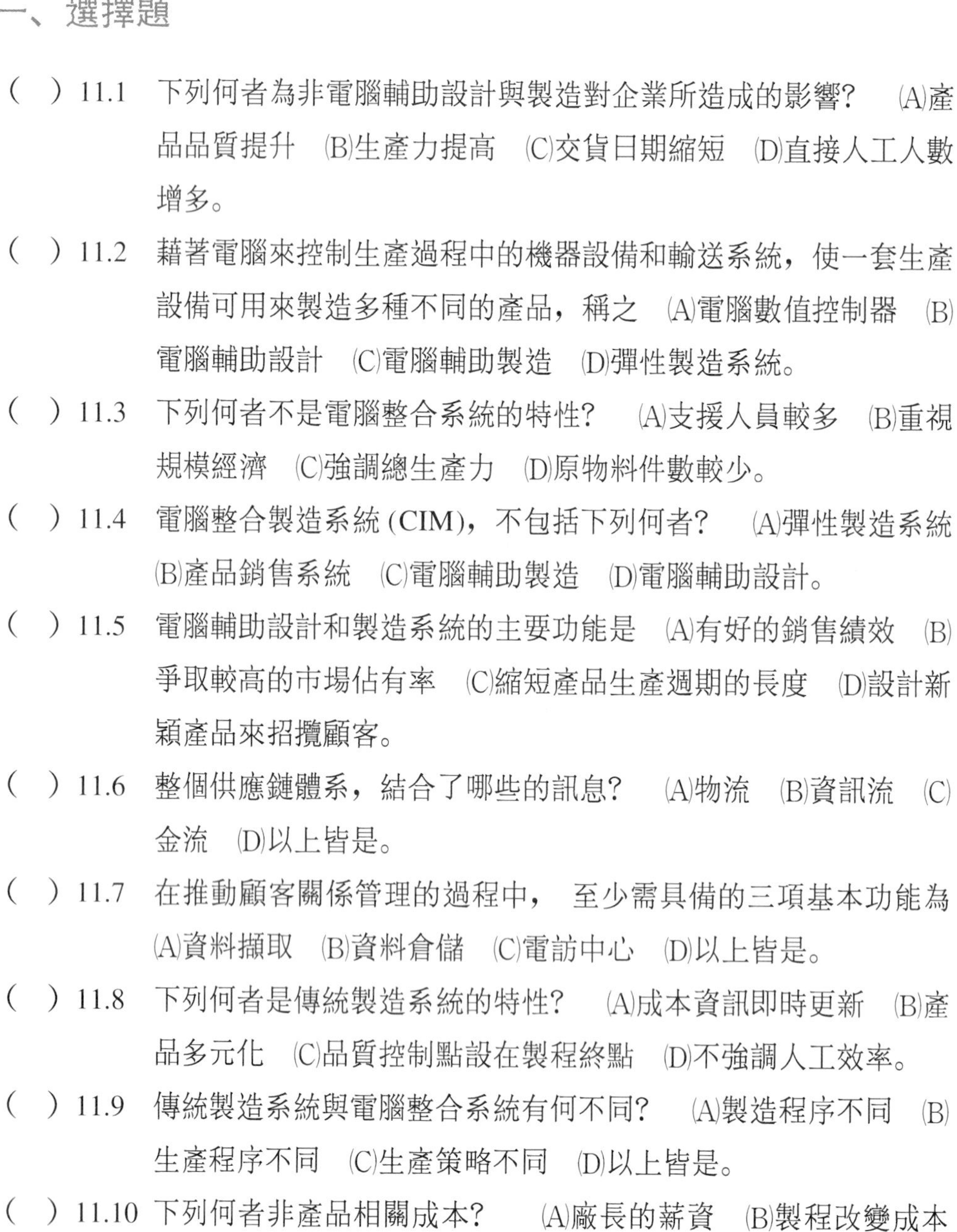

(　) 11.1 下列何者為非電腦輔助設計與製造對企業所造成的影響？ (A)產品品質提升 (B)生產力提高 (C)交貨日期縮短 (D)直接人工人數增多。

(　) 11.2 藉著電腦來控制生產過程中的機器設備和輸送系統，使一套生產設備可用來製造多種不同的產品，稱之 (A)電腦數值控制器 (B)電腦輔助設計 (C)電腦輔助製造 (D)彈性製造系統。

(　) 11.3 下列何者不是電腦整合系統的特性？ (A)支援人員較多 (B)重視規模經濟 (C)強調總生產力 (D)原物料件數較少。

(　) 11.4 電腦整合製造系統 (CIM)，不包括下列何者？ (A)彈性製造系統 (B)產品銷售系統 (C)電腦輔助製造 (D)電腦輔助設計。

(　) 11.5 電腦輔助設計和製造系統的主要功能是 (A)有好的銷售績效 (B)爭取較高的市場佔有率 (C)縮短產品生產週期的長度 (D)設計新穎產品來招攬顧客。

(　) 11.6 整個供應鏈體系，結合了哪些的訊息？ (A)物流 (B)資訊流 (C)金流 (D)以上皆是。

(　) 11.7 在推動顧客關係管理的過程中， 至少需具備的三項基本功能為 (A)資料擷取 (B)資料倉儲 (C)電訪中心 (D)以上皆是。

(　) 11.8 下列何者是傳統製造系統的特性？ (A)成本資訊即時更新 (B)產品多元化 (C)品質控制點設在製程終點 (D)不強調人工效率。

(　) 11.9 傳統製造系統與電腦整合系統有何不同？ (A)製造程序不同 (B)生產程序不同 (C)生產策略不同 (D)以上皆是。

(　) 11.10 下列何者非產品相關成本？ (A)廠長的薪資 (B)製程改變成本 (C)機器設備維修成本 (D)產品開發成本。

(　) 11.11 生產自動化對成本結構會造成哪些影響？ (A)製造費用的比重日

增　(B)人工成本與產品製造的關係愈來愈間接　(C)間接成本的比重日增　(D)以上皆是。

(　) 11.12 原料成本是　(A)單位相關成本　(B)批次相關成本　(C)產品相關成本　(D)廠務成本。

(　) 11.13 成本會計系統中的成本活動不包括哪一個重點?　(A)成本標的　(B)成本記錄　(C)成本分配　(D)成本報告。

(　) 11.14 下列有關新製造環境下之成本報告的描述，何者為非?　(A)報告的使用者為公司內部人員　(B)為便於整理，格式必須一致　(C)須涵蓋財務面及非財務面因素　(D)報告的單位可彈性調整。

二、問答題

11.15 電子商務 (E-commercial) 交易為何?

11.16 何謂 B2B 電子化與 B2C 電子化?

11.17 試比較傳統製造系統與電腦整合系統之間的差異。

11.18 何謂電腦輔助設計及電腦輔助製造?

11.19 何謂彈性製造系統?

11.20 何謂電腦整合製造系統?

11.21 簡述知識管理範圍中的需求鏈、供應鏈與支援鏈。

11.22 何謂供應鏈管理?

11.23 何謂 4P 和 4C?

11.24 簡述顧客關係管理工作的特性。

11.25 生產自動化對成本結構有何影響?

11.26 隨著自動化程度提升，傳統成本會計面臨哪些問題?

11.27 如何建立新成本會計系統?

11.28 簡述在作業基礎成本法下，美國學者 Cooper 和 Kaplan 提出的四種類型的成本。

第12章

作業基礎成本管理制度

學習目標

- 說明作業基礎成本管理制度的意義與發展
- 解釋有附加價值作業與無附加價值作業的概念
- 舉例說明成本動因
- 練習作業基礎成本管理制度的釋例
- 分析作業基礎成本管理制度的成本與效益
- 介紹平衡計分卡

前言

隨著科技的進步，製造業廠商紛紛改變其生產方式，由傳統的人工作業方式，逐漸採用自動化程度高的生產方式。這些種種的改變，促使產品成本要素的組成比例發生變化，人工成本的重要性日益下降，取而代之的是製造費用，如同第 11 章的內容所述。因此，全廠採用單一分攤基礎來分配製造費用的方式受到學術界與實務界質疑，作業基礎成本管理制度也就在此環境下，逐漸受到各界的重視，國內外製造廠商也採用此制度來計算產品成本。本章的內容主要在於說明作業基礎成本管理制度的意義和發展過程，並且解釋有附加價值與無附加價值的觀念以及成本動因分析，並且舉例說明作業基礎成本管理制度的應用。由於每一種成本制度無法適用於各種情況，所以本章也將說明作業基礎成本管理制度的成本與效益分析。此外，本章也說明了平衡計分卡的概念。

12.1 作業基礎成本管理制度的意義與發展

作業基礎成本管理制度是一套用來衡量產品成本、作業績效、耗用資源及成本標的的方法。早在 1970 年代的初期，美國奇異 (General Electric, GE) 公司即採用**作業分析 (Activity Analysis)** 法，將公司的營運作業作詳細的分析，這也就是作業基礎成本制度的起源，但在當時並未被推廣至學術界與實務界。直到在 1980 年代中期，美國哈佛管理學院數位教授，從事於有關**作業基礎成本制度 (Activity-Based-Costing)** 的研究。其中 Cooper 在 1988 和 1989 年所發表的一系列的相關文章中，明確指出傳統成本會計系統的缺失，並提示作業基礎成本制度是補救這些缺失的一種最好方法。作業基礎成本管理制度，便是隨著製造環境的改變、生產技術的進步及顧客需求的變化，至成本制度所需提供正確資訊之前提下，進行成本管理的工作。在介紹作業基礎成本管理制度之前，在此要先說明**成本動因 (Cost Driver)** 的意義；所謂成本動因係指促使成本發生變動的因素，例如原料使用量為原料成本的成本動因。

12.1.1　基本概念

作業基礎成本管理制度是採用多重的分攤基礎，將全部資源成本分配到每個產品上，如圖 12–1 所示，例如製造商先把所發生的全部資源成本，藉著**第一階段的成本動因** (First-stage Cost Driver)，把資源成本分攤到四個不同的作業中心，此階段的成本動因也稱為資源動因。再依各項成本與每個作業中心的相關性，把全部成本歸納入原料處理、製造、檢驗和維修四個作業中心。接著，藉著**第二階段的成本動因** (Second-stage Cost Driver)，把每個作業中心的成本分攤到各項產品上，所以此階段的成本動因又稱為作業動因。在全部成本分攤到產品的過程中，同時也控管各個階段的資源浪費情況。

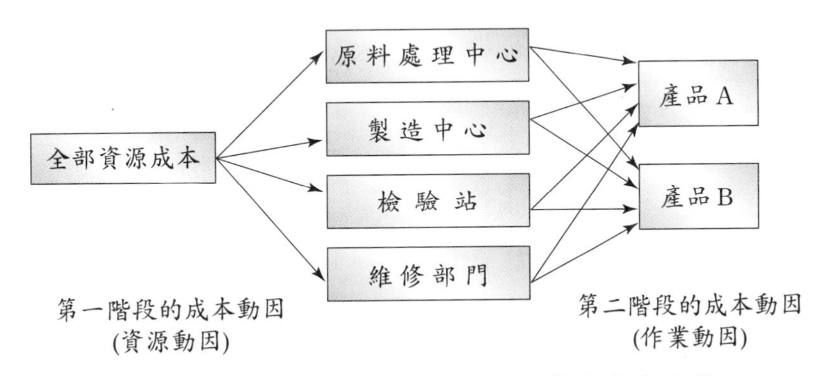

圖 12–1　作業基礎成本制度的兩階段成本分攤

基本上，成本動因可能為與產品數量相關的分攤基礎，也可能為與交易相關的分攤基礎。當工廠的生產型態偏向少量多樣時，同一組機器設備可用來製造多種產品，所以與交易相關的分攤基礎較適用於電腦整合製造系統，至於成本動因的選擇，可同時採用專家意見法、經驗法則和統計分析法來加以辨識。這些成本動因可能是財務面的因素，也有可能為非財務面因素，要依實際作業狀況來客觀判斷。

當廠商的產品成本結構中，製造費用的比重高且其性質偏向於間接成本時，便需要採用多重的客觀分攤基礎來將這些間接性製造費用分配到產品。理論上，作業基礎成本管理制度較適用於此情況，如我國的台灣積體電路製造股份有限公司，即採用此成本制度，使管理者能有效的控制成本，提高經營效率，使得「台積電」因此而成為我國電子業領導廠商的龍頭。

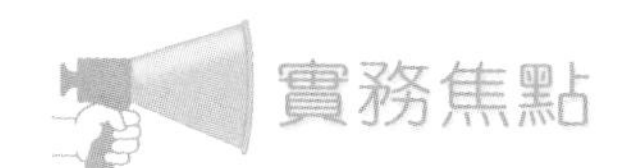

台灣積體電路製造股份有限公司 (http://www.tsmc.com)

IC 產業一直被認為是電子工業的「產業稻米」，而且電子工業又是政府最為重視的策略性工業，主要原因為該產業每年的外銷額高居所有產業的第一位。政府為發展該項策略性工業，結合中華民國行政院開發基金，荷蘭飛利浦公司及其他私人投資共同設立台灣積體電路製造股份有限公司 (TSMC)。該公司成立於 1987 年，主要產品中晶圓即占約九成，其餘為包裝元件等。標榜為專業純晶圓製造，以製程、量產技術見長，並與荷商飛利浦技術合作，減少了智慧財產權侵權的威脅，可說是全世界最大的晶圓代工廠。外銷比例約七成，其中約五成銷往美洲，約一成五銷往歐洲。TSMC 以穩定成長的資本支出和優於同業的表現，持續成為市場的領導者。在 2000 年該公司的營業額達到新臺幣一千六百六十二億二千八百萬元，目前全球共有超過一萬四千名員工。為了充分滿足客戶需求，台積電在臺灣、北美、歐洲及日本都設有客戶服務辦事處，為客戶提供即時的最佳服務。

TSMC 是全球第一家以最先進的製程技術提供晶圓專業製造服務(即一般所謂晶圓代工)的公司，同時亦成功地開創了晶圓專業製造服務產業，並不設計或製造自有品牌產品，而是提供所有的產能為客戶代工生產。最主要的營業內容為，依客戶訂單與其提供之產品設計說明，從事製造與銷售積體電路及晶圓半導體裝置，此種業務範圍佔全部營業比重的 99.8%。

相較於人類其他的發明，積體電路 (IC) 技術和相關產品對我們的生活帶來了更大的改變。台積電和設計通訊、運輸、太空、家電、電子和其他許許多多產品的公司密切合作，在全球積體電路的發展上扮演了重要的角色。目前台積電擁有領先業界的 0.13 微米製程量產技術，並已開發完成下一世代的 90 奈米製程技術。未來 12 吋晶圓技術的發展將與先進製程技術互相結合，達到最佳化的狀態，來生產功能更強大、更具競爭力的產品。

TSMC 基於「科技領先、卓越服務、參與管理及客戶滿意」的經營理念，使得公司自成立以來，不但成為全球積體電路業者最忠實的伙伴，客戶更囊括國內、外的各大著名之專業積體電路設計業者，垂直整合積體電路公司及系統製造商更確立了全球積體電路產業的專業分工模式。為了瞭解並迅速回應客戶的需求，TSMC 已經架構完成一個最先進的線

上客戶服務系統 (TSMC On-Line)，提供客戶所有相當於擁有自己晶圓廠的便利與好處，而同時免除客戶自行設廠所需的大筆資金投入及管理上的問題。其將所有和技術、存貨、製程、生產資訊、晶圓廠選擇條件以及售後服務有關的完整溝通及後勤作業程序，完全予以自動化。客戶可以在任何時間上網進入台積電資訊系統，查詢所有訂單的相關資料。這個服務被稱為 eFoundry™，在擴充設備和增加產能的同時，TSMC 也時時不忘將客戶擺在最重要的位置。

積體電路的製造過程是非常複雜，單一產品的製程往往需經過二、三百個製造步驟。TSMC 自建廠以來就一直從事專業晶圓製造，客戶遍佈全世界各地，由於每一客戶的產品及功能需求都有所不同，故每個製造步驟都有多種不同的製造條件。TSMC 為了處理眾多而複雜的製造步驟，不斷引進更先進的自動化設備，再透過生產管理資訊系統 (PROMIS) 及智慧型運送系統 (STS) 的管理，使得生產管理更有效率，縮短生產週期提高生產良率，亦能更精確地控制生產流程。

就成本結構而言，TSMC 的產品成本中，原料成本佔產品成本的 15% 左右，直接人工成本佔產品成本的 3% 至 4%，製造費用的比例相當高，約佔產品成本的 80% 以上，且係多屬間接成本的性質。因此，TSMC 的會計部門為精確地計算每批訂單的產品單位成本，將製造過程中的成本與流程作詳細分析，找出各種成本動因，作為製造費用的分攤基礎。由於公司主管十分重視成本控制，運用各種科學方法來降低無附加價值成本，使公司的獲利能力在電子業居領先的地位。

台積電公司於 1999 年第三季開始試行作業基礎管理制度，將從其產能管理檢視作業基礎管理制度之成效，分別敘述如下：

1. 全球半導體產業 2001 年初顯著衰退，台積電迅速調整產能擴充腳步，降低營運成本並提高先進製程產能比例，以維持營業利益率。

2. 2001 年除了將部分 0.35/0.25 微米產能升級，以策略性增加 0.18 微米以下製程的產能，更因應客戶需求持續進行位於新竹廠區的 12 吋晶圓廠的產能擴充與臺南廠區 12 吋晶圓廠的興建工程，同時提升位於新加坡與荷商飛利浦合資的 SSMC 公司之產能。

3. 台積電總經理蔡力行在 2001 年法人說明會上表示，第二季台積電晶圓產出率將較第一季成長兩成，達到七十萬片以上，產能利用率也將由上一季 67% 提升到本季的 80% 以上，其中 0.18 微米及以下的先進製程利用率更將達到九成以上。

4. 台積電 2001 年度資本支出將用於擴增 0.13 微米製程產能及擴建 12 吋晶圓廠。

12.1.2 發展趨勢

於 1980 年代中期，由美國 Cooper 與 Kaplan 兩位學者提倡此新觀念，發展至今也經過幾次的改變。Mecimore 與 Bell 兩位學者，將這十多年作業基礎成本管理制度的發展劃分成四代。

由此看來，第一代制度著重於產品成本的計算，第二代兼顧製造與銷售部分的營運活動過程，第三代將**價值鏈** (Value Chain) 成本的觀念應用在策略分析上，第四代的適用範圍擴大並重視國際性的環境因素。同時，作業基礎成本管理制度的應用逐步由製造業推廣至買賣業、金融業、甚至非營利事業與政府單位。

四代作業基礎成本管理制度的比較列示於表 12–1，第一代和第二代制度區分有附加價值作業和無附加價值作業的觀念，來消除公司內部的浪費，以降低成本和提高績效。第三代制度著重於價值鏈的分析，對於最終產品或服務與提高附加價值的輔助性作業間之關連，提出明確的分析和解釋。也就是說，價值鏈分析不僅肯定研究發展與企業的價值，並強調研發與製造、行銷、配送、顧客服務間之整合與協調。

至於第四代制度，除了延續前三代的策略之外，還需注意到匯率、環保、科技等對企業有間接影響的因素。如此，第四代的制度，把企業各單位間的作業予以連結，再把公司整體與上、下游關係加以整合，同時考慮企業外部的因素。在第四代作業基礎成本管理制度下，企業管理者可獲得較多且完整的會計資訊，作為決策參考之用。

從表 12–1 得知作業基礎成本管理法從 1980 年代中期至 1990 年代的發展，很明確地看出自第三代開始，作業分析的觀念應用由成本單位逐漸擴展至公司整體，這也就是**作業基礎管理法** (Activity-Based-Management) 的源起。運用此觀念，管理者將公司內全部的作業活動作詳細分析，尋求各種方法來提高公司的經營效率和顧客的滿意度，進而達到利潤最大化的目標。

表 12–1　四代作業基礎成本管理制度的比較

項目＼時期	第一代	第二代	第三代	第四代
架　構	成本中心	成本中心	公司個體	企業整體
作　業	產品導向	營運過程導向	公司導向	國際化導向
成　本	製　造	營運過程——製造＆銷管	公司單位之內部和外部	企業單位之內部和外部
重　點	產品成本	營運過程成本	價值鏈成本	價值鏈成本
作業間的關係	未連結	連　結	連　結	連　結
成本動因	公司單位內部	公司單位內部	公司單位之內部和外部	企業單位之內部和外部
規　劃	成本中心	成本中心	公司個體	企業整體
控　制	成本中心	成本中心	公司個體	企業整體
成本分析	戰術性	戰術性	區域性策略	國際性策略
組織層次	產　品	營運過程	公司個體	企業整體

12.1.3　實施作業基礎成本管理法之先決條件

很多公司對作業基礎成本管理法之成效擁有高的期待，期望消除傳統成本會計下成本分攤之缺失，降低無附加價值活動，進而降低成本。但是，如果不瞭解作業基礎成本管理法之性質而貿然實施，將會造成員工對新制度的誤解及排斥。因此，成功實施作業基礎成本管理法的先決條件如下：

⑴高階管理當局的支持：作業基礎成本管理法的實施不僅牽涉到會計部門，而且需要公司全體部門的參與，包括行銷、研發、品管、人事及工程部門等單位的協助。實施新制度難免受排斥，如果公司各單位人員認為高階人員相當重視及支持此制度，公司全體員工當會全力配合。

⑵事前週全規劃與在職教育：作業基礎成本管理法強調的是作業活動，而與作業活動最有關係的是線上人員，他們會面對工作重新分配及工作步驟精簡的新挑戰。為減輕工作壓力及增進彼此間之合作，事前週詳規劃與在職教育是相當重要的工作。

⑶與績效衡量和及獎勵制度相結合：必須使員工瞭解採用作業基礎成本管理法，將使公司產品成本計算更正確，而不會帶來負面效果。有必要與公司績效衡量相結合，以及加薪、紅利、升遷等獎勵制度，與作業基礎成本管理法的執行成效有高度的相關性。

⑷強調制度執行結果的整體利益：傳統成本會計制度常著重於各個部門的績效，因此常導致有害於公司整體績效，即所謂的反功能決策。作業基礎成本管理法所著重的是，公司要建立全面性績效衡量制度及顧客滿意程度衡量，重視的是企業的整體利益。

⑸強調作業活動管理：作業基礎成本管理法與傳統成本管理法最大的區別是，前者並非財務活動管理，其理念是經由有效的作業管理，進而使總成本降低，而達成整體績效提升之綜效。

12.2 有附加價值作業和無附加價值作業

任何組織的日常營運活動，依其公司的性質而不同，這些種種作業可區分為**有附加價值作業** (Value-added Activity) 和**無附加價值作業** (Non-value-added Activity) 兩大類，所謂有附加價值作業係指某些活動有助於提高產品或勞務的品質，促使顧客願意為此價值而多付一些錢；無附加價值作業為某些活動雖然需要花費時間和金錢，但對產品或勞務無法產生任何價值，雖然無附加價值作業對產品或勞務無法產生價值，但是某些部分的無附加價值作業是無法避免的。因此，管理者要運用各種方法來減少可避免的無附加價值作業，以達到成本控制目的。

如圖 12–2 所示，製造廠商的作業流程，從原料驗收入庫，再運送到廠區，當工令單一發出，即準備送上生產線來製造；在包裝之前先經品質檢測，確定良品才進入包裝階段；包裝完成後再經過成品測試，完成檢驗手續後入庫；當顧客訂單一到，則將貨品運送到顧客處，完成全部的作業流程。

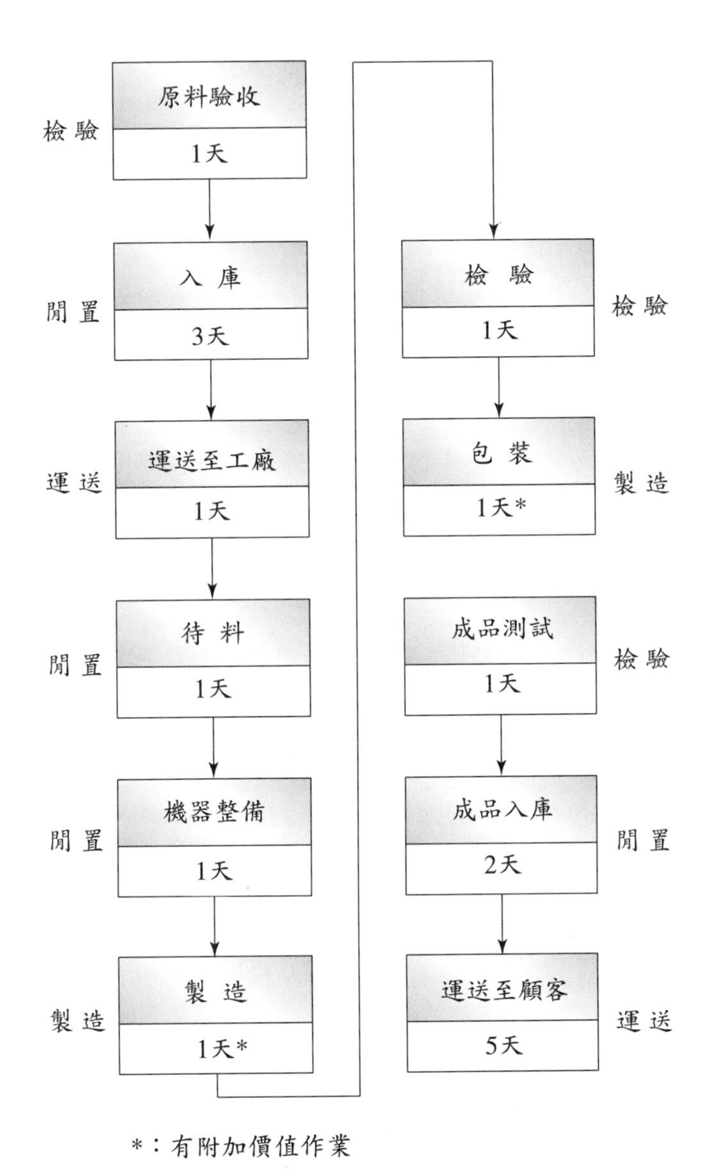

圖 12–2　製造廠商的作業流程

在這整個作業流程中，所有的活動時間可區分為四大類，即**製造時間** (Production Time)、**檢驗時間** (Inspection Time)、**運送時間** (Transfer Time) 和**閒置時間** (Idle Time)，其中只有製造時間是屬於有附加價值作業，另外三項皆為無附加價值作業。如圖 12–2 的資料，該製造廠商的作業流程共 18 天，其中屬於製造時間僅 2 天，也就是說有 16 天屬於無附加價值作業。一般而言，檢驗時間屬於無法避免的無附加價值作業，閒置時間為可避免的無附加價值作業；至於運送時間可依情況決定是否為部分可避免的無附加價值作業，亦即改善運送排程與運輸方式，可減少運送時間。為評估廠商績效，可將有附加價值作業所耗的時間，除以作業流程所耗的全部時間，即可得到**製造循環效率指標** (Manufacturing Cycle Efficiency Indication)。為使讀者瞭解其計算過程，將圖 12–2 資料代入下列公式。

$$\text{製造循環效率指標} = \frac{\text{製造時間}}{\text{製造時間} + \text{檢驗時間} + \text{運送時間} + \text{閒置時間}}$$

$$= \frac{2}{2+3+6+7} = \frac{2}{18} = 11\%$$

當製造循環效率指標為 100% 時，表示廠商發揮最高的效率，全部的作業皆屬於有附加價值作業；但實務上不可能有此現象，因為有些無附加價值作業是無可避免的。為提高製造循環效率指標，管理者運用各種方法來減少無附加價值作業，希望在不降低品質的前提下，達到降低成本的目標。

12.3 成本動因分析

企業為賺取利潤，必須要先投入成本或消耗資源，以提供產品或勞務給顧客，來取得收入。如前面所提的成本動因定義，每項營運活動皆有其成本動因，同時與成本的發生有著因果關係。成本動因可能與數量相關（例如機器小時），也可能與營運活動有關（例如機器換模次數）。理論上，每一項成本要找出其成本動因，但實務上每家公司的成本項目不同，有些公司有數十種，甚至數百種成本，如果要找各個成本的成本動因，將會耗費過高的成本與時間。所以管理者在作成本動因選擇決策時，要考慮其成本與效益，基本原則為成本不得高於效益。

本章所稱的**作業** (Activity) 係指企業為達其營運目的，於企業內部之單位所進行之「重複性」活動。作業是建立成本管理系統的基礎，在作業的過程中，需要耗用時間與成本，才能將投入資源（原料、人工及技術）轉換為產出。透過對作業的有效管理，才可達到成本抑減的效果。

美國 Cooper & Kaplan 兩位教授以製造業為例，將作業分為四個層級，分別敘述如下：

(1)**單位水準之作業** (Unit-level Activities)：此類作業是重複性的，即每生產一單位產品即需作業一次。此類作業所耗成本將隨產品數量而變動，例如直接原料、直接人工、機器小時、動力等成本的耗用。

(2)**批次水準之作業** (Batch-level Activities)：此類作業是隨產品批次而影響其作業成本，即每一批產品生產時所需執行的作業，例如機器整備、訂單處理與原料準備等動作。

(3)**支援產品之作業** (Product-sustaining Activities)：此類作業係指支援每一產品而產生，例如產品生產排程、產品設計、零組件與產品測試等。

(4)**廠務支援之活動** (Facility-sustaining Activities)：此類作業係為維持工廠一般營運而產生，例如廠務管理、廠房維修、人事管理等。

在複雜的製造環境下，一個好的成本會計系統要能辨識各項成本以及促使其發生的原因。可運用**成本動因分析** (Cost Driver Analysis) 來調查量化，解釋成本動因與其成本的關係。在第 11 章曾說明新製造環境下的產品單位成本架構，圖 12–3 依其架構來舉例說明單位相關成本、批次相關成本、產品相關成本、廠務成本的各項成本動因。

尖端科技公司在過去採用全廠單一分攤基礎來分攤間接成本 $660,000，將其除以總數量 24,000 單位，得到每單位間接成本 $27.5。將單位直接成本加上單位間接成本，即成為產品單位成本，因此產品 A 的單位成本為 $47.5，產品 B 的單位成本為 $47.5，產品 C 的單位成本為 $37.5。在此情況下，尖端科技公司經營者覺得產品 A 的單位利潤最高；相對地，產品 C 的單位利潤最低。

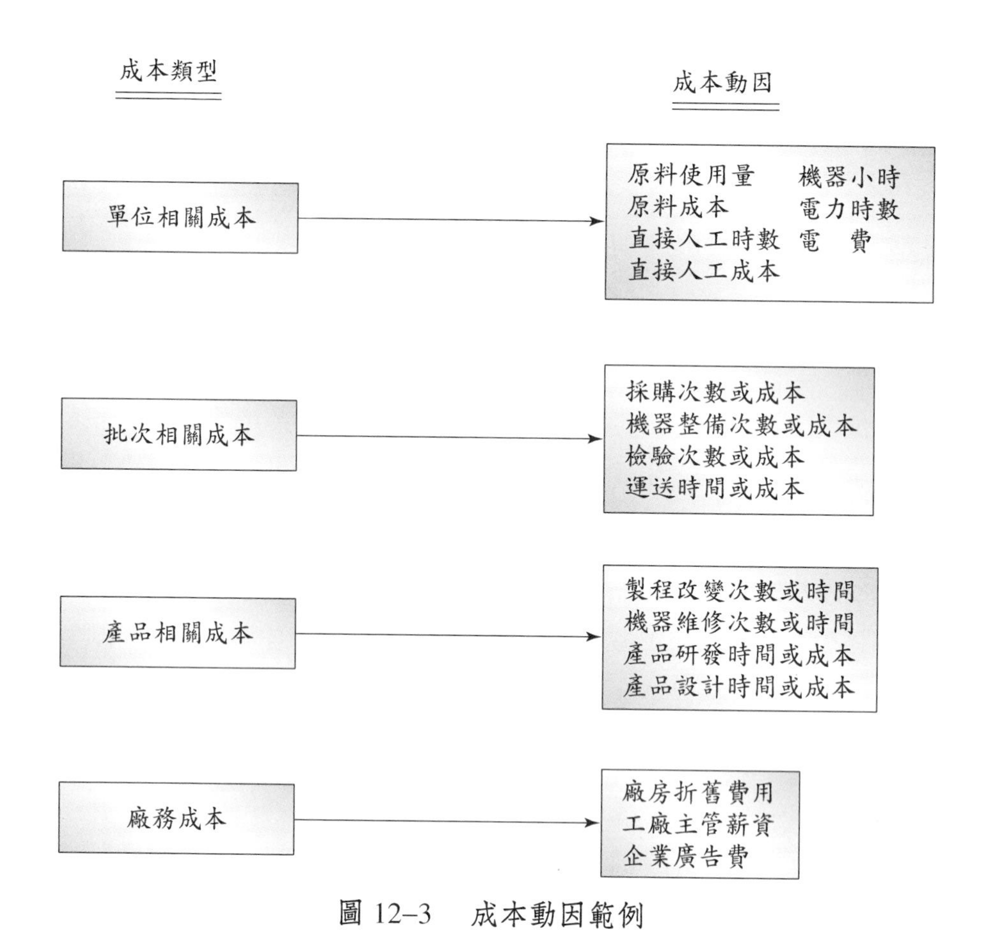

圖 12–3　成本動因範例

經過管理顧問公司的專家建議後，尖端科技公司管理者決定採用成本動因分析形式的損益表，來重新計算每種產品的單位成本，如表 12–2 所示，將廠務成本視為共同成本 (Common Cost)，不將其分攤至產品上，只是當作一個總數處理。重新計算各種產品的單位成本，可發現產品 A 的單位成本為 $57，高於傳統單位成本 $47.5，其餘兩種產品的單位成本皆較傳統單位成本為低。

隨著時代的變遷，成本會計人員也應思考該公司所採用的成本會計系統是否適用於現在的環境。尤其製造廠商改變生產方式，由人工作業改為自動化作業之際，成本會計人員更應採用多重的客觀分攤基礎來取代過去的全廠單一分攤基礎。

表 12–2　成本動因分析形式的損益表

尖端科技公司
損益表
2002 年度

	產品 A (1,000 單位)		產品 B (8,000 單位)		產品 C (15,000 單位)		合　計
	單　價	小　計	單　價	小　計	單　價	小　計	
產品收入	$100	$100,000	$70	$560,000	$50	$750,000	$1,410,000
產品成本:							
直接成本	$ 20	$ 20,000	$20	$160,000	$10	$150,000	
間接成本:							
單位水準	15	15,000	10	80,000	8	120,000	
批次水準	12	12,000	8	64,000	3	45,000	
產品水準	10	10,000	5	40,000	2	30,000	
	$ 57	$ 57,000	$43	$344,000	$23	$345,000	(746,000)
產品損益		$ 43,000		$216,000		$405,000	$ 664,000
廠務成本							(330,000)
淨　利							$ 344,000

12.4　作業基礎成本管理制度的釋例

科技積體電路公司是一家以最先進的製程技術提供積體電路製造服務的公司，主要營運政策為提供所有的產能為客戶代工生產。科技公司的製造流程是把客戶設計的電路圖樣，透過光罩及一連串繁複精密的程序，轉製在一片片的晶圓上。這些晶圓再經過切割、封裝、測試等程序，就成為一顆顆各具功能的 IC。

就產品成本的組成要素分析，原料成本為 15%、人工成本為 5%、製造費用為 80%。原料成本和人工成本皆屬於直接成本；製造費用屬於間接成本，需要藉著分攤基礎來分配。為成本控制起見，科技公司採用標準成本來計算產品成本。

目前，在本年度科技公司的製造費用科目內含七項費用，總數為 $97,578,000，詳細會計科目與分攤基礎如表 12–3。由於晶圓片的製程複雜，需要依序反覆經過五個作業中心，才能完成製造過程，科技公司的工廠內有作業中心，每個中心的主要設備分別為刻號、步進、濺鍍、封裝、測試，請參見表 12–4，可瞭解每個作業中心所具備的機器臺數。

表 12–3　製造費用明細（標準成本）

編　號	會計科目	金　額	分攤基礎	
			成本動因	代　號
10	間接人工成本	$ 2,988,000	員工人數	A
20	折舊費用 (機器)	65,000,000	機器折舊額	B
30	維修費用	3,200,000	使用零件成本	C
40	間接材料成本	6,300,000	化學藥劑使用量	D
50	訓練費	90,000	員工人數	A
60	水電費	7,000,000	水電使用量	E
70	折舊費用 (廠房)	13,000,000	佔用坪數	F
	合　計	$97,578,000		

表 12–4　作業中心主要機器群組

作業中心	主要設備	機器臺數
甲	刻　號	1
乙	步　進	17
丙	濺　渡	3
丁	封　裝	2
戊	測　試	1
合　計		24

對於製造費用的分攤，科技公司運用作業基礎成本法的觀念，採用兩階段的分攤方式，首先第一階段將全部製造費用分攤到甲、乙、丙、丁、戊五個作業中心，分攤的基礎列在表 12–3，分配的比率和金額列在表 12–5 將各個會計科目，依分攤基礎將製造費用 $ 97,578,000 分配至五個作業中心。

表 12–5　製造費用分攤至作業中心的計算（標準成本）

作業中心／成本動因／會計科目	甲	乙	丙	丁	戊	合　計
間接人工成本 A	$119,520 4%	$2,091,600 70%	$358,560 12%	$268,920 9%	$149,400 5%	$2,988,000 100%
折舊費用（機器） B	$3,250,000 5%	$26,000,000 40%	$13,000,000 20%	$17,550,000 27%	$5,200,000 8%	$65,000,000 100%
維修費用 C	$384,000 12%	$960,000 30%	$1,024,000 32%	$640,000 20%	$192,000 6%	$3,200,000 100%
間接材料成本 D	$0 0%	$3,780,000 60%	$315,000 5%	$315,000 5%	$1,890,000 30%	$6,300,000 100%
訓練費 A	$3,600 4%	$63,000 70%	$10,800 12%	$8,100 9%	$4,500 5%	$90,000 100%
水電費 E	$210,000 3%	$3,220,000 46%	$140,000 2%	$3,360,000 48%	$70,000 1%	$7,000,000 100%
折舊費用（廠房） F	$1,300,000 10%	$4,550,000 35%	$1,040,000 8%	$4,940,000 38%	$1,170,000 9%	$13,000,000 100%
合　計	$5,267,120	$40,664,600	$15,888,360	$27,082,020	$8,675,900	$97,578,000

至於第二階段的製造費用分攤有二個部分，先將每個作業中心所分攤的費用，計算出每個機器小時所應分攤的費用，如表 12–6。至於全年標準可用小時的數據資料，是由生產部門工程師提出，將全年標準製造費用除以全年標準可用小時，即可得到在各個作業中心，每機器小時所分攤的製造費用。

表 12–6　製造費用標準機器小時費率

作業中心	全年標準製造費用	全年標準可用小時	每機器小時所分攤費用
甲	$ 5,267,120	5,741	$ 917
乙	40,664,600	93,502	435
丙	15,888,360	12,918	1,230
丁	27,082,020	7,659	3,536
戊	8,675,900	3,595	2,413

當製造費用分攤到每機器小時後，需要再分配到產品上。由於製造過程中，

難免會有耗損的情況，因此要計算良品率（1 – 不良率），然後再計算要達到既定的良品率，每機器小時所應分攤的費用，如表 12–7。另外，由生產部門工程師估計出各種機器每小時所製造出來的數量。將達到既定良品率所需的每機器小時所分攤費用，除以每小時所製造的數量，即可得到每單位產品所分攤費用，在表 12–7 上，可計算出 A 產品的單位製造費用為 $214.18。

表 12–7　A 產品的單位製造費用計算（標準成本）

作業中心	每機器小時所分攤費用	良品率	每小時所製造的數量	每單位產品所分攤費用	
甲	$ 917	100%	30	$ 30.57	(1)
乙	435	100%	45	9.67	(2)
丙	1,230	99%	200	6.21	(3)
丁	3,536	97%	40	91.13	(4)
戊	2,413	90%	35	76.60	(5)
合　計				$214.18	

(1) $917 ÷ (30 × 100%) = $30.57
(2) $435 ÷ (45 × 100%) = $9.67
(3) $1,230 ÷ (200 × 99%) = $6.21
(4) $3,536 ÷ (40 × 97%) = $91.13
(5) $2,413 ÷ (35 × 90%) = $76.60

科技公司的產品成本計算是以標準成本為基礎，在會計期間結束時，才將實際費用與標準費用相比較。由於公司的成本控制功能良好，所產生的差異數很小，所以把差異數結轉到銷貨成本科目。

12.5　作業基礎成本管理制度的成本與效益分析

實施作業基礎成本管理制度的步驟，大體上可區分為三部分，首先將各種成本水準辨識清楚，把成本累積後分配到各個**成本庫** (Cost Pool)，再把成本分配到產品或勞務上。作業基礎成本管理制度與傳統成本會計制度的主要不同點，在於間接成本的分攤基礎以作業活動為主，而不是以單一數量為基礎，如同台灣積體電路股份有限公司採用多重基礎來分攤其製造費用，當會計人員面臨到下列各項情況時，可以考慮採用作業基礎成本管理制度。

(1)製造方式大幅改變，自動化層次提高。

(2)產品種類多且數量少。

(3)製造過程複雜的產品，單位利潤高。

(4)市場競爭激烈，產品或勞務的價格缺乏競爭優勢。

(5)公司的訂價決策時時隨著銷售環境改變而作彈性調整。

如果公司面臨上述的任一情況時，管理者宜重新評估其成本會計系統的適用性，同時可考慮採用作業基礎成本管理制度。對製造業或服務業，作業基礎成本管理制度的優點可分為兩方面：一為提供較客觀且正確的產品成本計算方式，另一為改善績效評估的制度。

無論採用哪一種成本制度，實際成本發生數是不會改變的，主要差別在於將成本分配到每個產品或勞務的方式不同。作業基礎成本管理制度的特色在於將性質相類似成本集合在一起，再選擇合適的成本動因作為分攤基礎，同時藉著作業分析程序來區分有附加價值作業和無附加價值作業，為有效控制成本可避免減少無附加價值作業。

在傳統的成本會計制度下，差異分析為主要的績效評估方法，當知道績效結果時，成本已實際發生，無法控制或改善。相對地，作業基礎成本管理制度在於控制影響成本發生的活動，在時效上較可能改善績效。理論上，減少不必要的無附加價值作業可達到成本控制之效，但是有時會因執行方法不當，反而會增加成本支出。

至於實施作業基礎成本管理制度所面臨的問題有兩種，第一個問題是因為執行此新制度時，公司內部各階層要支持與配合，且需要一段時間才能產生效果，其所耗用的時間與資源不是一般企業願意承擔的。第二個問題是因為運用此制度所計算出來的產品成本目前仍不符合**一般公認會計準則** (Generally Accepted Accounting Principles, GAAP)，所以一般公司不願意採用兩套不同方法來計算產品成本。

12.6 平衡計分卡

在競爭激烈的環境下，要求持續的成長與進步，企業經營者需要建立良好的績效評估制度，以便於找出組織的缺點來加以改善。傳統以財務指標為主的評估方式，近年來受到不少批評，多位學者提出新的看法，建議公司主管採用多元化的績效評估指標，可使組織目標易於達成，並且強調各項指標與達成目標所需執行的策略要相配合。此外，有些學者認為企業組織要提升整體績效，應從財務結構、顧客、滿意度、企業營運績效和人力資源運用四方面來評估，以改善不良之處，藉著各種策略的實施，來達到利潤最大化的目標。從作業基礎管理法所得的資料，有些可當作平衡計分卡的績效指標。

美國哈佛大學 Kaplan 教授在這幾年所發表的論文，有不少篇批評傳統績效評估方法只重視短期的利潤指標，無法提供管理者為因應現今競爭激烈環境下策略規劃所需的資訊，自 1992 年起 Kaplan 和 Norton 共同發表幾篇介紹**平衡計分卡 (Balanced Scorecard)** 的論文。 Kaplan 和 Norton 在 1990 年代初期，以美國 12 家公司為研究對象，經過一年的研究，共同發展出一套完整且具體的績效評估模式，即所謂的平衡計分卡。其實，「平衡」係指短期和長期目標之間、財務和非財務量度之間、落後和領先指標之間、以及外部和內部績效之間各個構面的平衡狀態。這種新的模式不僅評估代表過去成果的**財務指標 (Financial Measures)**，同時也衡量與顧客滿意程度、內部處理程序、組織創新和改善活動有關的**作業指標 (Operational Measures)**。平衡計分卡將組織的使命和策略，轉換為綜合的績效指標，使公司能追蹤財務結果，同時監督其營運過程中的非財務指標，如圖 12–4 所示。

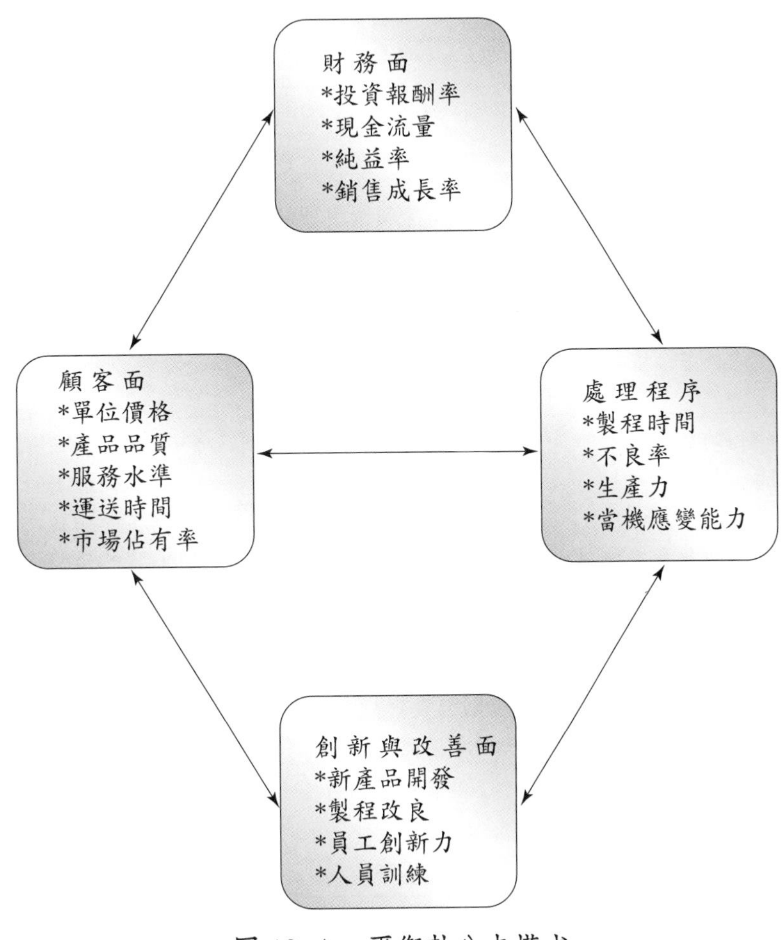

圖 12–4　平衡計分卡模式

平衡計分卡模式如圖 12–5 所述，績效評估是從財務、顧客、企業內部流程、學習與成長四方面著手，各方面彼此要有互動的情況產生。在財務面的指標與傳統績效評估指標相類似，仍為營業收入、投資報酬率、現金流量、純益率和銷售成長率、附加經濟價值等。至於顧客面，包括單位價格、產品品質、服務水準、運送時間和市場佔有率等；顧客構面也應該包括特定的量度，以衡量公司提供給目標顧客的價值主張。企業內部流程面，可衡量製程時間、不良率、生產力、當機應變能力，任何公司的管理階層，可依各公司營運性質的不同，來擬定出適合需求的衡量指標。平衡計分卡經常辨認出一些嶄新的流程，組織必須在這些流程上表現卓越，才能在顧客滿意和財務目標上在有所表現。

學習與成長面，範圍涉及新產品開發、製程改良、員工創新力和人員訓練等。企業必須投資於員工的技術再造，資訊科技訓練的加強，以及組織程序和日常作業的調整，才能達到平衡計分卡學習與成長構面追求的目標。

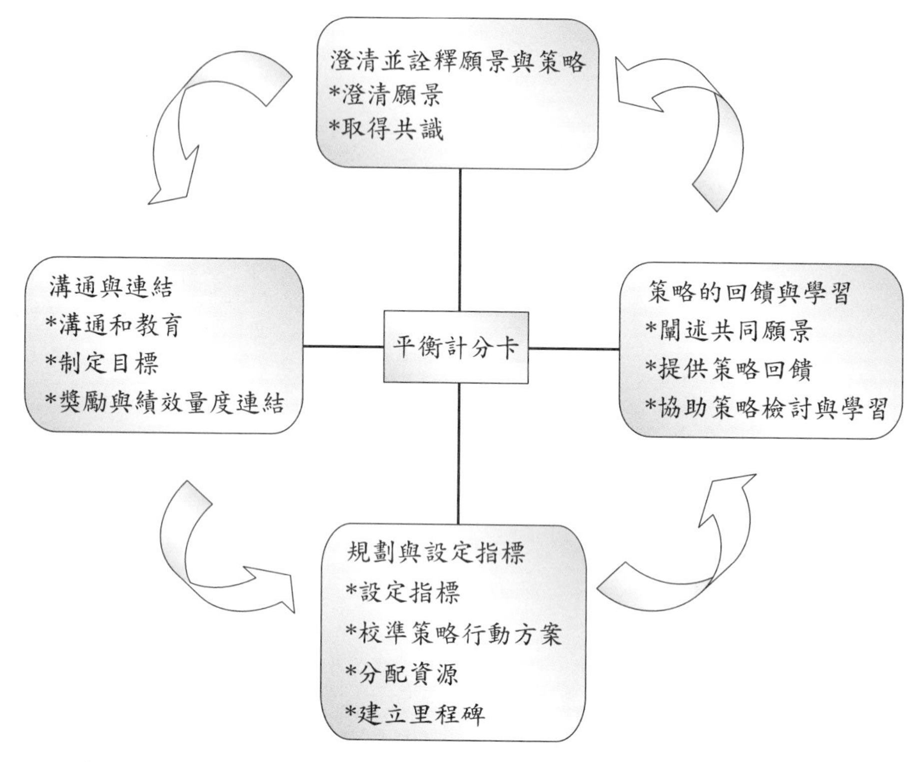

資料來源：Kaplan, R. S. and D. P. Norton, "Using the Balanced Scorecard as a Strategic Management System," *Harvard Business Review*, Jan/Feb 1996, p. 77

圖 12–5　平衡計分卡的管理策略：四項程序

平衡計分卡是一個全方位的架構，它幫助管理階層把公司的願景與策略變成一套前後連貫的績效指標，如圖 12–5 所示。平衡計分卡把使命與策略轉換成目標與量度，而組成四個不同的構面：財務、顧客、企業內部流程、學習與成長。透過計分卡來轉述使命與策略的架構，也是傳播的語言，它用衡量標準的結果來告訴員工如何驅動目前和未來的成功。此外，可透過計分卡評估組織期望的目標之達成結果，以及達到這些成果的驅動因素。藉此，凝聚組織成員的精力、能力和知識，共同為長期的經營目標而努力。

本章彙總

新制度的產生通常是因為舊制度有缺點和環境有所變遷，作業基礎成本管理制度就是在新製造環境下，因為學術界和實務界質疑傳統成本會計採用的單一分攤基礎，而逐漸受到各界的重視。作業基礎成本管理法是採用多重的分攤基礎，其藉由第一階段的成本動因，把資源成本分攤到不同的作業中心，再藉由第二階段成本動因把每個作業中心的成本分攤到各項產品上。若將作業基礎成本管理制度的觀念擴展至公司整體，就是作業基礎成本管理法，運用此法可提高公司的經營效率和顧客的滿意度。

由此可見作業基礎成本管理制度的關鍵在於成本動因分析，成本動因分析可辨識各項成本以及促使其發生的原因。通常成本的類型可分為單位相關成本、批次相關成本、產品相關成本、廠務成本，各種成本的成本動因有數種，會因組織和作業而不同。作業基礎成本管理制度雖然有很多優點，但不見得適用於各企業。當會計人員面臨下列各項情況時，則可考慮採用作業基礎成本管理制度：(1)自動化程度高；(2)產品種類多且數量少；(3)產品或勞務的價格缺乏競爭優勢；(4)訂價決策常修改。

平衡計分卡是一個全方位的架構，它可用來幫助管理階層把公司的願景與策略變成一套前後連貫的績效指標。其中一些指標可以取自於作業基礎成本管理制度所產生的結果。平衡計分卡把使命與策略轉換成目標與量度，而組成四個不同的構面：財務、顧客、企業內部流程、學習與成長。可透過平衡計分卡評估組織期望的目標之達成結果，以及藉此凝聚組織成員的知識和能力，讓大家共同為企業的經營目標而努力。

名詞解釋

- **作業基礎成本管理制度 (Activity-Based-Costing)**

  採用多重的分攤基礎，將全部資源成本分配到每個產品上。

- **作業基礎管理法 (Activity-Based-Management)**

  將公司內全部的作業活動作詳細分析，尋找各種方法來提升公司的經營效率和顧客的滿意度，進而達到利潤最大化的目標。

- **平衡計分卡 (Balanced Scorecard)**

  組織整體績效評估是從財務、顧客、企業內部流程、學習與成長四方面著手，各方面彼此要有互動的情況產生。

- 成本動因 (Cost Driver)

  係指促使成本發生變動的因素，在作業基礎成本管理制度下將成本動因分為兩階段。

- 成本動因分析 (Cost Driver Analysis)

  調查、量化、解釋成本動因與其成本的關係。

- 製造循環效率指標 (Manufacturing Cycle Efficiency Indication)

  將附加價值作業所消耗的時間除以作業流程所耗的全部時間，指標百分比越高代表廠商的效率越好。

- 無附加價值作業 (Non-value-added Activity)

  指某些作業雖然需要花費時間和金錢，但對產品或勞務無法產生任何價值。

- 附加價值作業 (Value-added Activity)

  係指某些作業有助於提高產品或勞務品質，促使顧客願意為此價值多付一些代價。

作業

一、選擇題

(　) 12.1 作業基礎成本制度的兩階段成本分攤方式適用於 (A)直接原料成本較高的產業 (B)直接人工成本較高的產業 (C)製造費用較高的產業 (D)製造成本較高的產業。

(　) 12.2 製造廠商的作業流程中，所有的活動時間可區分為四大類，哪一類屬於有附加價值作業？ (A)製造時間 (B)檢驗時間 (C)運送時間 (D)閒置時間。

(　) 12.3 信義公司的作業活動包括：原料驗收、機器整備、製造、成品測試及成品入庫等。上述五個作業中屬於附加價值活動者有 (A)一項 (B)二項 (C)三項 (D)四項。

(　) 12.4 下列何者最適合作為原料成本的成本動因？ (A)重量 (B)體積 (C)使用量 (D)採購量。

(　) 12.5 使成本發生變動的因素稱為 (A)成本標的 (B)成本目的 (C)成本原因 (D)成本動因。

(　) 12.6 人人公司12月15日的作業活動時間如下：

檢驗時間 1.0 小時　閒置時間 1.5 小時
製造時間 4.5 小時　運送時間 1.0 小時

12月15日的製造循環效率指標為 (A) 56.25% (B) 68.75% (C) 81.25% (D) 87.50%。

(　) 12.7 下列關於作業基礎成本制度的敘述，何者正確？ (A)一種計算產品成本的方式 (B)不宜應用於政府部門 (C)製造部門是作業分析的全部範圍 (D)有助於成本控制，進而可提高產品品質。

(　) 12.8 當會計人員面臨下列何種情況時，不宜考慮採用作業基礎成本制度？ (A)自動化層次提高 (B)製造過程單純且多為人工作業 (C)產

品種類多且數量少 (D)產品的價格缺乏競爭優勢。

( ) 12.9 平衡計分卡的組成包含哪些構面? (A)財務和顧客 (B)企業內部流程 (C)學習與成長 (D)以上皆是。

二、問答題

12.10 何謂作業基礎成本制度?

12.11 分析有附加價值作業和無附加價值作業差異為何?

12.12 請舉例說明成本動因分析。

12.13 請說明作業基礎成本制度的適用環境。

12.14 成功實施作業基礎成本管理法的先決條件為何?

12.15 當會計人員面臨到何種情況時,可以考慮採用作業基礎成本管理制度?

12.16 簡述何謂平衡計分卡。

三、練習題

12.17 新聯電子 2002 年將新竹廠改為整廠整線自動化生產方式,新生產方式之第一批訂單的相關資料如下:

檢驗時間	7.5 天	製造時間	30.0 天
閒置時間	6.5 天	運送時間	6.0 天

試求: 1.計算完成本批訂單所需的天數。

2.計算本批訂單的附加價值活動天數。

3.計算本批訂單的無附加價值活動天數。

4.計算本批訂單的製造效率循環指標。

12.18 請替下列每一個成本項目找出最適當的成本動因:

成本項目	成本動因
1.廠房租金	a.機器小時

2. 水電費	b. 訂購數量
3. 產品設計成本	c. 訂單數量
4. 原料處理成本	d. 面　積
5. 採購成本	e. 設計時間

12.19 作業基礎成本制度將成本分成單位相關成本、批次相關成本、產品相關成本及廠務成本等四類。請將下列的成本項目分類:

1. 設備折舊費用。
2. 直接原料成本。
3. 驗收成本。
4. 工程設計成本。
5. 總裁薪資。
6. 直接人工成本。
7. 工廠警衛薪資。
8. 廠房地價稅。

12.20 泰山公司製造陽春型、豪華型及普通型等三種 CD 音響。該公司採用作業基礎成本制度來分攤製造費用。2002 年 9 月份的預計資訊如下:

作業活動	預計成本	成本動因
原料處理作業	$ 450,000	零件數
原料搬運作業	4,950,000	零件數
自動化作業	1,680,000	機器小時
完工作業	340,000	人工小時
包裝作業	340,000	訂單數

2002 年 9 月份預計會使用 900,000 個零件，耗用 140,000 個機器小時，投入 136,000 個人工小時，及接受 3,400 個訂單。

試求: 1. 計算原料處理作業的成本分攤率。

2. 計算原料搬運作業的成本分攤率。

3.計算自動化作業的成本分攤率。

4.計算完工作業的成本分攤率。

5.計算包裝作業的成本分攤率。

12.21 沿用12.20的資訊，並假設陽春型、豪華型及普通型等三種CD音響之成本動因的相關資訊如下：

	零件數	機器小時	人工小時	訂單數
陽春型	400,000	40,000	80,000	2,000
豪華型	300,000	60,000	40,000	1,000
普通型	200,000	40,000	16,000	400

試求：1.採用作業基礎成本制度計算陽春型的製造費用總額。

2.採用作業基礎成本制度計算豪華型的製造費用總額。

3.採用作業基礎成本制度計算普通型的製造費用總額。

四、進階題

12.22 萬紫千紅花苑計畫建造一座小型花坊，設計師提供的工程計畫表如下：

採購原料	5小時	建　造	50小時
搬運原料	5小時	卸下支架	10小時
整　地	85小時	清除工作	15小時
建水泥支架	80小時		

試求：1.計算附加價值活動時間。

2.計算無附加價值活動時間。

3.計算製造效率循環指標。

12.23 清淙公司製造標準型、高級型及超大型的空氣清淨機，生產流程可分為原料處理、裝配、銲接及檢驗等四個作業，其他與生產相關的資訊如下：

1.作業資訊

作業活動	成本動因	分攤率
原料處理	直接原料成本	原料成本的 2%
裝　配	零件使用數量	每個零件 $25
銲　接	產　量	每個產品 $1,500
檢　驗	檢驗次數	每次 $250

2. 成本資訊/每單位

	標準型	高級型	超大型
直接原料成本	$4,000	$6,000	$7,000
零件使用數量	50	60	70
檢驗次數	5	3	2

試求：計算清涼公司每種產品的單位成本。

12.24 伊人化妝品公司高雄廠製造化妝水及乳液等兩種產品，其 2002 年 8 月份之製造費用及成本動因的相關資訊如下：

製造費用種類	製造費用預算	成本動因	成本動因之預算標準
原料處理	$125,000	原料使用量	10,000 磅
製　造	500,000	機器小時	1,000 小時
充　填	175,000	產　量	5,000 瓶
檢　驗	80,000	檢驗次數	1,000 次
包　裝	120,000	產　量	5,000 瓶

伊人化妝品公司 8 月份一共生產了 1,200 瓶的化妝水，其所需之生產要件如下：

原料使用量	2,500 磅
機器小時	400 小時
檢驗次數	400 次

試求： 1.假設伊人化妝品公司使用單一製造費用分攤率（以機器小時為基礎）來分攤製造費用，請計算化妝水 8 月份的製造費用總額。

2.假設伊人化妝品公司使用作業基礎成本制來分攤製造費用，請計算化妝水 8 月份的製造費用總額。

12.25 號角傢俱製造辦公桌及辦公椅等兩種產品，其 2002 年 3 月份的相關資訊如下：

1.作業資訊

加工成本種類	原料處理	切　割	裝　配	上　漆
加工成本預算	$400,000	$3,832,000	$10,148,000	$240,000
成本動因零件數	零件數	零件數	直接人工小時	產量

2.成本資訊

	辦公桌	辦公椅
直接原料總額	$1,200,000	$ 170,000
零件數/每張	17 件	15 件
直接人工小時/每張	1.5 小時	1.1 小時
產　量	10,000 張	2,000 張

試求： 1.假設號角傢俱使用單一分攤率（以人工小時為基礎）來分攤加工成本，請計算每種產品的單位成本。

2.假設號角傢俱使用作業基礎成本制度來分攤加工成本，請計算每種產品的單位成本。

參考書目

"BSC's McLean thinks global; David Perry," *Furniture Today*, July, 2002, Vol. 26, Iss. 46, pp. 46 – 47.

Adria Cimino, "BSC adds vascular seal device," *Mass High Tech*, Apr., 2002, Vol. 20, Iss. 17, p. 8.

Alice Blanco, "Cost Management in Plastics Processing——Strategies, Target, Techniques and Tools," *Plastics Engineering*, Aug., 2002, Vol. 58, Iss. 8, pp. 76 – 78.

Amsterdam, "New ERP software company enters Serbian market," *Europemedia*, Sep., 15, 2002, p. 1.

Anonymous, "Making the right moves with CRM," *Call Center Magazine*, Sep., 2002, Vol. 15, pp. 18 – 26.

Atkinson, Anthony A., Rajiv D. Banker, Robert S. Kaplan, and S. Mark Young, *Management Accounting*, Englewood Cliffs, NJ: Prentice-Hall, Inc., 1995.

Atkinson, Anthony A., Rajiv D. Banker, Robert S. Kaplan, and S. Mark Young, *Management Accounting*, Upper Saddle River, NJ: Prentice-Hall, Inc., 1997.

Barbara Darrow, "ERP effort sinks Agilent revenue," *Computer world*, Aug., 2002, Vol. 36, Iss. 35, pp. 1 – 3.

Barbara Darrow, "Great Plains and Siebel part ways on CRM," *Asia Computer Weekly*, Sep., 2002. p. 1.

Barfield, Jesse T., Cecily A. Raiborn, and Michael R. Kinney, *Cost Accounting*, St. Paul, Mn: West Publishing Co., 1994.

Barfield, Jesse T., Cecily A. Raiborn, and Michael R. Kinney, *Cost Accounting*, Cincinnati, Ohio: South-Western College Publishing., 1997.

Bernard Pierce, "Target cost management: Comprehensive benchmarking for a competitive market," *Accountancy Ireland*, Apr., 2002, Vol. 34, Iss. 2, pp. 30 – 33.

Bethesda, "The transport company TQM decreases proceeds," *Access Czech Republic Business Bulletin*, July, 2002, p. 16.

Billington, C., "Managing Supply Chain Inventory: Pitfall and Opportunity," *Solon Management Review*, 1992, pp. 65 – 73.

Booth, R., "Activity Analysis and Cost Leadership," *Management Accounting—London*, June 1992, pp. 30 – 31.

Brian Albright, "Flipping switches on ERP and CRM," *Frontline Solutions*, Sep., 2002, Vol. 3, Iss. 9, pp. 12 – 15.

Bruce A Leauby, "Know the score: The balanced scorecard approach to strategically assist clients," *Pennsylvania CPA Journal*, Spring, 2002, Vol. 73, Iss. 1, pp. 28 – 33.

Bromwich, M. and A. Bhimani, "Strategic Investment Appraisal," *Management Accounting—London*, Mar. 1991, pp. 45 – 48.

Burch, John G., *Cost and Management Accounting*, St. Paul, Mn: West Publishing Co., 1994.

C P Kartha, "ISO9000: 2000 quality management systems standards: TQM focus in the new revision," *Journal of American Academy of Business*, Sep., 2002, Vol. 2, Iss. 1, pp. 1 – 7.

Carmen Escanciano, "Linking the firm's technological status and ISO 9000 certification: Results of an empirical research," *Technovation*, Aug., Vol. 22, Iss. 8, p. 509.

Chandra Devi, "Independent views on e-learning," Computimes Malaysia, New York, Sep., 2002, p. 1.

Charles Keenan, "Technology Spending for CRM Initiatives Stalls," *American Banker*, New York, Aug., 2002, p. 8.

Clarke, P. J., "The Old and the New in Management Accounting," *Management Accounting*, June 1996, p. 4.

Chandra Devi, "Demand for e-business skills," *Computimes Malaysia*, New York, Aug., 2002, p. 1.

Charles C. P., & S. E. Reiter., *Supply Chain Optimization: Building the Strongest Total Business Network*, 1996.

Christopher, Martin, Logistics and Supply Chain Management, *Financial Time*, 1994, Irwin.

Daniel I Prajogo, "TQM and innovation: A literature review and research framework," *Technovation*, Sep., Vol. 21, Iss. 9, p. 539.

Dallas, "Legend Succeeds in SCM," *Asiainfo Daily China News*, Aug. 23, 2002, p. 1.

David Perry, "Consumer scorecard: BSC studies show changing attitudes," *Furniture Today*, July, 2002, Vol. 26, Iss. 46, pp. 32 – 33.

Deborah P Moore, "Pay me now or pay me later: The life-cycle costing debate," *School Planning & Management*, June, Vol. 41, Iss. 6, pp. 22 – 23.

Denis Leonard, "The corporate strategic-operational divide and TQM," *Measuring Business Excellence*, 2002, Vol. 6, Iss. 1, pp. 5 – 15.

Doug Cederblom, "From performance appraisal to performance management: One agency's experience," *Public Personnel Management*, Washington, Summer 2002, Vol. 31, Iss. 2, pp. 131 – 141.

Garrison, Ray H. and Eric W. Noreen, *Managerial Accounting*, U.S.A.: The McGraw-Hill Companies, Inc., 1997.

Garrison, Ray H. and Eric W. Noreen, *Managerial Accounting*, Burr Ridge, Illinois: Richard D. Irwin, Inc., 1994.

Grundy, T., "Beyond The Numbers Game: Introducing Strategic Cost Management," *Management Accounting—London*, Mar. 1995, pp. 36 – 37.

Hammer, Lawrence H., William K. Carter, and Milton F. Usry, *Cost Accounting*, Cincinnati, Ohio: South-Western Publishing Co., 1994.

Hansen, Don R. and Maryanne M. Mowen, *Cost Management*, Cincinnati, Ohio: South-Western College Publishing., 1995.

Hansen, Don R. and Maryanne M. Mowen, *Cost Management*, Cincinnati, Ohio: South-Western College Publishing., 1997.

Hansen, Don R. and Maryanne M. Mowen, *Management Accounting*, Cincinnati, Ohio: South-Western Publishing., 1994.

Hansen, Don R. and Maryanne M. Mowen, *Cost Management,* Ohio: ITP, 1995.

Hilton, Ronald W., *Managerial Accounting*, U.S.A.: The McGraw-Hill Companies, Inc., 1997.

Hiromoto, T., "Another Hidden Edge—Japanese Management Accounting," *Harvard Business Review,* July-Aug. 1988, pp. 22 – 26.

Hirsch, Jr. Maurice L., *Advanced Management Accounting*, Cincinnati, Ohio: South-Western Publishing Co., 1994.

Horngren, Charles T. and Gary L. Sundem, *Management Accounting*, Englewood Cliffs, NJ: Prentice-Hall, Inc., 1993.

Horngren, Charles T., George Foster, and Srikant M. Datar, *Cost Accounting*, Englewood

Cliffs, NJ: Prentice-Hall, Inc., 1994.

Islamabad, "Making CRM work," *Businessline*, Sep. 5, 2002. p. 1.

Islamabad, "Quality and competitiveness——Making a mark in the world market," *Businessline*, May, 2002, p. 1.

James L Hoff, "Roofing and life-cycle cost," *Cedar Rapids*; May, 2001, Vol. 95, Iss. 5, pp. 74 – 76.

J Motwani, "Critical factors and performance measures of TQM," *Measuring Business Excellence*, 2002, Vol. 6, Iss. 2, pp. 63 – 64.

Jean A Sagara, "Implant case – planning and cost management: The past, present, and future of implant dentistry," *Dental Economics*, Feb., 2002, Vol. 92, Iss. 2, pp. 82 – 86.

Jonathan Linton, "Life cycle analysis," *Circuits Assembly*, San Francisco, Mar., 1999, Vol. 10, Iss. 3, pp. 26 – 28.

Jeroen Vits, "Performance improvement theory," *International Journal of Production Economics*, June, 2002, Vol. 77, Iss. 3, p. 285.

Katha Pollitt, "Join the EC e-mail campaign," *The Nation*, New York, Sep., 2002, Vol. 275, Iss. 8, pp. 10 – 11.

Kap Hwan Kim, "Determining load patterns for the delivery of assembly components under JIT systems," *International Journal of Production Economics*, May, 2002, Vol. 77, Iss. 1, p. 25.

Kawada, M. and D. F. Johnson, "Strategic Management Accounting—Why and How," *Management Accounting*, Aug., 1993, pp. 32 – 38.

Kenichiro Chinen, "The relationships between TQM factors and performance in a maquiladora," *Multinational Business Review*, Fall, 2002, Vol. 10, Iss. 2, pp. 91 – 98.

Lutfar R Khan, "An optimal batch size for a JIT manufacturing system," *Computers & Industrial Engineering*, New York, Jun., 2002, Vol. 42, Iss. 2 – 4, p. 127.

Mary Hayes, "Take your ERP software for a test ride," *InformationWeek*, Sep., 2002, p. 51.

Morse, Wayne J., James R. Davis, and Ai L. Hartgraves, *Management Accounting*, Cincinnati, Ohio: South-Western College Publishing., 1996.

Morse, Wayne J., James R. Davis, and Ai L. Hartgraves, *Management Accounting*, Ohio: ITP, 1996.

Murphy, J. C. and S. L. Braund, "Management Accounting and New Manufacturing Technology," *Management Accounting - London*, Feb. 1990, pp. 38 – 40.

Partridge, M. and L. Perren, "Assessing and Enhancing Strategic Capability: A Value-driven Approach," *Management Accounting—London*, June 1994, pp. 28 – 29.

Pogue, G., "Strategic Management Accounting," *Management Accounting—London*, Jan. 1990a, pp. 46 – 47.

Raiborn, Cecily A., Jesse T. Barfield, and Michael R. Kinney, *Managerial Accounting*, St. Paul, Mn: West Publishing Co., 1995.

Raiborn, Cecily A., Jesse T. Barfield, and Michacl R. Kinney, *Managerial Accounting*, St. Paul, Mn: West Publishing Co., 1993.

Raiborn, Cecily A., Jesse T. Barfield, and Michael R. Kinney, *Managerial Accounting*, St. Paul, Mn: West Publishing Co., 1996.

Ramji Balakrishnan, "Integrating profit variance analysis and capacity costing to provide better managerial information," *Issues in Accounting Education*, May, 2002, Vol. 17, Iss. 2, pp. 149 – 152.

Rayburn, Gayle L., *Cost Accounting: Using a Cost Management Approach*, Chicago, Illinois: Richard D. Irwin, Inc., 1993.

S. Dowlatshahi, "Product life cycle analysis: A goal programming approach," *The Journal of the Operational Research Society*, Nov., 2001, Vol. 52, Iss. 11, p. 1201.

Scott Cotter, "CRM may gauge Web's band for the buck," *Marketing News*, Sep., 2002, Vol. 36, Iss. 18, pp. 22 – 24.

Shih-Jen Kathy Ho, "Balanced scorecard: Two perspectives," *The CPA Journal*, Mar., 2002, Vol. 72, Iss. 3, pp. 20 – 26.

Shank, K. and V. Govindarajan, "Strategic Cost Analysis of Technological Investments," *Sloan Management Review*, Fall, 1992, pp. 39 – 51.

Shank, K. and V. Govindarajan, *Strategic Cost Management*, New York: Free Press, 1993.

Simons, R., "The Role of Management Control Systems in Creating Competitive Advantage: New Perspectives," *Accounting, Organization and Society*, Vol. 15, No. 1/2, 1990, pp. 127 – 143.

Sollenberger, Harold M. and Arnold Schneider, *Managerial Accounting*, Cincinnati, Ohio: South-Western College Publishing., 1996.

Steve Bills, "Successful CRM Projects Stress Quantifiable Results," *American Banker, New*

York, N.Y., Aug., 2002, p. 4.

Sarasota, "Cost Management: A Strategic Emphasis, Second Edition; Seleshi Sisaye," *Issues in Accounting Education*, Aug., 2002, Vol. 17, Iss. 3, pp. 337 – 339.

Susan Avery, "Suppliers focus efforts on making buyers' jobs easier," *Purchasing*, Boston, May, 2002, Vol. 131, Iss. 9, pp. 61 – 62.

Susan M Morgan, "Study of noise barrier life-cycle costing," *Journal of Transportation Engineering*, New York, May, 2001, Vol. 127, Iss. 3, p. 230.

Thomas L Legare, "The role of organizational factors in realizing ERP benefits," *Information Systems Management*, Fall, 2002, Vol. 19, Iss. 4, p. 21.

Thomas L Legare, "SCM open house marks 50 years," *Cabinet Maker*, July, 2002, Vol. 16, Iss. 9, pp. 16 – 17.

Ward, K., *Strategic Management Accounting*, Britain: Oxford, 1992.

Young, Mark S., *Readings in Management Accounting*, Upper Saddle River, NJ: Prentice-Hall, Inc., 1997.

英中對照索引

D

E

F

G

H

I

J

L

M

N

O

P

Q

R

S

成本與管理會計

王怡心／著

本書整合成本與管理會計的重要觀念，內文解析詳細，討論從傳統產品成本的計算方法到一些創新的主題，包括作業基礎成本法 (ABC)、平衡計分卡 (BSC) 等。全書有 12 章，分為四大篇：基礎篇、規劃篇、控制篇及決策篇。

在重要觀念說明部分，本書搭配淺顯易懂的實務應用，讓讀者更瞭解理論的應用。每章有配合章節主題的習題演練，並於書末提供作業簡答，期望讀者能認識正確的成本與管理會計觀念，更有助於實務應用。

管理會計
管理會計習題與解答

王怡心／著

由於資訊知識和通訊科技的進步，企業 e 化的程序提高，造成經濟環境產生很大的變革。本書詳細探討各種管理會計方法的理論基礎和實務應用，並且討論管理會計學傳統方法的適用性與新方法的可行性，適用於一般大專院校商管學院管理會計課程使用，也適用於企業界的財務主管、會計人員和一般主管，作為決策分析的參考工具。使實務界人士瞭解如何更新組織內的管理和會計制度，以符合時代需要。

會計學（上）（下）

幸世間／著　洪文湘／修訂

近年我國財務會計準則委員會陸續發佈公報，期與國際會計準則接軌。本書即以最新公報內容及我國現行法令為依據編寫，以應廣大讀者之需求。並於每章末附習題，包括近年普考、特考及初考考古試題，使學子於演練中得以釐清觀念。本書可供大學、專科及技術學院教學使用，亦可供社會一般人士自修會計之所需。

政府會計——與非營利會計

張鴻春／著

政府會計以非營利基金會計為主體，其基本觀念與企業會計迥然有別，此可於本書所述之政府公務會計及政務基金會計特質及其理論重點中見之。 政府施政有賴基金支應，惟須經預算之審定程序，本書便以基金與預算為骨幹。並以較多篇幅，介紹政府基金中應用最為廣泛的普通基金。

我國政府公務會計之對象，除少數特種基金外，概屬普通基金，為期充分瞭解本國政府會計實務，乃詳敘我國各級政府總會計、普通公務單位會計，期能發揮實用。其次，敘述美國政府普通基金收入與支出之會計，另選其中常見之特種基金，分別舉例說明。

初級統計學

呂岡玶、楊佑傑／著

本書以非理論的方式切入，避開艱澀難懂的公式和符號，以直覺且淺顯的文字闡述統計的觀念，再佐以實際例子說明。並以應用的觀點出發，呈現統計為一種有用的工具，讓讀者瞭解統計可以幫助我們解決很多週遭的問題。本書適合每週 3 小時一學年的統計學課程，每章都附有習題，強化觀念並增加讀者練習的機會。

國際金融——全球金融市場觀點

何瓊芳／著

本書以全球金融市場之觀點，經由金融歷史及文化之起源，穿越金融地理之國際疆界，進入國際化之金融世界作一全面分析。本書特色著重國際金融理論之史地背景和應用之分析工具的紮根。2008 年金融海嘯橫掃全球，本書將金融海嘯興起之始末以及紓困方案之理論依據納入當代國際金融議題之內，俾能提供大專學生最新的國際金融視野，並對金融現況作全盤瞭解。

國際金融理論與實際

康信鴻／著

本書主要介紹國際金融的理論、制度與實際情形。在寫作上除了強調理論與實際並重，文字敘述力求深入淺出、明瞭易懂外，並在資料取材及舉例方面，力求本土化。全書共分十六章，每章最後均附有內容摘要及習題，以利讀者複習與自我測試。此外，書末的附錄，則提供臺灣當前外匯管理制度、國際金融與匯兌之相關法規。

金融市場

于政長／著

本書除了介紹存貸業務、股票投資及外匯買賣等傳統金融市場，亦以相當篇幅介紹期貨市場、遠期市場、選擇權市場、金融交換市場，以及近年來相當熱門的結構型證券等衍生金融市場。書中設計小百科與金融知識單元，可增加讀者的金融知識；例題方塊以實際數字引領讀者進行演算課文中的理論與數學公式，使其更加清晰易懂；章末附有習題供讀者自我評量，以達事半功倍之效。

國際貿易實務詳論

張錦源／著

本書詳細介紹買賣的原理及原則、貿易條件的解釋、交易條件的內涵、契約成立的過程、契約條款的訂定要領等，期使讀者實際從事貿易時能駕輕就熟。同時，本書按交易過程先後作有條理的說明，期使讀者對全部交易過程能獲得一完整的概念。除了進出口貿易外，對於託收、三角貿易、轉口貿易、相對貿易、整廠輸出、OEM 貿易、經銷、代理、寄售等特殊貿易，本書亦有深入淺出的介紹，以彌補坊間同類書籍之不足。

國際貿易原理與政策

黃仁德／著

本書主要作為大專商科的教學與參考用書，為使讀者收快速學習之效，全書盡量以淺顯易懂的文字，配合圖形解說，以深入淺出的方式介紹當今重要的國際貿易理論，並以所述之理論為基礎，對國際貿易之採行及其利弊得失進行探討，以期對讀者的研習有所裨益。

國際貿易付款方式的選擇與策略

張錦源／著

在國際貨物買賣中，付款方式常成為買賣雙方反覆磋商的重要事項，哪一種付款方式最適合當事人？當事人選擇付款方式的考慮因素為何？如何規避有關風險？各種付款方式的談判策略為何？針對以上各種問題，本書有深入淺出的分析與探討，讀者如能仔細研讀並靈活運用，相信在詭譎多變的貿易戰場中，獲得最後的勝利！